工长上岗指南系列丛书

抹灰工长上岗指南

——不可不知的500个关键细节

本书编写组　编

中国建材工业出版社

图书在版编目(CIP)数据

抹灰工长上岗指南:不可不知的500个关键细节/《抹灰工长上岗指南:不可不知的500个关键细节》编写组编.—北京:中国建材工业出版社,2013.1(2014.12重印)

(工长上岗指南系列丛书)

ISBN 978-7-5160-0329-9

Ⅰ.①抹… Ⅱ.①抹… Ⅲ.①抹灰-指南 Ⅳ.①TU754.2-62

中国版本图书馆CIP数据核字(2012)第263397号

抹灰工长上岗指南——不可不知的500个关键细节

本书编写组 编

出版发行:中国建材工业出版社

地　　址:北京市海淀区三里河路1号

邮　　编:100044

经　　销:全国各地新华书店

印　　刷:北京紫瑞利印刷有限公司

开　　本:710mm×1000mm 1/16

印　　张:15

字　　数:347千字

版　　次:2013年1月第1版

印　　次:2014年12月第2次

定　　价:39.00元

本社网址:www.jccbs.com.cn　　微信公众号:zgjcgycbs

本书如出现印装质量问题,由我社发行部负责调换。电话:(010)88386906

对本书内容有任何疑问及建议,请与本书责编联系。邮箱:dayi51@sina.com

内 容 提 要

本书以抹灰工程最新国家标准规范为依据，结合抹灰工长的工作需要进行编写。书中对抹灰工程施工操作的关键细节进行了细致的归纳总结，从而给抹灰工长上岗工作提供了必要的指导与帮助。全书主要内容包括房屋构造与施工图识读、抹灰工程常用材料与机具、一般抹灰工程、装饰抹灰工程、饰面板（砖）装饰工程、古建筑装饰抹灰、抹灰工程工料计算、抹灰工程施工现场管理等。

本书体例新颖，内容丰富，既可供抹灰工长使用，也可作为抹灰施工操作上岗培训的教材。

抹灰工长上岗指南

——不可不知的500个关键细节

编　写　组

主　编：张晓莲
副主编：刘海珍　秦礼光
编　委：张才华　梁金钊　凌丽娟　张婷婷
侯双燕　秦大为　孙世兵　范　迪
訾珊珊　朱　红　王　亮　张广钱
王　芳　郑　姗　葛彩霞　马　金
贾　宁　袁文倩

前 言 Foreword

大力开展岗位职业技能培训，提高广大从业人员的技术水平和职业素养，是实现经济增长方式转变的一项重要工作和实现现代化的迫切要求，是科学技术转化为现实生产力的桥梁和振兴经济的必由之路，也是深化企业改革的重要条件和保持社会稳定的重要因素。当前，鉴于我国建设职工队伍急剧发展，农村剩余劳动力大量向建设系统转移，企业职工素质下降，建设劳动力市场组织与管理不够完善的现状，加之为提高建设系统各行业的劳动者素质与生产服务水平，提高产品质量，增强企业的市场竞争能力，加强建设劳动力市场管理的需要，因而做好建设职业技能岗位培训与鉴定工作具有重要意义。

工长是工程施工企业完成各项施工任务的最基层的技术和组织管理人员。其既是一个现场劳动者，也是一个基层管理者，不仅要做好各项技术和管理工作，在整个施工过程中，还要做好从合同的签订、施工计划的编制、施工预算、材料机具计划、施工准备、技术措施和安全措施的制定、组织施工作业到人力安排、经济核算等一系列工作，保证工程质量和各项经济技术措施的完成。因此，在施工现场，工长起着至关重要的作用。

《工长上岗指南系列丛书》是以建设系统职业岗位技能培训为编写理念，以各专业工长应知应会的基本岗位技能为编写方向，以现行国家和行业标准规范为编写依据，以满足工长实际工作需求为编写目的而进行编写的一套实用性、针对性很强的培训类丛书。本套丛书包括以下分册：

（1）防水工长上岗指南——不可不知的500个关键细节

（2）钢筋工长上岗指南——不可不知的500个关键细节

（3）管道工长上岗指南——不可不知的500个关键细节

（4）焊工工长上岗指南——不可不知的500个关键细节

（5）架子工长上岗指南——不可不知的500个关键细节

（6）油漆工长上岗指南——不可不知的500个关键细节

(7) 模板工长上岗指南——不可不知的500个关键细节

(8) 抹灰工长上岗指南——不可不知的500个关键细节

(9) 木工工长上岗指南——不可不知的500个关键细节

(10) 砌筑工长上岗指南——不可不知的500个关键细节

(11) 水暖工长上岗指南——不可不知的500个关键细节

(12) 混凝土工长上岗指南——不可不知的500个关键细节

(13) 建筑电气工长上岗指南——不可不知的500个关键细节

(14) 通风空调工长上岗指南——不可不知的500个关键细节

(15) 装饰装修工长上岗指南——不可不知的500个关键细节

(16) 钢结构施工工长上岗指南——不可不知的500个关键细节

与市面上同类书籍相比，本套丛书具有以下特点：

(1) 本套丛书在编写时着重市场调研，注重施工现场工作经验、资料的汇集与整理，具有与工长实际工作相贴合、学以致用的编写特点，具有较强的实用性。

(2) 本套丛书在编写时注重国家和行业标准的变化，以国家和行业相关部门颁布的最新标准规范为编写依据，结合新材料、新技术、新设备的发展，以“最新”的视角为丛书加入了新鲜的血液，具有适合当今工业发展的先进性。

(3) 本套丛书在编写时注重以建设行业工长上岗职业资格培训与鉴定应知应会的职业技能为目的，参考各专业技术工人职业资格考试大纲，以职业活动为导向，以职业技能为核心，使丛书的编写适合各专业工长培训、鉴定和就业工作的需要。

(4) 本套丛书在编写手法上采用基础知识和关键细节的编写体例，注重关键细节知识的强化，有助于读者理解、把握学习的重点。

在编写过程中，本套丛书参考或引用了部分单位、专家学者的资料，在此表示衷心的感谢。限于编者水平，丛书中错误与不当之处在所难免，敬请广大读者批评、指正。

编　者

目录 Contents

第一章　房屋构造与施工图识读

第一节　房屋结构组成与构造

一、房屋结构组成

房屋是由基础、承重墙、非承重墙、柱、梁、楼面板、屋面板、门窗等构件组成的，如图1-1所示。在这些构件中，由基础、承重墙、柱、梁、楼面板、屋面板等组成一个承受房屋的自重、人群和家具的重力、风力等荷载和地震、温度变化等作用的体系，以保证房屋安全和正常工作，此体系称为房屋结构，又称为建筑结构。

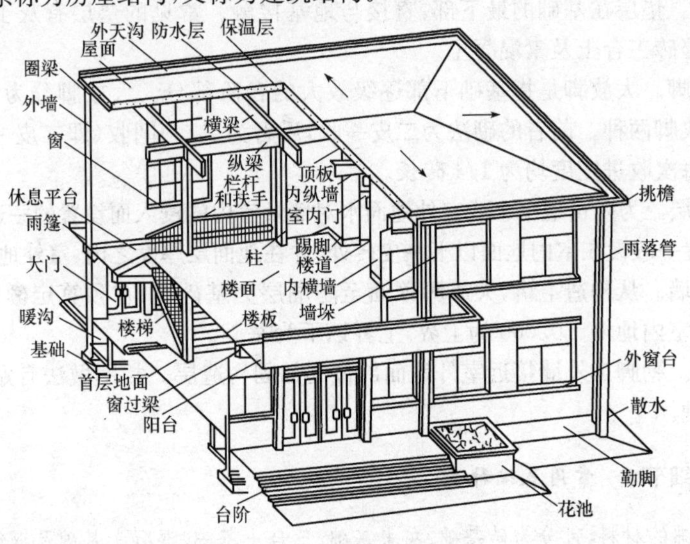

图 1-1　民用房屋构造组成

二、房屋结构基本构造

1. 基础

建筑物埋置在土层中的那部分承重结构称为基础，而支承基础传来荷载的土（岩）层称为地基。工程中用做地基的土壤有：砂土、黏土、碎石土、杂填土及岩石。土壤分为四类，其中一、二类土合并为普通土；岩石分为两类：普通岩和坚硬岩。

地基分为天然地基和人工地基两大类。应用自然土层做地基的称为天然地基；经过人工加固处理的地基称为人工地基。常用的人工地基有:压实地基、换土地基和桩基。图 1-2为砖基础的构造,它由垫层、大放脚、防潮层、基础墙和勒脚五部分组成。

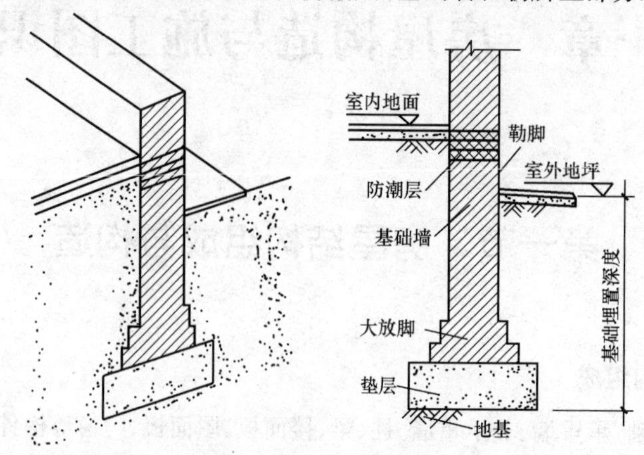

图 1-2　砖基础的构造

(1)垫层。垫层在基础的最下部,直接与地基接触。常见的垫层有灰土(二七灰土或三七灰土)、碎砖三合土及素混凝土。

(2)大放脚。大放脚是指基础下部逐级放大的台阶部分。大放脚分为等高式大放脚和间隔式大放脚两种。前者的砌法为二皮一收,后者为二、一间收(即二皮一收)与一皮一收相间隔。每次收进宽度均为 1/4 砖长。

(3)防潮层。为防止地下水或室外地面水对墙及室内的浸入而设置的一道防水处理层。防潮层的位置一般设在室内地面以下一皮砖处(并在地面层厚度之内,室外地坪以上)。

(4)基础墙。从构造上讲,大放脚顶面至防潮层为基础墙;在预算定额中的工程量计算上,一般以室内地坪±0.000 为上界,上界以下为基础。

(5)勒脚。勒脚是外墙接近室外地面部位的加固构造层。常用做法有贴面类、铺砌类及抹灰类三种。

关键细节 1　常用基础种类

(1)按基础的材料,可分为砖基础、灰土基础、三合土基础、混凝土基础及钢筋混凝土基础。

(2)按其构造特点,可分为独立基础、条形基础、整片基础、桩基础,如图 1-3～图 1-6 所示。

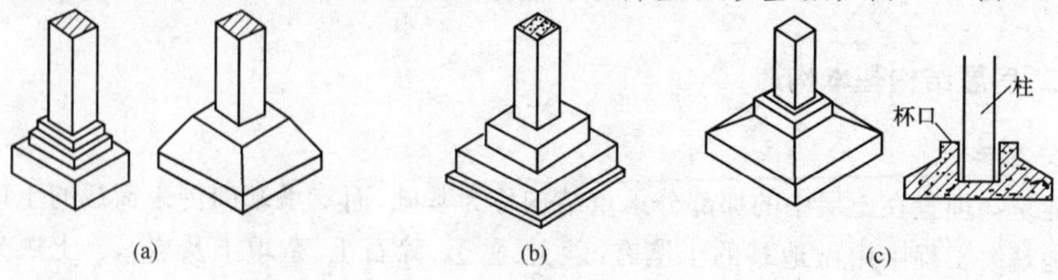

图 1-3　独立基础

(a)砖柱基础;(b)现浇钢筋混凝土柱基础;(c)杯形基础

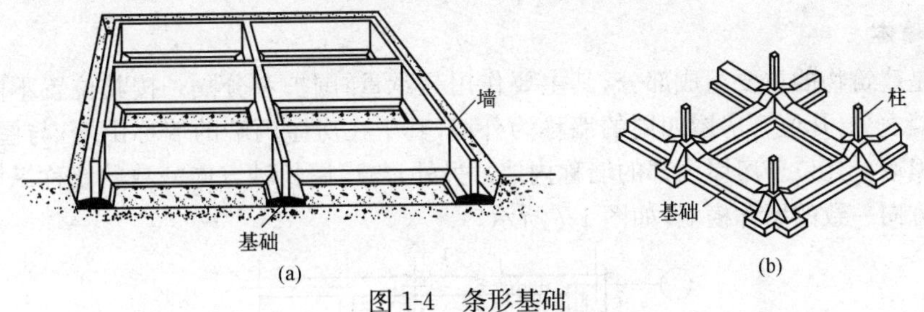

图 1-4　条形基础

(a)墙下条形基础;(b)柱下条形基础

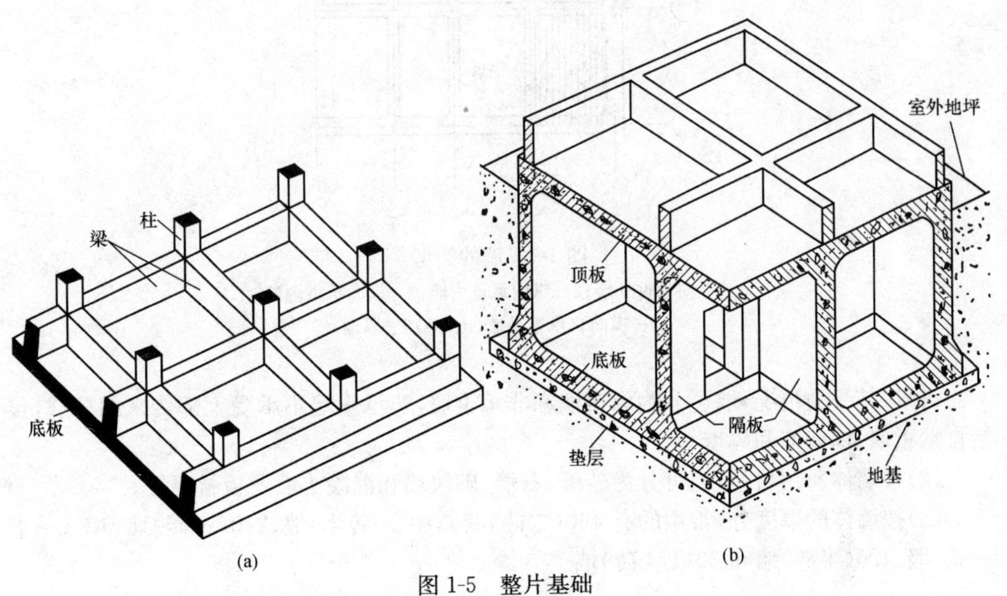

图 1-5　整片基础

(a)整片基础;(b)箱形基础

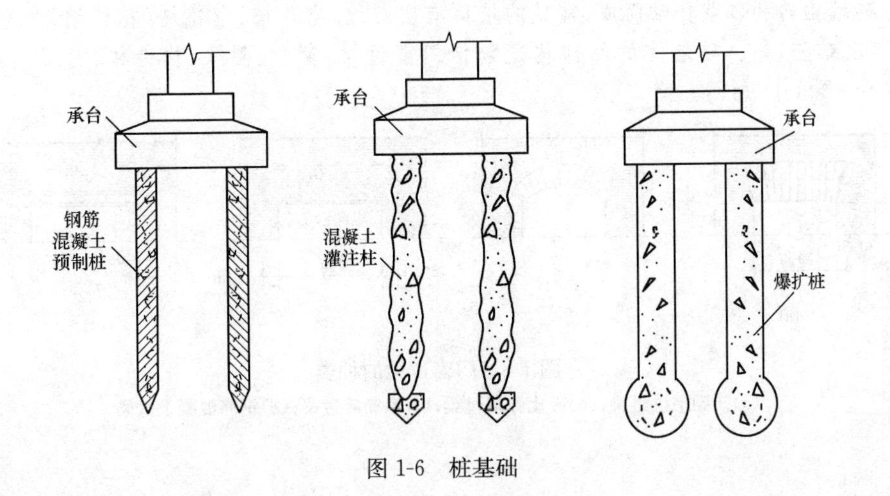

图 1-6　桩基础

2. 墙体

墙是建筑物的重要组成部分，其主要作用是承重、围护和分隔。按其位置不同，有外墙和内墙之分，凡位于房屋四周的墙称为外墙，其中在房屋两端的墙称山墙，与屋檐平行的墙称檐墙。凡位于房屋内部的墙称内墙。另外，与房屋长轴方向一致的墙称纵墙，与房屋短轴方向一致的墙称横墙，如图1-7所示。

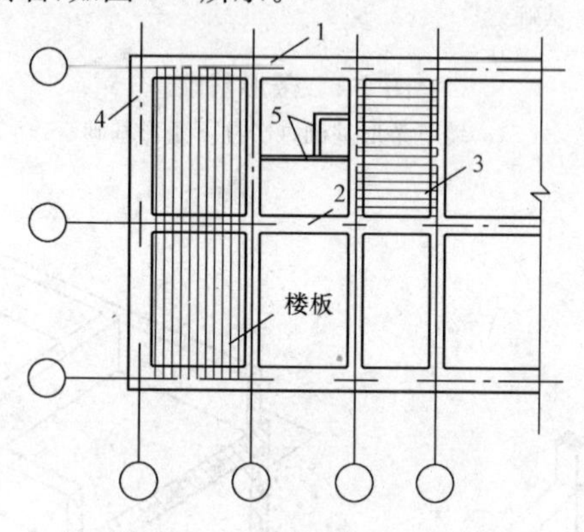

图1-7　墙的类型

1—纵向承重外墙；2—纵向承重内墙；3—横向承重内墙；
4—横向自承重外墙（山墙）；5—隔墙

(1)按其受力情况，墙可分为承重墙和非承重墙，非承重墙不承受上部传来的荷载，包括自承重墙、框架墙和隔墙。

(2)按墙体所用材料，墙可分为砖墙、石墙、砌块墙和混凝土墙及板材墙等。

(3)按墙体的厚度分，常用的有490(二砖)墙、370(一砖半)墙、240(一砖)墙、180(一平一立)墙、120(半砖)墙和60(1/4砖)墙。

关键细节2　砖砌墙体的构造

砖墙由砖和砂浆叠砌而成，常见的墙体有实心墙、空斗墙、空花墙（花格墙）和空心砖墙（多孔砖墙）等。砖墙体的细部构造包括门窗过梁、窗台、圈梁、构造柱、变形缝等，如图1-8～图1-11所示。

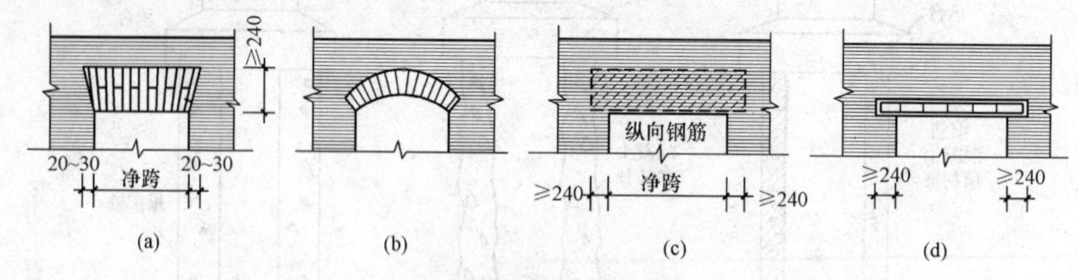

图1-8　门窗过梁的种类

(a)砖砌平拱过梁；(b)砖砌弧拱过梁；(c)钢筋砖过梁；(d)钢筋混凝土过梁

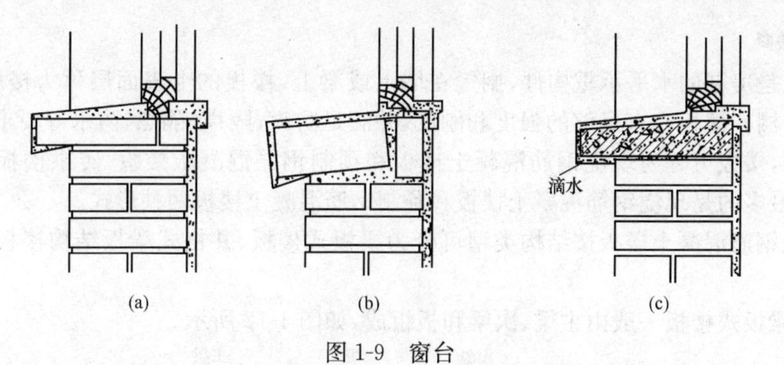

图 1-9　窗台

(a)平砌外窗台；(b)侧砌外窗台，木内窗台；(c)预制钢筋混凝土窗台，抹灰内窗台

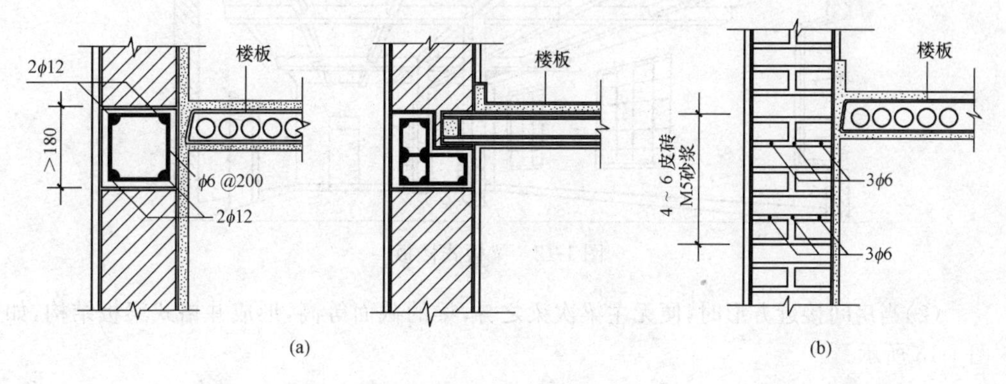

图 1-10　圈梁

(a)钢筋混凝土圈梁；(b)钢筋砖圈梁

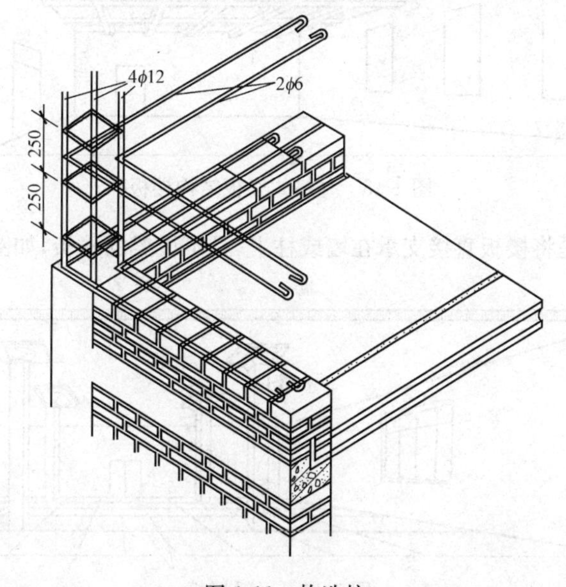

图 1-11　构造柱

3. 楼板

楼板是房屋的水平承重构件，搁置在墙上或梁上，楼板的上表面层称为楼层地面，下表面是天棚。楼板应有足够的强度和刚度，并满足防火、隔声、隔热、防水等要求。按所用材料不同，楼板可分为现浇钢筋混凝土楼板和预制钢筋混凝土楼板、砖拱楼板和木楼板等，使用最多的是现浇钢筋混凝土楼板和预制钢筋混凝土楼板两种形式。

现浇钢筋混凝土楼板按结构类型可分为梁板式楼板、井格式梁板结构楼板和无梁楼板三种。

(1)梁板式楼板一般由主梁、次梁和板组成，如图1-12所示。

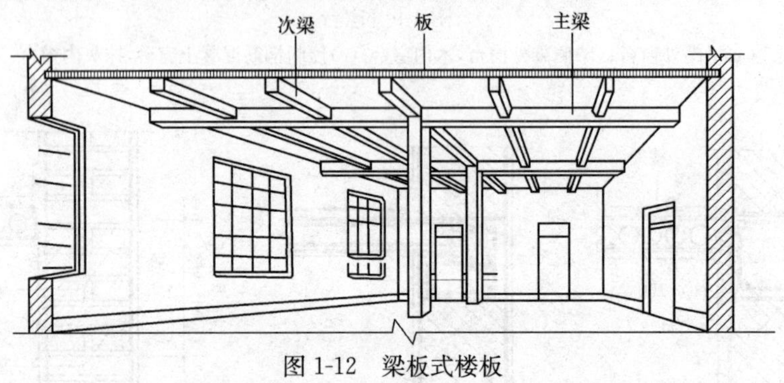

图1-12　梁板式楼板

(2)当房间接近方形时，便无主梁次梁之分，梁的截面等高，形成井格式梁板结构，如图1-13所示。

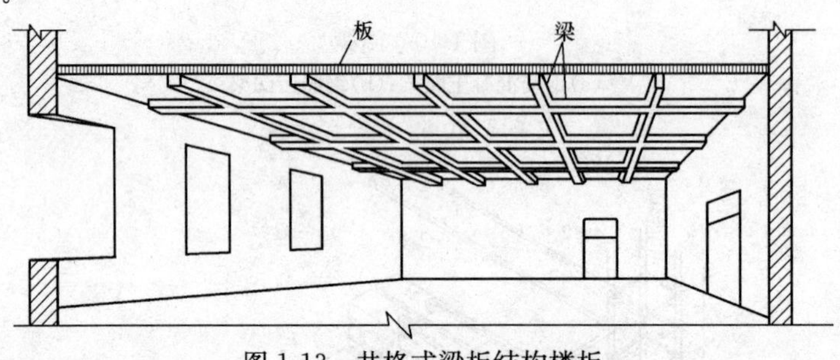

图1-13　井格式梁板结构楼板

(3)无梁楼板是将楼板直接支承在墙或柱上，是不设梁的楼板，如图1-14所示。

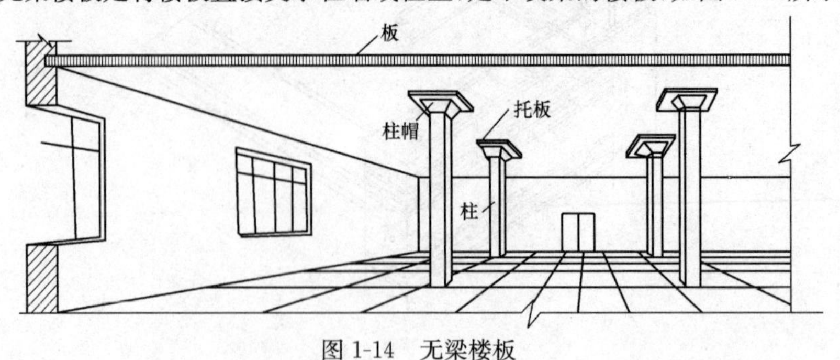

图1-14　无梁楼板

常见的预制楼板有实心板、空心板、槽形板（分正槽形板和反槽形板）和T形板等，每种类型的板又有多种规格，其构造形式如图1-15～图1-17所示，其中以圆孔空心板使用居多。

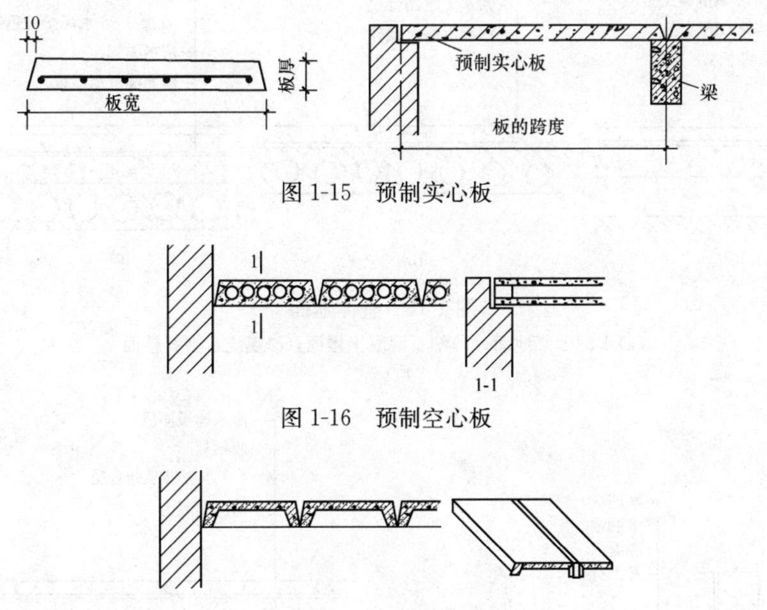

图1-15　预制实心板

图1-16　预制空心板

图1-17　预制槽形板

关键细节3　预制板缝的处理

预制板板缝起着连接相邻两块板协同工作的作用，使楼板成为一个整体。在具体布置楼板时，往往出现缝隙。

(1)当缝隙小于60mm时，可调节板缝（使其≤30，灌C20细石混凝土），当缝隙在60～120mm之间时，可在灌缝的混凝土中加配2ϕ6通长钢筋。

(2)当缝隙在120～200mm之间时，设现浇钢筋混凝土板带，且将板带设在墙边或有穿管的部位。

(3)当缝隙大于200mm时，调整板的规格。

4. 地面

楼地面的基本组成为面层、垫层和基层。按楼地面面层的材料和做法不同，大致分为整体地面、铺贴地面和木地面等。

(1)整体地面包括水泥砂浆地面、混凝土地面和现浇水磨石地面，典型构造简图如图2-18所示。

(2)铺贴地面是利用各种块料铺贴在基层上的地面。常用的铺贴材料有天然大理石板、天然花岗岩板、预制水磨石板、缸砖、陶瓷锦砖（马赛克）和塑料板块等。

(3)木地面有长条和拼花两种，可空铺也可实铺，实铺法是在混凝土上铺木板（条）而制成，此法采用较多，如图1-19所示。

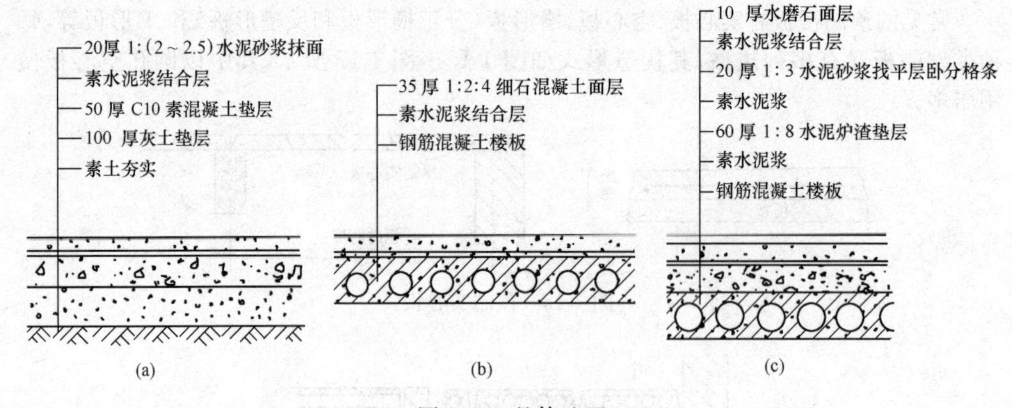

图 1-18 整体地面

(a)水泥砂浆地面;(b)细石混凝土楼面;(c)现浇水磨石楼面

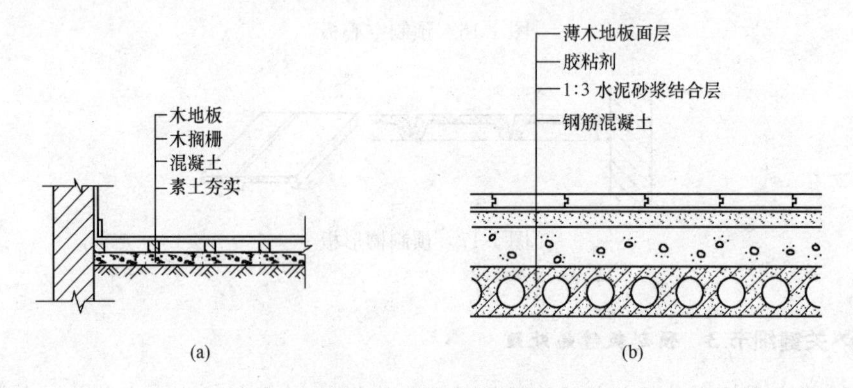

图 1-19 实铺木地面

(a)有搁栅木地面;(b)直接铺贴木地板楼面

关键细节 4 地面检验质量标准

(1)面层与基层的结合必须牢固,无空鼓。

(2)表面洁净、无裂纹、脱皮、麻面和起砂等现象。

(3)允许偏差:表面平整度不大于 3mm(用 2m 靠尺和塞尺检查)。

5. 楼梯

楼梯是建筑物中主要的垂直交通设施之一,是房屋的重要组成部分,通过它可以实现房屋的竖向交通联系。因而,楼梯的主要功能是通行和疏散。常见的楼梯有木楼梯、钢筋混凝土楼梯和钢楼梯等,一般采用单跑楼梯、双跑楼梯、三跑楼梯和圆形楼梯等,其中钢筋混凝土楼梯及双跑式楼梯应用最广。

楼梯由楼梯段、平台、栏杆(或栏板)和扶手三部分组成。图 1-20 所示是双跑楼梯的组成。

现浇钢筋混凝土楼梯按其结构形式和受力特点,可分为板式楼梯和梁式楼梯等。

(1)板式楼梯。图 1-21(a)为板式楼梯。板式楼梯由梯段板、平台板和平台梁组成，一般用作跨度不超过 3m 的小跨度楼梯较为经济。

板式楼梯的下表面平整，施工支模方便，外形完整、轻巧美观，故而目前跨度较大的公共建筑楼梯也常采用这种楼梯形式。板式楼梯的缺点是斜板较厚，当跨度较大时，材料用量较多。

(2)梁式楼梯。图 1-21(b)为梁式楼梯。梁式楼梯由楼梯斜梁、踏步板、平台梁、平台板组成，其优点是当楼梯跨度较大时较为经济，但其支模及施工都较板式楼梯复杂，外观也不够轻巧美观。

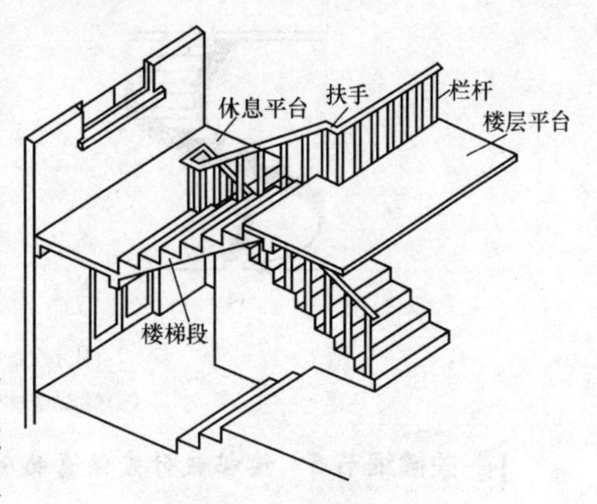

图 1-20　双跑楼梯组成

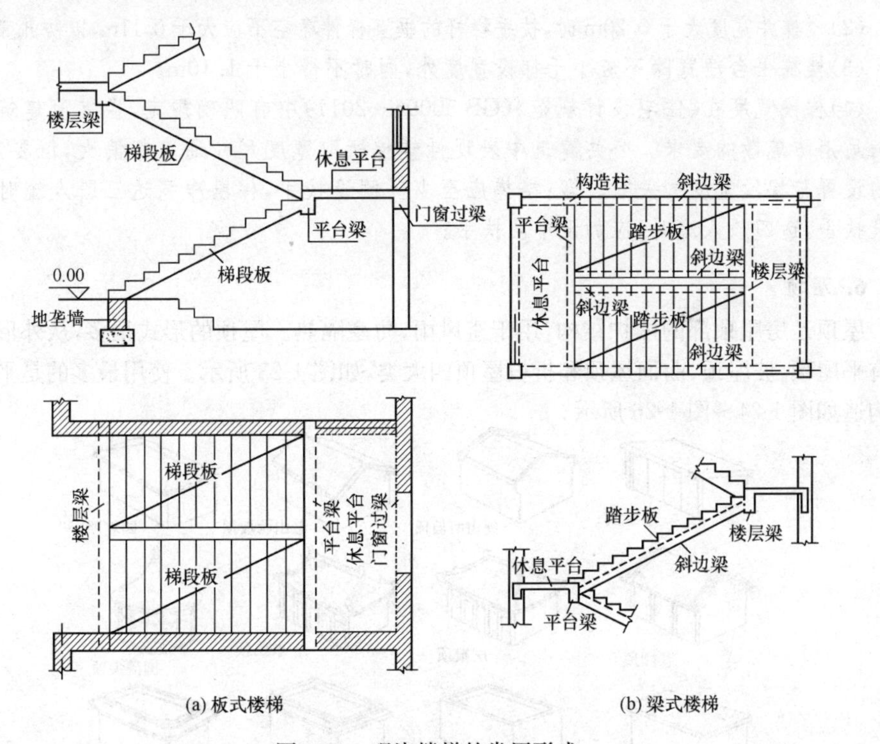

图 1-21　现浇楼梯的常用形式

(3)其他形式的楼梯。除梁式楼梯和板式楼梯外，现浇钢筋混凝土楼梯还有螺旋楼梯、对折悬挑式楼梯、单梁挑板楼梯等结构形式，如图 1-22 所示。这类楼梯一般造型新颖美观，建筑效果较好，通常在公共建筑中采用，但其往往受力复杂，因此结构形式也较为复杂。

由于装配式构件在工厂加工预制，现场装配，加快了施工速度，故适用于大规模住宅建设等。装配式钢筋混凝土楼梯根据建筑设计要求有各种不同结构形式，一般常用的预制装配式楼梯有悬壁式楼梯、预制梯段板式楼梯、小型分件装配式楼梯等。

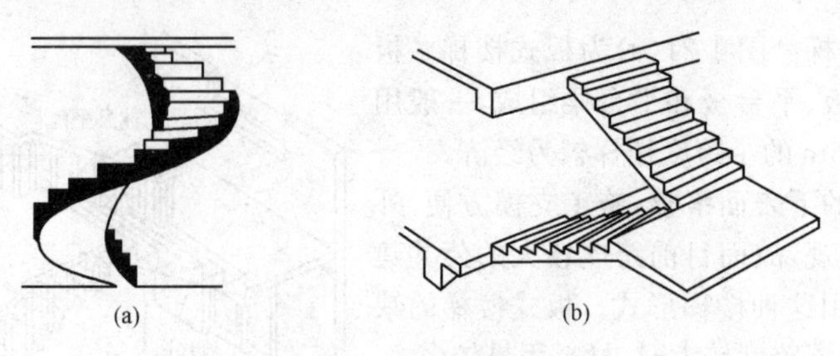

图 1-22 其他楼梯形式
(a)螺旋楼梯;(b)对折悬挑式楼梯

关键细节 5 楼梯设计应注意的问题

(1)楼梯扶手的高度(自踏步前缘线量起)不宜小于 0.90m;室外楼梯扶手高不应小于 1.05m。

(2)楼梯井宽度大于 0.20m 时,扶手栏杆的垂直杆件净空不应大于 0.11m,以防儿童坠落。

(3)楼梯平台净宽除不应小于梯段宽度外,同时不得小于 1.10m。

(4)梯段宽度在《住宅设计规范》(GB 50096—2011)中有明确规定,在其他建筑中,必须满足消防疏散的要求。公共建筑中表现性楼梯所取宽度尺寸通常都偏大,但要注意扶手的设置与梯段宽度的关系。即:楼梯应至少一侧设扶手,梯段净宽达三股人流时,应两侧设扶手,达四股人流时,应加设中间扶手。

6. 屋顶

屋顶是房屋顶部的围护结构,用于避风雨,防寒隔热。屋顶的形式很多,从外形看,主要有平屋顶、坡屋顶、曲面屋顶和折板屋顶四大类,如图 1-23 所示。使用最多的是平屋顶,其构造如图 1-24～图 1-26 所示。

图 1-23 屋顶的类型

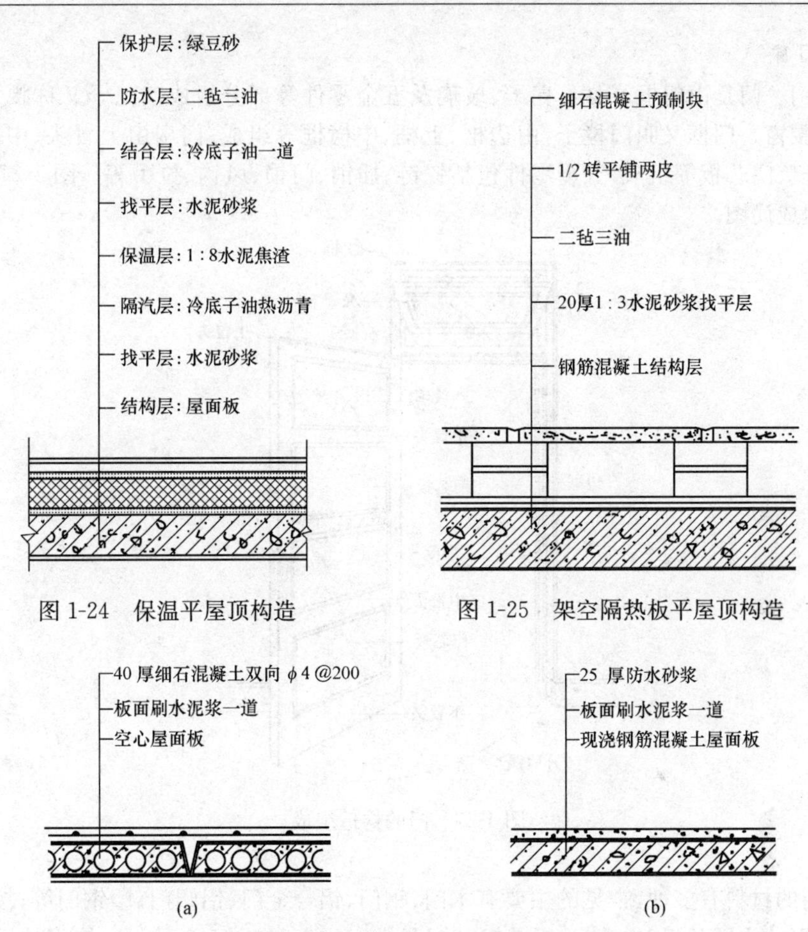

图 1-24　保温平屋顶构造

图 1-25　架空隔热板平屋顶构造

图 1-26　刚性防水层屋面构造

(a)预制屋面板细石混凝土；(b)现浇屋面板防水砂浆层

关键细节 6　平屋顶排水的组织形式

屋顶排水方式有无组织排水和有组织排水两种。

(1)自由落水(无组织排水)。屋面雨水经挑檐自由泄下，一般用于低层和次要建筑或雨量较少的地区。

(2)有组织的排水。又分为有组织外排水和有组织内排水两种方式：

1)有组织的外排水是通过屋面坡度先将屋面上的雨雪水导向檐沟或檐口内天沟，再通过设置在檐沟或女儿墙上的出水口经雨水管排到室外地面或明沟中。

2)有组织的内排水，一般用内天沟，将水导入室内雨水管，再经埋在地面下的管道排去。这种排水方式施工复杂，用于大面积多跨屋面、高层建筑、寒冷地区或有特殊要求的建筑上。雨水口和雨水管的位置和间距，应根据当地的降雨量、建筑平面形式和外部造型等通盘考虑确定。

7. 门窗

(1)门。门是由门框、门扇、亮子、玻璃及五金零件等部分组成。亮子又称腰头窗(简称腰头、腰窗);门框又叫门樘子,由边框、上框、中横框等组成;门扇由上冒头、中冒头、下冒头、边梃、门芯板等组成;五金零件包括铰链、插销、门锁、风钩、拉手等。图1-27是木门的构造组成简图。

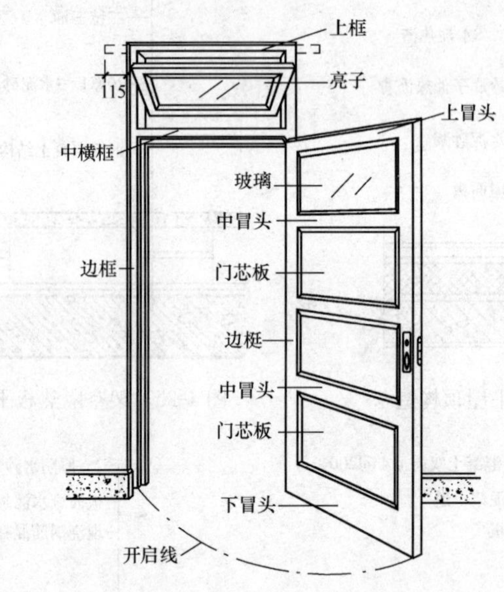

图1-27 门的构造组成

制门的材料有多种,常见的主要有木门、钢门、铝合金门、铝塑门、塑钢门等;按门的开启形式,可分为平开门、弹簧门、折叠门、转门、卷帘门等,如图1-28所示;按门的用料和构造,可分为镶板门、夹板门、玻璃门、纱门、百叶门等。此外,还有一些特殊要求的门,如自动门、隔音门、保温门、防火门、防射线门等。

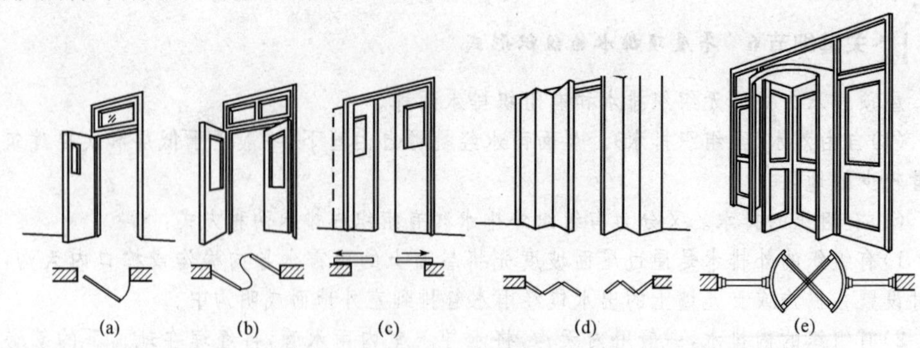

图1-28 门的开启方式

(a)平开门;(b)弹簧门;(c)推拉门;(d)折叠门;(e)转门

(2)窗。窗按所用材料不同,分为木窗、钢窗、铝合金窗、铝塑窗、塑钢窗等;按开启方式，可分为平开窗、中悬窗、上悬窗、下悬窗、立式转窗、水平推拉窗、垂直推拉窗、百叶窗、隔音保温窗、固定窗、防火窗、橱窗、防射线观察窗等，如图 1-29 所示。

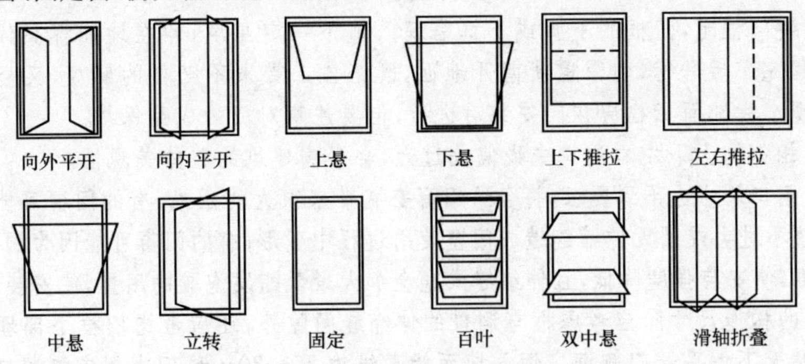

图 1-29　窗的开启方式

窗由窗框、窗扇和五金零件组成。窗框为固定部分，由边框、上框、下框、中横框和中竖框构成；窗扇为活动部分，由上冒头、下冒头、边梃、窗芯及玻璃构成；五金零件及附件包括铰链、风钩、插销和窗帘盒、窗台板、筒子板、贴脸板等。图 1-30 是平开窗的构造组成。

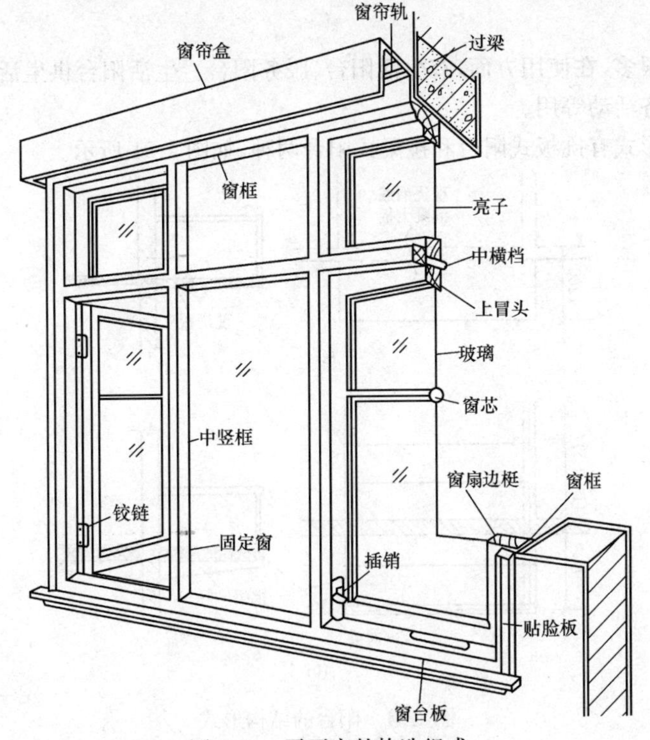

图 1-30　平开窗的构造组成

关键细节 7　门窗洞口质量要求

(1)塑料门窗安装后即为成品，无需进一步涂饰，为了保持其表面洁净，应在墙体湿作业完工后进行安装，如必须在湿作业前进行，则应采取好保护措施。因为若水泥砂浆粘到型材上，铲刮时极易损伤型材表面，影响外观。

(2)安装门框时，门框的下脚或下框需埋入地下一定深度，即在地面标高线以下。如在地面工程完工后进行，则需重新凿开地面，既给施工带来不必要的麻烦，又会破坏地面的整体美观。故地面工程应在门安装后进行，但要注意对门的成品保护。

(3)若相邻的上下左右洞口中线偏差过大，会影响建筑的整体美观性。

(4)若洞口尺寸达不到要求，将会给门窗安装带来很大的困难，有的门窗可能因为洞口尺寸太小放不进去或因无伸缩缝造成门窗使用过程中变形；有的门窗可能因为洞口太大，造成连接困难，使安装强度降低，且伸缩缝太宽会加大聚氨酯发泡胶的用量，使安装成本上升。

(5)门的构造尺寸除应考虑框与洞口的伸缩缝间隙外，还应考虑门框下部埋入地面的深度。一般无下框平开门侧框应埋入地面标高线约25～30mm，门上框应与洞口预留10～15mm。而对于带下框平开门及推拉门，其下框应埋入地面标高线约10～15mm，门上框亦应与洞口高度减5～10mm。

(7)洞口周围松动的砂浆、浮渣及浮灰会影响聚氨酯发泡胶及密封胶的粘结性能，使其密封性下降，故安装前应及时清除。

8. 阳台

阳台形式很多，在使用方面，有生活阳台、服务阳台。生活阳台供生活起居之用，服务阳台为从事家务活动等用。

阳台结构形式有挑板式阳台和挑梁式阳台两种，如图1-31所示。

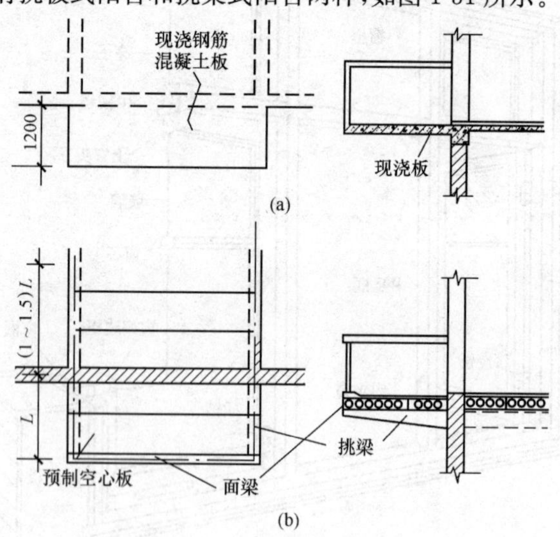

图1-31 阳台的结构形式

(a)挑板式阳台；(b)挑梁式阳台

阳台按施工方式的不同，有现浇与预制之分。通常当楼板现浇时，阳台亦用现浇，如图1-31(a)所示；当楼板系预制构件时，阳台亦多用预制阳台。

关键细节 8　阳台装饰装修的材料要求

(1)阳台装修的封装材料。铝合金是目前采用较多的装饰材料。然而塑钢型材的保温隔热功能及隔音降噪功能比其他门窗材料要高出30%以上,而成本只有铝合金材料的10%左右。因此,在预算较为宽裕的情况下,建议使用塑钢门窗。

(2)阳台装修的地面材料。如果阳台不封装,可以使用防水性能好的防滑瓷砖。如果封装阳台,并且和室内打通,可以使用和室内一样的地面装饰材料。

(3)阳台装修的墙壁和顶部材料。同样,如果阳台不封闭,则可以使用外墙涂料。如果阳台要封装,可以使用内墙乳胶漆涂料。

9. 雨篷

雨篷是建筑物入口处遮挡雨雪的构件,是建筑工程中常见的悬挑构件。根据各类建筑造型需要,可设计出多种形式的雨篷。从结构形式上分,雨篷分为挑板式雨篷和挑梁式雨篷两种。

挑板式雨篷一般由雨篷板和雨篷梁组成。雨篷梁既是雨篷板的支承,又兼有过梁的作用,如图1-32所示。

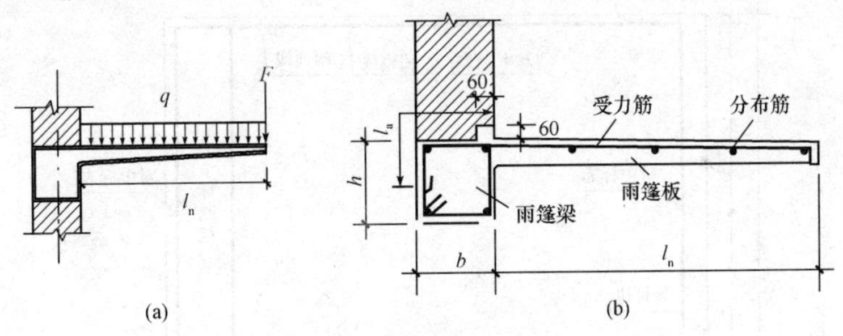

图1-32　挑板式雨篷

(a)雨篷板上的荷载;(b)雨篷板及雨篷梁的配筋构造

(1)雨篷板。雨篷板为一典型悬臂受弯构件。雨篷板承受的荷载除有恒载(板自重、面层、抹灰等构造层重)、均布活荷载外,还应考虑施工荷载或检修的集中荷载,如图1-32(a)所示。

(2)雨篷梁。雨篷梁宽一般与墙厚相同。为了保证足够的嵌固,雨篷梁伸入墙内的支承长度应不小于370mm。

雨篷梁上作用的荷载有:雨篷板传来的荷载、雨篷梁上墙体荷载、楼面板或平台板通过墙体传来的荷载。因此,雨篷梁既受弯、受剪又受扭,梁内应按计算配置纵向钢筋(抗弯、抗扭)和箍筋(抗剪、抗扭)。

关键细节 9　雨篷在构造上需解决的问题

(1)防倾覆,保证雨篷梁上有足够的压重。

(2)板面上要做好排水和防水。

第二节　建筑施工图绘制

一、一般规定

1. 图纸幅面及图框尺寸

图纸幅面及图框尺寸应符合国家标准《房屋建筑制图统一标准》(GB 50001)规定，见表1-1及图1-33～图1-36。

表1-1　　幅面及图框尺寸　　mm

尺寸代号 \ 幅面代号	A0	A1	A2	A3	A4
$b\times l$	841×1189	594×841	420×594	297×420	210×297
c	10			5	
a	25				

注：表中b为幅面短边尺寸，l为幅面长边尺寸，c为图框线与幅面线间宽度，a为图框线与装订边间宽度。

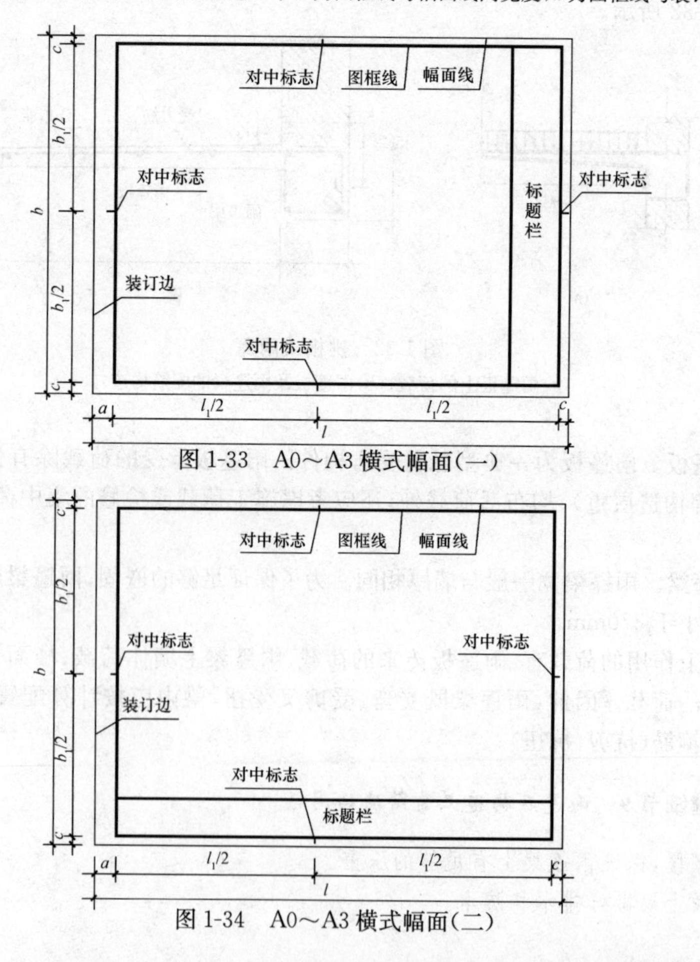

图1-33　A0～A3横式幅面(一)

图1-34　A0～A3横式幅面(二)

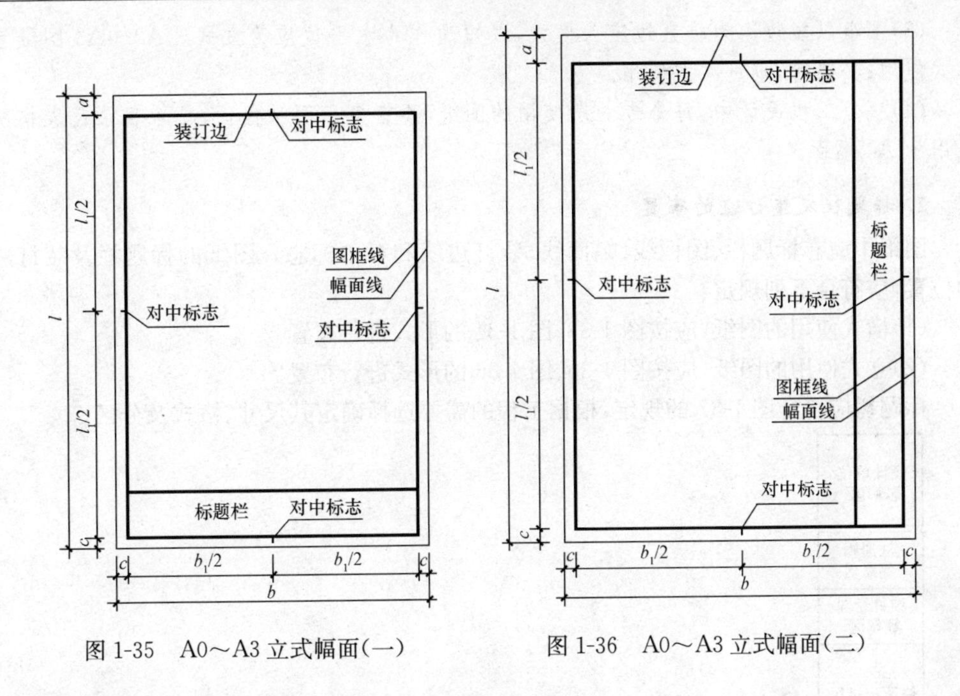

图 1-35　A0～A3 立式幅面(一)　　　图 1-36　A0～A3 立式幅面(二)

关键细节 10　选择图纸幅面应注意的问题

(1)需要微缩复制的图纸,其一个边上应附有一段准确米制尺度,四个边上均附有对中标志,米制尺度的总长应为 100mm,分格应为 10mm。对中标志应画在图纸内框各边长的中点处,线宽 0.35mm,并应伸入内框边,在框外为 5mm。对中标志的线段,于 l_1 和 b_1 范围取中。

(2)图纸的短边尺寸不应加长,A0～A3 幅面长边尺寸可加长,但应符合表 1-2 的规定。

表 1-2　　图纸边长加长尺寸　　mm

幅面代号	长边尺寸	长边加长后的尺寸
A0	1189	1486(A0+1/4l)　1635(A0+3/8l)　1783(A0+1/2l)　1932(A0+5/8l)　2080(A0+3/4l)　2230(A0+7/8l)　2378(A0+l)
A1	841	1051(A1+1/4l)　1261(A1+1/2l)　1471(A1+3/4l)　1682(A1+l)　1892(A1+5/4l)　2102(A1+3/2l)
A2	594	743(A2+1/4l)　891(A2+1/2l)　1041(A2+3/4l)　1189(A2+l)　1338(A2+5/4l)　1486(A2+3/2l)　1635(A2+7/4l)　1783(A2+2l)　1932(A2+9/4l)　2080(A2+5/2l)
A3	420	630(A3+1/2l)　841(A3+l)　1051(A3+3/2l)　1261(A3+2l)　1471(A3+5/2l)　1682(A3+3l)　1892(A3+7/2l)

注:有特殊需要的图纸,可采用 $b\times l$ 为 841mm×891mm 与 1189mm×1261mm 的幅面。

(3)图纸以短边作为垂直边应为横式,以短边作为水平边应为立式。A0～A3图纸宜横式使用;必要时,也可立式使用。

(4)一个工程设计中,每个专业所使用的图纸,不宜多于两种幅面,不含目录及表格所采用的A4幅面。

2. 标题栏及装订边的布置

图纸中应有标题栏、图框线、幅面线、装订边线和对中标志。图纸的标题栏及装订边的位置,应符合下列规定:

(1)横式使用的图纸,应按图1-33、图1-34的形式进行布置。

(2)立式使用的图纸,应按图1-35、图1-36的形式进行布置。

标题栏应符合图1-37的规定,根据工程的需要选择确定其尺寸、格式及分区。

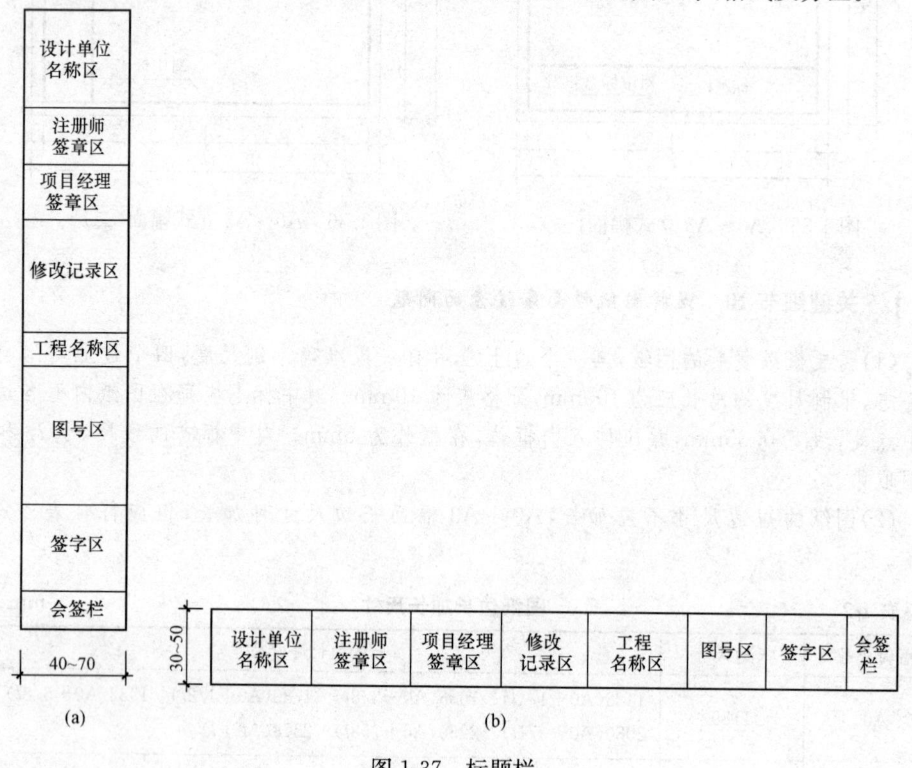

图1-37　标题栏

关键细节11　签字栏应符合的规定

签字栏应包括实名列和签名列,并应符合下列规定:

(1)涉外工程的标题栏内,各项主要内容的中文下方应附有译文,设计单位的上方或左方,应加"中华人民共和国"字样。

(2)在计算机制图文件中当使用电子签名与认证时,应符合国家有关电子签名法的规定。

3. 图线

图线的宽度 b,宜从 1.4、1.0、0.7、0.5、0.35、0.25、0.18、0.13(mm)线宽系列中选取。图线宽度不应小于 0.1mm。每个图样,应根据复杂程度与比例大小,先选定基本线宽 b,再选用表 1-3 中相应的线宽组。

表 1-3　线宽规格　mm

线宽比	线宽组			
b	1.4	1.0	0.7	0.5
$0.7b$	1.0	0.7	0.5	0.35
$0.5b$	0.7	0.5	0.35	0.25
$0.25b$	0.35	0.25	0.18	0.13

注:1. 需要缩微的图纸,不宜采用 0.18mm 及更细的线宽。

2. 同一张图纸内,各不同线宽中的细线,可统一采用较细的线宽组的细线。

关键细节 12　图纸中各种线型的选用

(1)工程建设制图应选用表 1-4 所示的图线。

表 1-4　图线规格及用途

名称		线型	线宽	用途
实线	粗		b	主要可见轮廓线
	中粗		$0.7b$	可见轮廓线
	中		$0.5b$	可见轮廓线、尺寸线、变更云线
	细		$0.25b$	图例填充线、家具线
虚线	粗		b	见各有关专业制图标准
	中粗		$0.7b$	不可见轮廓线
	中		$0.5b$	不可见轮廓线、图例线
	细		$0.25b$	图例填充线、家具线
单点长画线	粗		b	见各有关专业制图标准
	中		$0.5b$	见各有关专业制图标准
	细		$0.25b$	中心线、对称线、轴线等
双点长画线	粗		b	见各有关专业制图标准
	中		$0.5b$	见各有关专业制图标准
	细		$0.25b$	假想轮廓线、成型前原始轮廓线
折断线	细		$0.25b$	断开界线
波浪线	细		$0.25b$	断开界线

(2)同一张图纸内,相同比例的各图样,应选用相同的线宽组。

(3)图纸的图框和标题栏线可采用表1-5的线宽。

表1-5　　图框和标题栏线宽

幅面代号	图框线	标题栏外框线	标题栏分格线
A0、A1	b	0.5b	0.25b
A2、A3、A4	b	0.7b	0.35b

(4)相互平行的图例线,其净间隙或线中间隙不宜小于0.2mm。

(5)虚线、单点长画线或双点长画线的线段长度和间隔,宜各自相等。

(6)单点长画线或双点长画线,当在较小图形中绘制有困难时,可用实线代替。

(7)单点长画线或双点长画线的两端,不应是点。点画线与点画线交接点或点画线与其他图线交接时,应是线段交接。

(8)虚线与虚线交接或虚线与其他图线交接时,应是线段交接。虚线为实线的延长线时,不得与实线相接。

(9)图线不得与文字、数字或符号重叠、混淆,不可避免时,应首先保证文字的清晰。

4. 字体

图纸上所需书写的文字、数字或符号等,均应笔画清晰、字体端正、排列整齐;标点符号应清楚正确。字体应符合《房屋建筑制图统一标准》(GB 50001)中的字体规定。

二、基本符号

1. 剖切符号

(1)剖视的剖切。剖视的剖切符号应由剖切位置线及剖视方向线组成,均应以粗实线绘制。剖视的剖切符号应符合下列规定:

1)剖切位置线的长度宜为6～10mm;剖视方向线应垂直于剖切位置线,长度应短于剖切位置线,宜为4～6mm[图1-38(a)],也可采用国际统一和常用的剖视方法,如图1-38(b)所示。绘制时,剖视剖切符号不应与其他图线相接触。

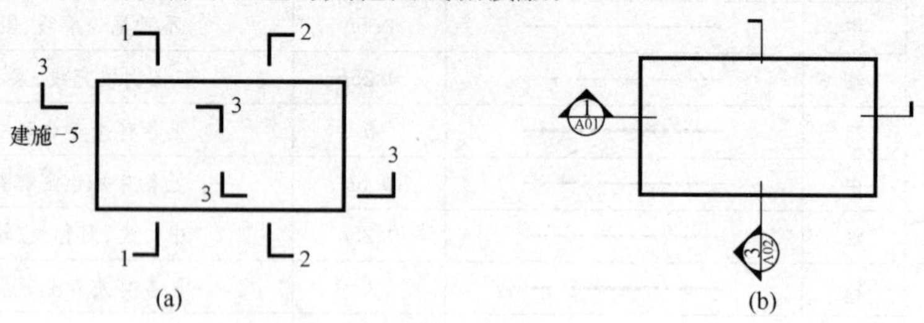

图1-38　剖视的剖切符号

2)剖视剖切符号的编号宜采用粗阿拉伯数字,按剖切顺序由左至右、由下向上连续编排,并应注写在剖视方向线的端部。

3)需要转折的剖切位置线,应在转角的外侧加注与该符号相同的编号。

4)建(构)筑物剖面图的剖切符号应注在±0.000标高的平面图或首层平面图上。

5)局部剖面图(不含首层)的剖切符号应注在包含剖切部位的最下面一层的平面图上。

(2)断面的剖切。断面的剖切符号应符合下列规定:

1)断面的剖切符号应只用剖切位置线表示,并应以粗实线绘制,长度宜为6～10mm;

2)断面剖切符号的编号宜采用阿拉伯数字,按顺序连续编排,并应注写在剖切位置线的一侧;编号所在的一侧应为该断面的剖视方向(图1-39)。

3)剖面图或断面图,当与被剖切图样不在同一张图内,应在剖切位置线的另一侧注明其所在图纸的编号,也可以在图上集中说明。

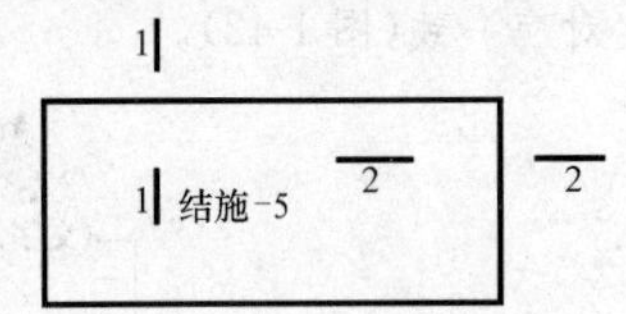

图1-39　断面的剖切符号

2. 索引符号与详图符号

图样中的某一局部或构件,如需另见详图,应以索引符号索引[图1-40(a)]。索引符号是由直径为8～10mm的圆和水平直径组成,圆及水平直径应以细实线绘制。索引符号应按下列规定编写:

(1)索引出的详图,如与被索引的详图同在一张图纸内,应在索引符号的上半圆中用阿拉伯数字注明该详图的编号,并在下半圆中间画一段水平细实线[图1-40(b)]。

(2)索引出的详图,如与被索引的详图不在同一张图纸内,应在索引符号的上半圆中用阿拉伯数字注明该详图的编号,在索引符号的下半圆用阿拉伯数字注明该详图所在图纸的编号[图1-40(c)]。数字较多时,可加文字标注。

(3)索引出的详图,如采用标准图,应在索引符号水平直径的延长线上加注该标准图集的编号[图1-40(d)]。需要标注比例时,文字在索引符号右侧或延长线下方,与符号下对齐。

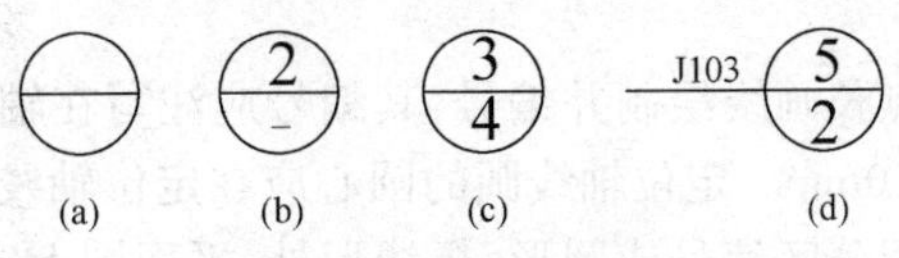

图1-40　索引符号

3. 引出线

引出线应以细实线绘制,宜采用水平方向的直线,与水平方向成30°、45°、60°、90°的直线,或经上述角度再折为水平线。文字说明宜注写在水平线的上方[图1-41(a)],也可注写在水平线的端部[图1-41(b)]。索引详图的引出线,应与水平直径线相连接[图1-41(c)]。

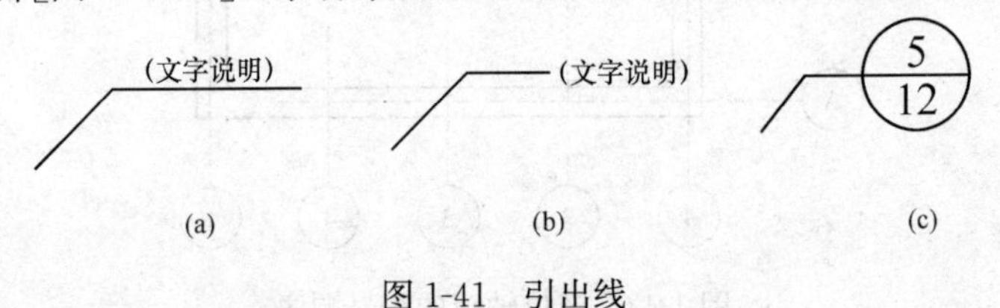

图1-41　引出线

关键细节 13　多层构造或多层管道的共用引出线

多层构造或多层管道共用引出线，应通过被引出的各层，并用圆点示意对应各层次。文字说明宜注写在水平线的上方，或注写在水平线的端部，说明的顺序应由上至下，并应与被说明的层次对应一致；如层次为横向排序，则由上至下的说明顺序应与由左至右的层次对应一致（图 1-42）。

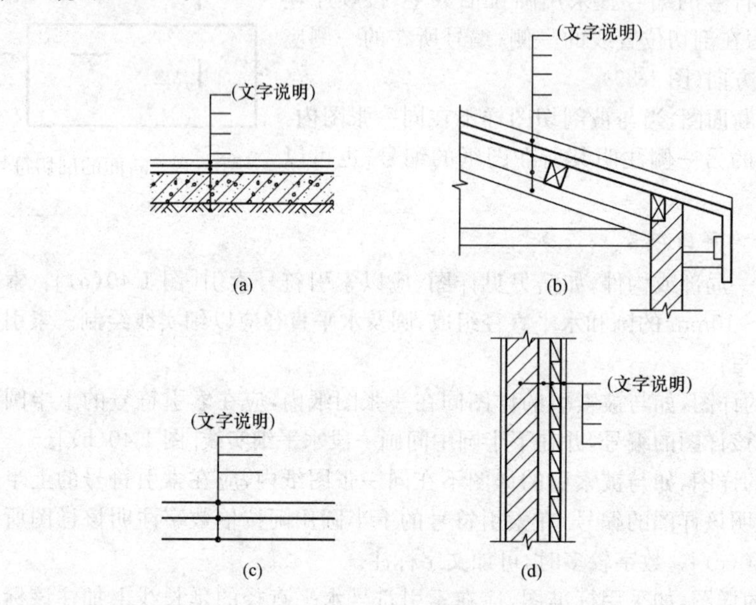

图 1-42　多层公用引出线

三、定位轴线

定位轴线应用细单点长画线绘制并编号，其编号应注写在轴线端部的圆内。圆应用细实线绘制，直径为 8～10mm。定位轴线圆的圆心应在定位轴线的延长线上或延长线的折线上。除较复杂需采用分区编号或圆形、折线形外，平面图上定位轴线的编号，宜标注在图样的下方或左侧。横向编号应用阿拉伯数字，从左至右顺序编写；竖向编号应用大写拉丁字母，从下至上顺序编写（图 1-43）。

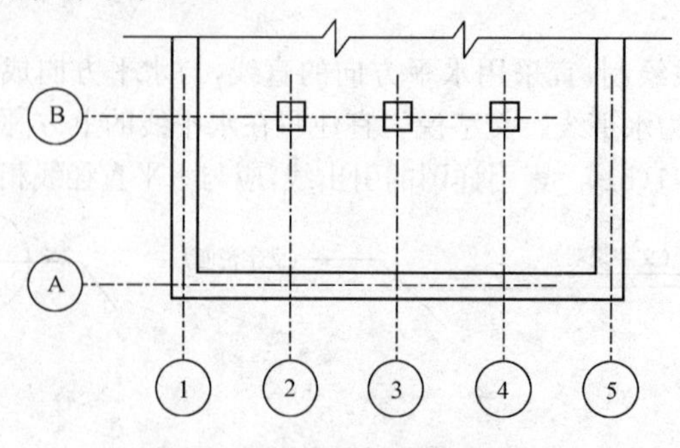

图 1-43　定位轴线的编号顺序

四、常用建筑材料图例

常用建筑材料图例，见表 1-6。

表 1-6　　常用建筑材料图例

序号	名称	图　例	备　注
1	自然土壤		包括各种自然土壤
2	夯实土壤		—
3	砂、灰土	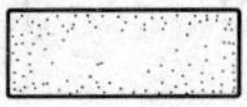	—
4	砂砾石、碎砖三合土		—
5	石材	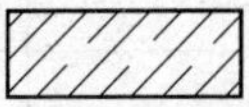	—
6	毛石		—
7	普通砖	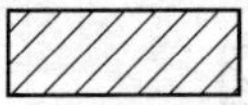	包括实心砖、多孔砖、砌块等砌体。断面较窄不易绘出图例线时，可涂红，并在图纸备注中加注说明，画出该材料图例
8	耐火砖	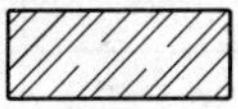	包括耐酸砖等砌体
9	空心砖	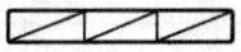	指非承重砖砌体
10	饰面砖		包括铺地砖、马赛克、陶瓷锦砖、人造大理石等
11	焦渣、矿渣	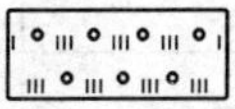	包括与水泥、石灰等混合而成的材料
12	混凝土	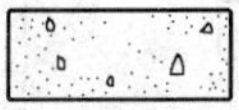	1. 本图例指能承重的混凝土及钢筋混凝土 2. 包括各种强度等级、骨料、添加剂的混凝土 3. 在剖面图上画出钢筋时，不画图例线 4. 断面图形小，不易画出图例线时，可涂黑
13	钢筋混凝土		

（续）

序号	名称	图 例	备 注
14	多孔材料	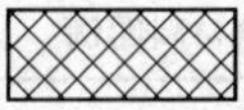	包括水泥珍珠岩、沥青珍珠岩、泡沫混凝土、非承重加气混凝土、软木、蛭石制品等
15	纤维材料	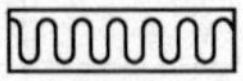	包括矿棉、岩棉、玻璃棉、麻丝、木丝板、纤维板等
16	泡沫塑料材料	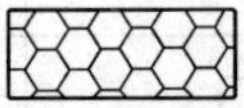	包括聚苯乙烯、聚乙烯、聚氨酯等多孔聚合物类材料
17	木材		1. 上图为横断面，左上图为垫木、木砖或木龙骨 2. 下图为纵断面
18	胶合板	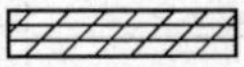	应注明为×层胶合板
19	石膏板	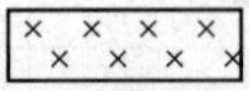	包括圆孔、方孔石膏板、防水石膏板、硅钙板、防火板等
20	金属		1. 包括各种金属 2. 图形小时，可涂黑
21	网状材料		1. 包括金属、塑料网状材料 2. 应注明具体材料名称
22	液体	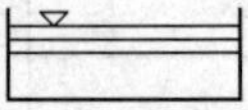	应注明具体液体名称
23	玻璃		包括平板玻璃、磨砂玻璃、夹丝玻璃、钢化玻璃、中空玻璃、夹层玻璃、镀膜玻璃等
24	橡胶		—
25	塑料		包括各种软、硬塑料及有机玻璃等
26	防水材料		构造层次多或比例大时，采用上图例
27	粉刷	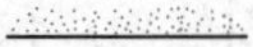	本图例采用较稀的点

注：序号1、2、5、7、8、13、14、16、17、18图例中的斜线、短斜线、交叉斜线等均为45°。

关键细节 14　常用建筑材料图例画法

(1)常用建筑材料的图例画法,对其尺度比例不作具体规定。使用时,应根据图样大小而定,并应符合下列规定:

1)图例线应间隔均匀、疏密适度,做到图例正确、表示清楚;

2)不同品种的同类材料使用同一图例时,应在图上附加必要的说明;

3)两个相同的图例相接时,图例线宜错开或使倾斜方向相反(图 1-44);

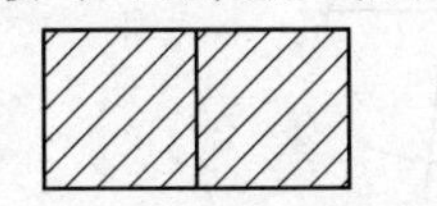
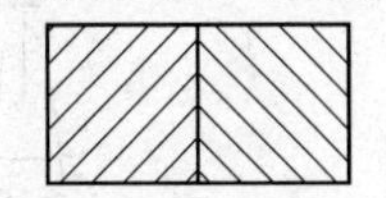

图 1-44　相同图例相接的画法

4)两个相邻的涂黑图例间应留有空隙,其净宽度不得小于 0.5mm(图 1-45)。

(2)当一张图纸内的图样只用一种图例或图形较小无法画出建筑材料图例时可不加图例,但应加文字说明。

(3)需画出的建筑材料图例面积过大时,可在断面轮廓线内,沿轮廓线作局部表示(图 1-46)。

图 1-45　相邻涂黑图例的画法

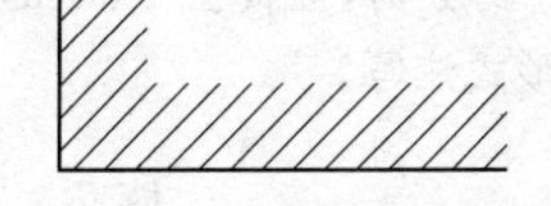

图 1-46　局部表示图例

(4)当选用标准中未包括的建筑材料时,可自编图例。但不得与标准所列的图例重复。绘制时,应在适当位置画出该材料图例,并加以说明。

五、尺寸标注

图样上的尺寸,应包括尺寸界线、尺寸线、尺寸起止符号和尺寸数字(图 1-47)。

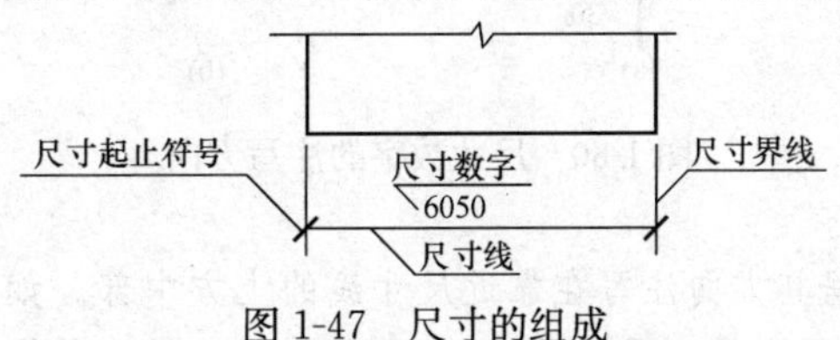

图 1-47　尺寸的组成

(1)尺寸界线应用细实线绘制,应与被注长度垂直,其一端应离开图样轮廓线不应小于 2mm,另一端宜超出尺寸线 2～3mm。图样轮廓线可用作尺寸界线(图 1-48)。

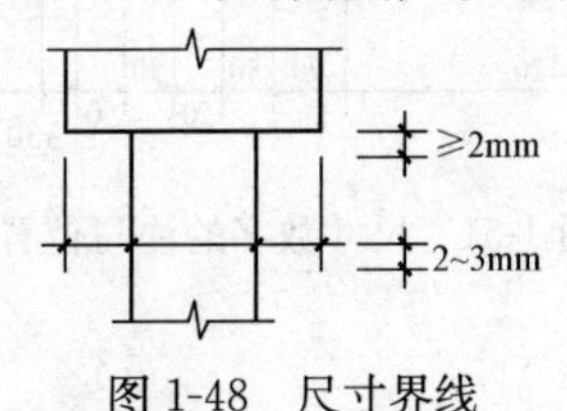

图 1-48　尺寸界线

(2)尺寸线应用细实线绘制,应与被注长度平行。图样本身的任何图线均不得用作尺寸线。

(3)尺寸起止符号用中粗斜短线绘制,其倾斜方向应与尺寸界线成顺时针45°角,长度宜为2～3mm。半径、直径、角度与弧长的尺寸起止符号,宜用箭头表示(图1-49)。

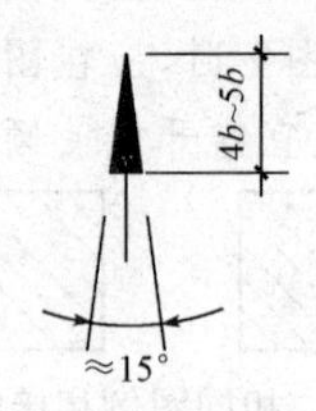

图1-49　箭头尺寸起止符号

关键细节15　图样上尺寸数字注写的有关规定

(1)图样上的尺寸,应以尺寸数字为准,不得从图上直接量取。

(2)图样上的尺寸单位,除标高及总平面以米为单位外,其他必须以毫米为单位。

(3)尺寸数字的方向,应按图1-50(a)的规定注写。若尺寸数字在30°斜线区内,也可按图1-50(b)的形式注写。

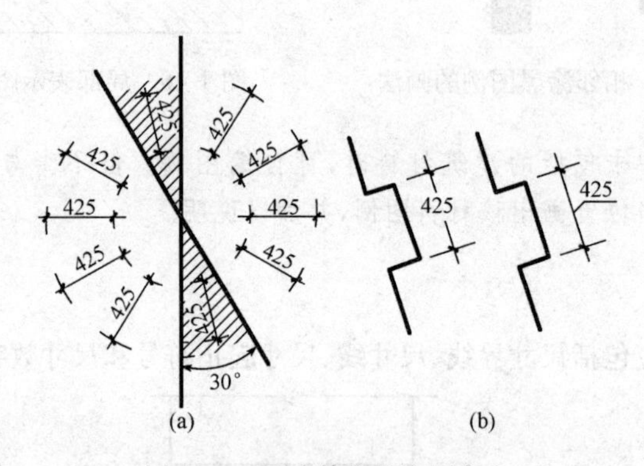

图1-50　尺寸数字的注写方向

(4)尺寸数字应依据其方向注写在靠近尺寸线的上方中部。如没有足够的注写位置,最外边的尺寸数字可注写在尺寸界线的外侧,中间相邻的尺寸数字可上下错开注写,引出线端部用圆点表示标注尺寸的位置(图1-51)。

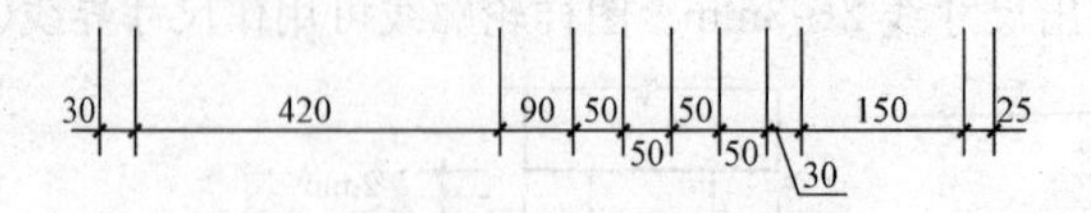

图1-51　尺寸数字的注写位置

第三节　建筑施工图识读

一、装饰平面图

装饰平面图是在反映建筑基本结构的同时，主要表明在建筑空间平面上的装饰项目布局、装饰结构、装饰设施及相应的尺寸关系。一般有下列几方面内容：

(1)表明装饰空间的平面形状与尺寸。建筑物在装饰平面图中的平面尺寸可分为三个层次，即外包尺寸、各房间的净空尺寸及门窗、墙垛和柱体等的结构尺寸。有的为了与主体建筑图纸相对应，还标出建筑物的轴线及其尺寸关系，甚至还标出建筑的柱位编号等。

(2)表明装饰结构在建筑空间内的平面位置，及其与建筑结构的相互尺寸关系；表明装饰结构的具体平面轮廓及尺寸；表明地(楼)面等的饰面材料和工艺要求。

(3)表明各种装饰设置及家具安放的位置，与建筑结构的相互关系尺寸，并说明其数量、规格和要求。

(4)表明与此平面图相关的各立面图的视图投影关系和视图的位置编号。

(5)表明各剖面图的剖切位置，详图及通用配件等的位置和编号。

(6)表明各种房间的平面形式、位置和功能；表明走道、楼梯、防火通道、安全门、防火门等人员流动空间的位置和尺寸。

(7)表明门、窗的位置尺寸和开启方向。

(8)表明台阶、水池、组景、踏步、雨篷、阳台及绿化等设施和装饰小品的平面轮廓与位置尺寸。

关键细节16　装饰平面图的识读

(1)首先看标题栏，认定是何种平面图，进而把整个装饰空间的各房间名称、面积及门窗、走道等主要位置尺寸了解清楚。

(2)通过对各房间及其他分隔空间种类、名称及其主要功能的了解，明确为满足功能要求所设置的设备与设施的种类、数量等，从而制定相关的购买计划。

(3)通过图中对饰面的文字标注，确认各装饰面的构成材料的种类、品牌和色彩要求；了解饰面材料间的衔接关系。

(4)对于平面图上的纵横、大小、尺寸关系，应注意区分建筑尺寸和装饰设计尺寸，进而查清其中的定位尺寸、外形尺寸和构造尺寸。

(5)通过图纸上的投影符号，明确投影面编号和投影方向并进一步查出各投影向立面图(即投影视图)。

(6)通过图纸上的剖切符号，明确剖切位置及其剖切后的投影方向，进而查阅相应的剖面图或构造节点大样图。

二、装饰立面图

装饰立面图的基本内容如下：

(1)图名、比例和立面图两端的定位轴线及其编号。

(2)在装饰立面图上使用相对标高，即以室内地面为标高零点，并以此为基准来标明装饰立面图上有关部位的标高。

(3)表明室内外立面装饰的造型和式样，并用文字说明其饰面材料的品名、规格、色彩和工艺要求。

(4)表明室内外立面装饰造型的构造关系与尺寸。

(5)表明各种装饰面的衔接收口形式。

(6)表明室内外立面上各种装饰品(如壁画、壁挂、金属字等)的式样、位置和大小尺寸。

(7)表明门窗、花格、装饰隔断等设施的高度尺寸和安装尺寸。

(8)表明室内外景园小品或其他艺术造型体的立面形状和高低错落位置尺寸。

(9)表明室内外立面上的所用设备及其位置尺寸和规格尺寸。

(10)表明详图所示部位及详图所在位置。作为基本图的装饰剖面图，其剖切符号一般不应在立面图上标注。

(11)作为室内装饰立面图，还要表明家具和室内配套产品的安放位置和尺寸。如采用剖面图示形式的室内装饰立面图，还要表明顶棚的迭级变化和相关尺寸。

(12)建筑装饰立面图的线型选样与建筑立面图基本相同。唯有细部描绘应注意力求概括，不得喧宾夺主，所有为增加效果的细节描绘均应以细淡线表示。

关键细节17 装饰立面图的识读

(1)明确地面标高、楼面标高、楼梯平台及室外台阶标高等与该装饰工程有关的标高尺度。

(2)清楚了解每个立面上有几种不同的装饰面，这些装饰面所选用的材料及施工工艺要求。

(3)立面上各装饰面之间的衔接收口较多时，应熟悉其造型方式、工艺要求及所用材料。

(4)应读懂装饰构造与建筑结构的连接方式和固定方法，明确各种预埋件或紧固件的种类和数量。

此外，要注意有关装饰设置或固定设施在墙体上的安装位置，如需留位者，应明确留位位置和尺寸。装饰立面图的识读，须与平面图结合查对，细心地进行相对应的分析研究，进而再结合其他图纸逐项审核，方能掌握装饰立面的具体施工要求。

三、装饰剖面图

装饰剖面图的基本内容如下：

(1)表明建筑的剖面基本结构和剖切空间的基本形状，并注出所需的建筑主体结构的有关尺寸和标高。

(2)表明装饰结构的剖面形状、构造形式、材料组成及固定与支承构件的相互关系。

(3)表明装饰结构与建筑主体结构之间的衔接尺寸与连接方式。

(4)表明剖切空间内可见实物的形状、大小与位置。

(5)表明装饰结构和装饰面上的设备安装方式或固定方法。

(6)表明某些装饰构件、配件的尺寸，工艺做法与施工要求，另有详图的可概括表明。

(7)表明节点详图和构配件详图的所示部位与详图所在位置。

(8)如是建筑内部某一装饰空间的剖面图，还要表明剖切空间内与剖切平面平行的墙面装饰形式、装饰尺寸、饰面材料与工艺要求。

(9)表明图名、比例和被剖切墙体的定位轴线及其编号，以便与平面布置图和顶棚平面图对照阅读。

关键细节 18　装饰剖面图的识读

(1)阅读建筑装饰剖面图时，首先要对照平面布置图，看清楚剖切面的编号是否相同，了解该剖面的剖切位置和剖视方向。

(2)在众多图像和尺寸中，要分清哪些是建筑主体结构的图像和尺寸，哪些是装饰结构的图像和尺寸。当装饰结构与建筑结构所用材料相同时，它们的剖断面表示方法是一致的。现代某些大型建筑的室内外装饰，并非是贴墙面、铺地面、吊顶而已，因此要注意区分，以便进一步研究它们之间的衔接关系、方式和尺寸。

(3)通过对剖面图中所示内容的阅读研究，明确装饰工程各部位的构造方法、构造尺寸、材料要求与工艺要求。

(4)建筑装饰形式变化多，程式化的做法少。作为基本图的装饰剖面图只能表明原则性的技术构成问题，具体细节还需要详图来补充表明。因此，我们在阅读建筑装饰剖面图时，还要注意按图中索引符号所示方向，找出各部位节点详图，并不断对照仔细阅读，弄清楚各连接点或装饰面之间的衔接方式，以及包边、盖缝、收口等细部的材料、尺寸和详细做法。

(5)阅读建筑装饰剖面图要结合平面布置图和顶棚平面图进行，某些室外装饰剖面图还要结合装饰立面图来综合阅读，才能全方位地理解剖面图示内容。

第二章　抹灰工程常用材料与机具

第一节　抹灰工程简介

一、抹灰工程的概念及作用

抹灰工程是用灰浆涂抹在房屋建筑的墙、地、顶棚、表面上的一种传统做法的装饰工程。我国有些地区习惯把它叫做“粉饰”或“粉刷”。

抹灰工程分内抹灰和外抹灰。通常把位于室内各部位的抹灰叫内抹灰，如楼地面、顶棚、墙裙、踢脚线、内楼梯等；把位于室外各部位的抹灰叫外抹灰，如外墙、雨篷、阳台、屋面等。内抹灰主要是保护墙体和改善室内卫生条件，增强光线反射，美化环境；在易受潮湿或易酸碱腐蚀的房间里，主要起保护墙身、顶棚和楼地面的作用。外抹灰主要是保护墙身不受风、雨、雪的侵蚀，提高墙面防潮、防风化、隔热的能力，提高墙身的耐久性，也是对各种建筑物表面进行艺术处理的措施之一。抹灰工程的作用具体体现在以下几点：

(1)能够满足使用功能要求。通过抹灰能够满足保温、防潮、防腐蚀风化、隔热、隔声等功能。

(2)能够满足装饰美观要求。通过抹灰能够使建筑物或构筑物的表面平整光洁，有一定的装饰效果。

(3)能够起保护作用。通过抹灰能够使建筑物不受风吹日晒、雨雪、潮湿及有害气体的侵蚀，从而提高建筑物及构筑物的寿命。

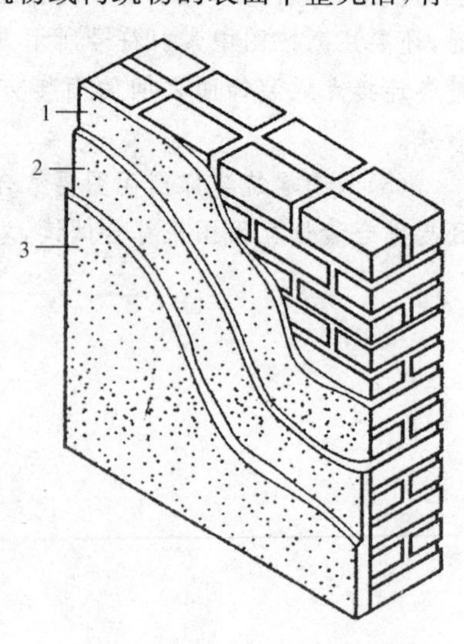

图 2-1　抹灰的组成示意图
1—底层；2—中层；3—面层

二、抹灰层的组成及做法

为了防止内外收水快慢不同而出现干裂、起鼓和脱落现象，抹灰必须采取分层抹灰，分层抹灰有利于抹得牢固，控制平整，保证质量。抹灰一般分为底层、中层及面层，如图2-1所示。

(1)底层为粘结层，其作用主要是与基层粘结并初步找平，根据基层(基体)材质的不同而采取不同的做法，如普通砖和砌块基体表面的室内抹灰多采用石灰砂浆打底(但有防潮防水要求时室内外均需采用水泥砂浆)；混凝土和加气混凝土基层多采用混合砂浆、水泥砂浆或聚合物水泥砂浆打底；对于木板条和钢丝网基层，其底层抹灰宜采用混合砂浆或麻刀灰、玻璃丝灰，操作时要将灰浆挤入基层缝隙内以加强拉结。

(2)中层为找平层，主要起找平作用，根据工程要求可以一次抹成，也可分遍(道)涂抹，所用材料基本上与底灰相同。

(3)面层为装饰层，即通过不同的操作工艺使抹灰表面达到预期的装饰效果。

抹灰层的组成及做法，见表2-1。

表2-1　抹灰层的组成及做法

灰层	作用	基层材料	一般做法
底层灰	主要起与基层粘结作用，兼初步找平作用	砖墙基层	(1)内墙一般采用石灰砂浆、石灰炉渣浆打底； (2)外墙、勒脚、屋檐以及室内有防水防潮要求，可采用水泥砂浆打底
		混凝土和加气混凝土基层	(1)采用水泥砂浆或混合砂浆打底； (2)高级装饰工程的预制混凝土板顶棚，宜用聚合物水泥砂浆打底
		木板条、苇箔、钢丝网基层	(1)宜用混合砂浆或麻刀灰、玻璃丝灰打底； (2)需将灰浆挤入基层缝隙内，以加强拉结
中层灰	主要起找平作用		(1)所用材料基本与底层相同； (2)根据施工质量要求，可以一次抹成，亦可分遍进行
面层灰	主要起装饰作用		(1)要求大面平整，无裂痕，颜色均匀； (2)室内一般采用麻刀灰、纸筋灰、玻璃丝灰，高级墙面也有用石膏灰浆和水砂面层等，室外常用水泥砂浆、水刷石、斩假石等

关键细节1　抹灰层每遍厚度要求

抹灰层的厚度是根据基层材料及平整度、抹灰砂浆种类、部位、质量要求及各地气候等情况而定的，每遍厚度应符合表2-2的规定。

表2-2　抹灰层每遍厚度要求

使用的砂浆品种	每遍的厚度/(mm)
水泥砂浆	5～7
石灰砂浆和水泥混合砂浆	7～9
麻刀石灰	≤3
纸筋灰和石膏灰	≤2
装饰抹灰用的砂浆	应符合设计要求

抹灰层的平均总厚度根据具体部位、基层材料和抹灰等级标准，均应小于表2-3规定的数值。

表 2-3 抹灰层的总厚度要求

部　位	基层材料或等级标准	抹灰层平均总厚度/(mm)
内墙	普通抹灰	18
	中级抹灰	20
	高级抹灰	25
外墙		20
顶棚	板条、现浇混凝土、空心砖	15
	预制混凝土	18
	金属钢	20
石墙		35
勒脚及突出墙面部分		25

三、抹灰工程的分类

抹灰工程按使用的材料和装饰效果分为一般抹灰、装饰抹灰和特殊抹灰。

(1)一般抹灰所使用的材料有水泥砂浆、石灰砂浆、水泥混合砂浆、聚合物水泥砂浆、膨胀珍珠岩水泥砂浆和麻刀灰、纸筋灰、石膏灰等。根据房屋使用标准和质量要求，一般抹灰又分为普通抹灰、中级抹灰和高级抹灰三级，见表 2-4。

表 2-4 一般抹灰的分类

级　别	做　法	操作工序	适用范围
普通抹灰	一底层、一面层，两遍成活(或者不分层，一遍成活)	分层赶平、修整、表面压光。要求抹灰表面接槎平整	适用于简易宿舍、住宅、仓库、地下室、储藏室及临时设施工程等
中级抹灰	一底层、一中层、一面层，三遍成活(或一底层一面层)	阴阳角找方，设置标筋，分层赶平，修整和表面压光，要求是表面洁净，线角顺直清晰，接槎平整	适用于一般住宅、宿舍、办公楼、教学楼等民用和工业房屋以及高级建筑物中的附属用房等
高级抹灰	一底层、数层中层、一面层，多遍成活(或一底层、一中层、一面层)	阴阳角找方，设置标筋，分层赶平，修整和表面压光，要求表面光滑洁净，颜色均匀，线角平直清晰，无抹纹	适用于大型公共建筑物、纪念性建筑物，如剧院、展览馆、高级宾馆、礼堂等以及有特殊要求的高级建筑物

(2)装饰抹灰是指通过选用材料及操作工艺等方面的改进，而使抹灰富于装饰效果的水磨石、水刷石、干粘石、斩假石、拉毛与拉条抹灰、装饰线条抹灰以及弹涂、滚涂、彩色抹灰等。

(3)特种砂浆抹灰是指采用保温砂浆、耐酸砂浆、防水砂浆等材料进行的具有特殊要求的抹灰。

第二节　抹灰工程常用材料

一、胶凝材料

胶凝材料，又称胶结料。在物理、化学作用下，能从浆体变成坚固的石状体，并能胶结其他物料，制成有一定机械强度的复合固体的物质。胶凝材料的发展有着悠久的历史，人们使用最早的胶凝材料——黏土来抹砌简易的建筑物。接着出现的水泥等建筑材料都与胶凝材料有着很大的关系。而且胶凝材料具有一些优异的性能，在日常生活中应用较为广泛。

根据化学组成的不同，胶凝材料可分为无机与有机两大类。石灰、石膏、水泥等工地上俗称为“灰”的建筑材料属于无机胶凝材料；而沥青、天然或合成树脂等属于有机胶凝材料。

无机胶凝材料按其硬化条件的不同又可分为气硬性和水硬性两类。

水硬性胶凝材料和水成浆后，既能在空气中硬化，又能在水中硬化、保持和继续发展其强度的称水硬性胶凝材料。这类材料通称为水泥，如硅酸盐水泥、铝酸盐水泥、硫铝酸盐水泥等。

气硬性胶凝材料是非水硬性胶凝材料的一种。只能在空气中硬化，也只能在空气中保持和发展其强度的称气硬性胶凝材料，如石灰、石膏和水玻璃等。气硬性胶凝材料一般只适用于干燥环境中，而不宜用于潮湿环境，更不可用于水中。

1. 水泥

水泥是一种典型的水硬性胶凝材料，在抹灰工程施工中被广泛运用，作用很大。在抹灰工程中，最常用的水泥有通用水泥和装饰水泥两种。

(1)通用水泥。在抹灰工程中，常用的通用水泥有硅酸盐水泥、普通硅酸盐水泥(简称普通水泥)、矿渣硅酸盐水泥、火山灰质硅酸盐水泥(简称火山灰水泥)和粉煤灰硅酸盐水泥(简称粉煤灰水泥)。

1)硅酸盐水泥俗称熟料水泥，不掺任何混合料。由硅酸盐水泥熟料、少量混合材料和适量石膏磨细制成的水硬性胶凝材料，称为普通硅酸盐水泥。

2)由硅酸盐水泥熟料和粒化高炉矿渣，加入适量石膏磨细制成的水硬性胶凝材料，称为矿渣硅酸盐水泥。

3)由硅酸盐水泥熟料和火山灰质混合材料，加入适量石膏磨细制成火山灰质硅酸盐水泥。

4)由硅酸盐水泥熟料和粉煤灰，加入适量石膏磨细制成粉煤灰硅酸盐水泥。

水泥加入适量的水调成水泥净浆后，经过一定时间，会逐渐变稠，失去塑性，称为初凝。开始具有强度时，称为终凝。凝结后强度继续增长，称为硬化。凝结时间，即指水泥净浆逐渐失去塑性的时间。凝结(包括初凝与终凝)与硬化总称为硬化过程。水泥的硬化过程，就是水泥颗粒与水作用的过程。水泥的凝结时间对混凝土及砂浆的施工具有重要意义。凝结过快，混凝土和砂浆会很快失去流动性，以致无法浇筑和操作；反之，若凝结过于缓慢，则会影响施工进度。因此按规定，水泥初凝不得早于45min，终凝不得迟于12h。国产水泥，初凝一般为1～3h，终凝一般为5～8h。

水泥强度等级的数值与水泥28d抗压强度指标的最低值相同，硅酸盐水泥的强度等级分为42.5、42.5R、52.5、52.5R、62.5、62.5R六个等级。普通硅酸盐水泥的强度等级分为42.5、42.5R、52.5和52.5R四个等级。其他硅酸盐水泥强度等级分为32.5、32.5R、42.5、42.5R、52.5、52.5R六个等级。

(2)装饰水泥。装饰水泥有白色硅酸盐水泥和彩色硅酸盐水泥。

1)白色硅酸盐水泥。凡以适当成分的生料烧至部分熔融，所得以硅酸钙为主要成分及含少量铁质的熟料，加入适量的石膏，磨成细粉，制成的白色水硬性胶凝材料，称为白色硅酸盐水泥，简称白水泥。按国家建筑材料标准规定，白水泥的强度等级分为32.5、42.5、52.5三个级别。水泥白度值应不低于87。

2)彩色硅酸盐水泥。凡以白色硅酸盐水泥熟料和优质白色石膏在粉磨过程中掺入颜料、外加剂(防水剂、保水剂、增塑剂、促硬剂等)共同研磨而成的一种水硬性彩色胶凝材料，称为彩色硅酸盐水泥，简称彩色水泥。装饰水泥的性能、施工和养护方法均与硅酸盐水泥相同，但极易被污染。使用时应注意防止被其他物质污染，搅拌工具必须干净。

关键细节2 抹灰用水泥的质量要求

(1)水泥宜选用强度为42.5级及其以上矿渣硅酸盐水泥或普通硅酸盐水泥，并且宜选用同一批水泥。

(2)水泥必须有出厂质量证明书，其中性能指标必须符合标准要求，包括密度和表观密度、标准稠度、用水量、凝结时间、安定性、强度等。其中水泥的安定性对抹灰质量影响很大，如果安定性不合格，就会使已经硬化的水泥石继续进行熟化，因体积膨胀使水泥产生裂缝、变形、酥松甚至破坏等体积变化不均匀的现象。因此在使用前必须做水泥安定性的复试，复试合格后方可使用。当使用的水泥出厂超过3个月，必须到试验室对水泥的各项性能指标进行复试，复试合格后可以继续使用。

关键细节3 抹灰用水泥的包装、运输和储存

(1)运输时，应注意防水、防潮，包装水泥应轻拿轻放。用一般车辆运输散装水泥时，应在车底铺设帆布防止泄漏，上盖篷布防止扬弃。

(2)水泥仓库应保持干燥，外墙及屋顶不得有渗漏水现象。仓库内应按品种、批号、出厂日期、生产厂等分别堆放。

(3)水泥的贮存期超过3个月，强度约降低10%～20%；时间越长损失越大，因而水泥的贮存期不宜过长，尽量做到先来的先用。超过3个月的水泥应重新检验。

(4)不同品种的水泥所含的矿物成分不同，化学物理特性也不同，在施工中不得将不同品种的水泥混合使用。

(5)受潮水泥应根据其受潮程度处理后使用。

(6)结块的水泥，使用时应先行粉碎，重新检验其强度，并加长搅拌时间。结块如较坚

硬，应筛去硬块，将小颗粒粉碎，检验其强度。

2. 石灰

石灰的原料多用石灰岩，其主要成分是碳酸钙，石灰岩经过煅烧分解，就得到了生石灰。施工现场配制砂浆用的石灰膏是由生石灰加水熟化一段时间制得的。

(1)淋灰。施工现场使用的石灰是将生石灰加水形成灰浆通过筛孔流入储灰池内。石灰浆在灰池内沉淀，除去上层水分后变成石灰膏，这个过程称为石灰的“熟化”。石灰在使用前，要用水加以熟化，这个过程称为淋灰。国家标准规定抹灰用石灰膏熟化期不应少于15d。罩而面用磨细石灰粉的熟化期不应少于30d。另外，在陈伏过程中，石灰浆表面应保持有一层水分，使其与空气隔绝，以免碳化、冻结、风化和干硬。

(2)熟石灰的硬化。熟石灰的硬化是氢氧化钙的碳化与结晶作用。碳化，是熟石灰与空气中的二氧化碳反应生成碳酸钙，析出的水分被蒸发。结晶，是氢氧化钙因水分蒸发，逐渐析出晶体并与碳酸钙结晶互相交织，使硬化的石灰浆具有强度。

由于空气中二氧化碳稀薄，仅占空气总量的0.03%，石灰浆已碳化的表层，妨碍二氧化碳透入内部和水分的向外析出，因此碳化过程缓慢。而氢氧化钙的结晶过程比碳化过程快得多。因此为了解决这个问题，在拌制灰浆时，加入少量水泥、石膏，可使其快硬。硬化后的石灰浆体会产生较大的收缩，为此，浆料中须掺入骨料、纤维料，以防止硬化后收缩干裂。

建筑生石灰的技术指标，见表2-5。

表2-5 建筑生石灰的技术指标

项目		钙质生石灰			镁质生石灰		
		优等品	一等品	合格品	优等品	一等品	合格品
CaO+MgO含量(%)	≥	90	85	80	85	80	75
未消化残渣含量(5mm圆孔筛余)(%)	≤	5	10	15	5	10	15
CO_2(%)	≤	5	7	9	6	8	10
产浆量/(L/kg)	≥	2.8	2.3	2.0	2.8	2.3	2.0

关键细节4 建筑生石灰的运输与贮存

(1)建筑生石灰不准与易燃、易爆和液体物品混装，运输时要采取防水措施。

(2)建筑生石灰应分类、分等，贮存在干燥的仓库内，不易长期贮存。

3. 石膏

生产天然建筑石膏用的石膏石应符合《制作胶结料的石膏石》(JC/T 700—1998)中三级及三级以上石膏石的要求。工业副产石膏应进行必要的预处理后，方能作为制备建筑石膏的原材料。磷石膏和烟气脱硫石膏均应符合国家标准和行业标准的相关要求。

建筑石膏组成中β半水硫酸钙(β-$CaSO_4 \cdot 1/2H_2O$)的含量(质量分数)应不小于60.0%。

建筑石膏的物理力学性能应符合表2-6的要求。

表2-6 物理力学性能

等级	细度(0.2mm方孔筛筛余)(%)	凝结时间/min		2h强度/MPa	
		初凝	终凝	抗折	抗压
3.0	≤10	≥3	≤30	≥3.0	≥6.0
2.0				≥2.0	≥4.0
1.6				≥1.6	≥3.0

关键细节5 建筑石膏的运输与贮存

(1)建筑石膏在运输和贮存时,不得受潮和混入杂物。

(2)建筑石膏自生产之日起,在正常运输与贮存条件下,贮存期为三个月。

4. 水玻璃

水玻璃为硅酸盐的水溶液,有无色、微黄、灰白等颜色。建筑工程中常用的液体水玻璃模数为2.6~2.8,比重为1.36~1.50。由于它能溶于水,稀稠和比重可根据需要进行调节,故使用方便。但它在空气中硬化很慢,为了加速硬化,可将水玻璃加热或加入氟硅酸钠作为促凝剂。

水玻璃有良好的粘结能力,硬化时析出的硅酸凝胶能堵塞毛细孔,防止水分渗透。水玻璃还有高度的耐酸性能,能抵抗大多数无机酸和有机酸的侵蚀。因此,在建筑工程中有多种用途。在抹灰工程中,常用水玻璃来配制特种砂浆,用于耐酸、耐热、防水等要求的工程上,也可与水泥等调制成胶粘剂。

二、骨料

1. 普通砂

普通砂是指自然山砂、河砂和海砂等。它是由坚硬的天然岩石经自然风化逐渐形成的疏散颗粒的混合物。

砂应选用中砂,平均粒径为0.35~0.5mm,使用前应过5mm孔径筛子。砂在使用前,应到试验室进行试验,砂的各项性能指标应符合规范要求,砂的颗粒级配也应符合规范要求,见表2-7和表2-8。

表2-7 砂子颗粒级配区

筛孔尺寸(mm)	孔型	累计筛余(%)		
		级配1区	级配2区	级配3区
10.00	圆	0	0	0
5.00	圆	10~0	10~0	10~0
2.50	圆	35~5	25~0	15~0

（续）

筛孔尺寸(mm)	孔型	累计筛余(%)		
		级配1区	级配2区	级配3区
1.25	方	65～35	51～10	25～0
0.63	方	85～71	70～41	40～16
0.315	方	95～80	92～70	85～55
0.16	方	100～90	100～90	100～90

表2-8 砂子按细度模数及平均粒径的分类

分类	平均粒径(mm)	细度模数 μ_f
粗砂	>0.5	3.7～3.1
中砂	0.35～0.49	3.0～2.3
细砂	0.25～0.34	2.2～1.6
特细砂	<0.25	1.5～0.7

关键细节6 *砂子的检验要求*

(1)砂子应在使用前按规定取样进行必试项目试验。砂子的必试项目有：颗粒级配、含泥量、泥块含量等。

(2)砂子的取样应以同一产地、同一规格、同一进厂时间，每 $400m^3$ 或600t为一验收批，不足 $400m^3$ 或600t时按一验收批计算。

(3)每一验收批取试样一组，砂数量为22kg。

(4)在料堆上取样时，取样部位均匀分部，取样前先将取样部位表层铲除，然后由各部位抽取大致相等的试样砂8份，每份11kg，搅拌均匀后缩分成一组试样。

(5)建筑施工企业应按单位工程分别取样。

2. 石碴

石碴也称作色石子、色石碴、石米等，是由天然大理石、白云石、方解石、花岗石等石材破碎加工而成，可用做水磨石、水刷石、干粘石、斩假石等，具有各种色泽。石碴必须颗粒坚实，不得含有黏土及其他有机物等有害物质。石碴规格、级配符合设计要求，使用前应用水洗净，按规格、颜色不同分堆晾干，堆放时用苫布盖好待用。要求同品种石碴颜色一致，宜一次到货。

关键细节7 *彩色石碴规格与粒径的关系*

彩色石碴规格与粒径的关系及常用品种，见表2-9。

表 2-9　彩色石碴规格与粒径的关系及常用品种

规格与粒径的关系		常用品种	
规格俗称	粒径(mm)	用于水磨石者	用于斩假石、水刷石者
大二分	约20	汉白玉、东北绿	松香石(棕黄色)
一分半	约15	东北红、曲阳红	白石子(白色)
大八厘	约8	盖平红、银河	煤矸石(墨色)
中八厘	约6	东北粒、晚露	羊肝石(紫褐色)
小八厘	约4	湖北黄、东北黑	
米粒石	2～6	墨玉	

3. 石屑

石屑是比石粒粒径更小的骨料，是破碎石粒过筛筛下的小石碴，主要用来配制外墙喷涂饰面的砂浆，如常用的松香石屑、白云石屑等。

4. 膨胀珍珠岩

膨胀珍珠岩是一种酸性火山玻璃质岩石，因具有珍珠裂隙结构而得名。膨胀珍珠岩是珍珠岩矿石经过破碎、筛分、烘干，再入窑经过1250～1300℃的高温煅烧，分层成片，卷曲成颗粒状并产生大体积的膨胀所形成的一种白色或灰白色的酸性无机砂状材料。其颗粒结构呈蜂窝泡沫状，重量特轻(堆积密度为40～300kg/m^3)，风吹可扬，有保温、吸声、无毒、不燃、无臭等特性。主要用于保温、隔热、吸声墙面的抹灰。

5. 膨胀蛭石

蛭石是一种复杂的铁、镁含水硅酸盐矿物，成分十分复杂，由云母矿物风化而成。云母矿物开采后经过破碎、筛分、煅烧至1000℃左右时，会分层成片并产生更大体积的膨胀(可膨胀原体积的20倍以上)而形成膨胀蛭石(形态为层状碎片)。其内部细小的孔隙甚多并充满空气，因此具有堆积密度小、导热系数小、绝热性能好，且耐火防腐、不变质、不易被虫蛀等特点，可作绝热和吸声材料。装饰工程中常用其配制保温砂浆，抹在墙面上起保温、隔热作用。

三、颜料

为增强建筑抹灰装饰的艺术效果，通常在抹灰砂浆中掺入适量的颜料。掺颜料的砂浆，一般用在室外抹灰工程中，如人造大理石、假面砖、喷涂、弹涂、滚涂和彩色砂浆。这些装饰面，长期受阳光照射，风、雨、霜、雪及大气中有害气体腐蚀和污染。为保证饰面质量，延长使用年限，在施工时必须选择好颜料，以免褪色和变色，影响装饰效果。砂浆常用抹灰颜料及其性能见表2-10。

表 2-10　砂浆常用抹灰颜料及其性能

颜色	颜料名称	性　质
红色	氧化铁红	有天然和人造两种。遮盖力及着色力较强，有优越的耐光、耐高温、耐污浊气体及耐碱性能，是较好、较经济的红色颜料之一
	甲苯胺红	为鲜艳红色粉末，遮盖力、着色力较高，耐光、耐热、耐酸碱，在大气中无敏感性，一般用于高级装饰工程

（续）

颜色	颜料名称	性　质
黄色	氧化铁黄	遮盖力比其他黄色颜料都高，着色力几乎与铅铬黄相等，耐光性、耐大气影响、耐污浊气体以及耐碱性等都比较强，是装饰工程中既好又经济的黄色颜料之一
	铬　黄	铬黄是含有铬酸铅的黄色颜料，着色力高，遮盖力强，较氧化铁黄鲜艳，但不耐强碱
绿色	铬　绿	是铅铬黄和普鲁士蓝的混合物，颜色变动较大，决定于两种成分比例的组合，遮盖力强，耐气候、耐光、耐热性均好，但不耐酸碱
	氧化铁黄与酞菁绿	见本表中“氧化铁黄”及“群青”
蓝色	群　青	为半透明鲜艳的蓝色颜料，耐光、耐风雨、耐热、耐碱，但不耐酸，是既好又经济的蓝色颜料之一
	铬蓝与酞菁蓝	为带绿光的蓝色颜料，耐热、耐光、耐酸碱性能较好
棕色	氧化铁棕	是氧化铁红和氧化铁黑的机械混合物，有的产品还掺有少量氧化铁黄
紫色	氧化铁紫	可用氧化铁红和群青配用代替
黑色	氧化铁黑	遮盖力、着色力强，耐光，耐一切碱类，对大气作用也很稳定，是一种既好又经济的黑色颜料之一
	碳　黑	根据制造方法不同分为槽黑和炉黑两种。装饰工程常用炉黑，性能与氧化铁黑基本相同，但密度稍轻，不易操作
	锰　黑	遮盖力颇强
	松　烟	采用松材、松根、松枝等在室内进行不完全燃烧而熏得的黑色烟炭，遮盖力及着色力均好

关键细节 8　常用抹灰颜料的选择

颜料的选择要根据颜料的价格、砂浆品种、建筑物使用部位和设计要求而定。

(1)建筑物处于受酸侵蚀的环境中时，要使用耐酸性好的颜料。

(2)受日光曝晒的部位，要选择耐光性好的颜料。

(3)碱性强的砂浆，要使用耐碱性好的颜料。

(4)设计要求鲜艳颜色，可选用颜色鲜艳的有机颜料。

四、饰面材料

饰面材料的种类很多，常用的有天然饰面板材和人造饰面砖等。

1. 天然大理石板材

天然大理石是地壳中原有的岩石经过地壳内高温高压作用形成的变质岩。天然大理石具有质地组织细密、坚实，抗压强度较高（可达 300MPa），耐磨不变形的特点。主要可以分为以下几种类型：

云灰大理石：以其多呈云灰色或云灰色的底面上泛起一些天然的云彩状明花纹而得名。

白色大理石：因其晶莹纯净，洁白如玉，熠熠生辉，故又称为巷山白玉、汉白玉和白玉。

彩色大理石：产于云灰大理石之间，是大理石中的精品，表面经过研磨、抛光，便呈现色彩斑斓、千姿百态的天然图画。

由于天然大理石有各种色彩和花纹，因其色泽美丽，常用于高级建筑工程中作为墙面、柱面和地面等饰面。最常见的可按大理石的形状分为普型板和圆弧板。

(1)普型板。

1)普型板的规格尺寸允许偏差见表2-11。

表2-11　　普型板规格尺寸允许偏差　　单位：mm

<table>
<tr><th colspan="2" rowspan="2">项　　目</th><th colspan="3">允　许　偏　差</th></tr>
<tr><th>优等品</th><th>一等品</th><th>合格品</th></tr>
<tr><td colspan="2">长度、宽度</td><td colspan="2">0
−1.0</td><td>0
−1.5</td></tr>
<tr><td rowspan="2">厚度</td><td>≤12</td><td>±0.5</td><td>±0.8</td><td>±1.0</td></tr>
<tr><td>>12</td><td>±1.0</td><td>±1.5</td><td>±2.0</td></tr>
<tr><td colspan="2">干挂板材厚度</td><td colspan="2">+2.0
0</td><td>+3.0
0</td></tr>
</table>

2)普型板平面度允许偏差见表2-12。

表2-12　　普型板平面度允许偏差　　mm

<table>
<tr><th rowspan="2">板材长度</th><th colspan="3">允　许　偏　差</th></tr>
<tr><th>优等品</th><th>一等品</th><th>合格品</th></tr>
<tr><td>≤400</td><td>0.2</td><td>0.3</td><td>0.5</td></tr>
<tr><td>>740～≤800</td><td>0.5</td><td>0.6</td><td>0.8</td></tr>
<tr><td>>800</td><td>0.7</td><td>0.8</td><td>1.0</td></tr>
</table>

(2)圆弧板。

1)圆弧板规格尺寸允许偏差见表2-13。

表2-13　　圆弧板规格尺寸允许偏差　　mm

<table>
<tr><th rowspan="2">项　　目</th><th colspan="3">允　许　偏　差</th></tr>
<tr><th>优等品</th><th>一等品</th><th>合格品</th></tr>
<tr><td>弦长</td><td colspan="2">0
−1.0</td><td>0
−1.5</td></tr>
<tr><td>高度</td><td colspan="2">0
−1.0</td><td>0
−1.5</td></tr>
</table>

2)圆弧板直线度与线轮廓度允许偏差见表2-14。

表 2-14　　圆弧板直线度与轮廓度允许偏差　　mm

<table>
<tr><th colspan="2" rowspan="2">项　目</th><th colspan="3">允　许　偏　差</th></tr>
<tr><th>优等品</th><th>一等品</th><th>合格品</th></tr>
<tr><td rowspan="2">直线度(按板材高度)</td><td>≤800</td><td>0.6</td><td>0.8</td><td>1.0</td></tr>
<tr><td>>800</td><td>0.8</td><td>1.0</td><td>1.2</td></tr>
<tr><td colspan="2">线轮廓度</td><td>0.8</td><td>1.0</td><td>1.2</td></tr>
</table>

关键细节 9　*天然大理石的外观要求*

天然大理石的同一批次的色调应基本调和，纹路应基本一致。板材正面的外观质量要求应符合表 2-15 规定。

表 2-15　　大理石板材外观质量要求

<table>
<tr><th>名称</th><th>规　定　内　容</th><th>优等品</th><th>一等品</th><th>合格品</th></tr>
<tr><td>裂纹</td><td>长度超过 10mm 的不允许条数(条)</td><td colspan="3">0</td></tr>
<tr><td>缺棱</td><td>长度不超过 8mm，宽度不超过 1.5mm(长度≤4mm，宽度≤1mm 不计)，每米长允许个数(个)</td><td rowspan="4">0</td><td rowspan="3">1</td><td rowspan="3">2</td></tr>
<tr><td>缺角</td><td>沿板材边长顺延方向，长度≤3mm，宽度≤3mm(长度≤2mm，宽度≤2mm 不计)每块板允许个数(个)</td></tr>
<tr><td>色斑</td><td>面积不超过 6cm²(面积小于 2cm² 不计)，每块板允许个数(个)</td></tr>
<tr><td>砂眼</td><td>直径在 2mm 以下</td><td>不明显</td><td>有，不影响装饰效果</td></tr>
</table>

关键细节 10　*天然大理石的鉴别*

市场上出售的大理石家具有天然大理石和人造大理石之分，而天然大理石又有优质大理石和劣质大理石之分，选择大理石家具首先要了解其中的差别。

每一块天然大理石都具有独一无二的天然图案和色彩，优质大理石家具会选用整块的石材原料，进行不同部位的用料配比。主要部位会有大面积的天然纹路，而边角料会用在椅背、柱头等部位做点缀。而劣质家具则在备料时就选用边角料，表面缺乏变化。

用在家具上的大理石一般有青玉石、紫玉石、水晶珍珠石、麒麟玉、鹤顶红、紫水晶、白水晶等品种，其中一些种类需要染色，而青玉石、紫玉石和红龙石则是纯天然的。一些劣质产品会将低档的白色大理石染绿假冒青玉石，而这些产品的颜色多半呈不自然的翠绿色。

人造大理石是用天然大理石或花岗岩的碎石为填充料，用水泥、石膏和不饱和聚酯树脂为胶粘剂，经搅拌成型、研磨和抛光后制成。人造大理石透明度不好，而且没有光泽。

鉴别人造和天然大理石还有更简单的一招：滴上几滴稀盐酸，天然大理石剧烈起泡，人造大理石则起泡弱甚至不起泡。

2. 天然花岗石板材

天然花岗岩经加工后的板材简称花岗石板。花岗石板以石英、长石和少量云母为主要矿物组分，随着矿物成分的变化，可以形成多种不同色彩和颗粒结晶的装饰材料。花岗石板材结构致密，强度高，空隙率和吸水率小，耐化学侵蚀、耐磨、耐冻、抗风蚀性能优良，经加工后色彩多样且具有光泽，是理想的天然装饰材料。

（1）普通板。

1）普通板规格尺寸允许偏差见表2-16。

表2-16　普通板规格尺寸允许偏差　mm

项目		镜面和细面板材			粗面板材		
		优等品	一等品	合格品	优等品	一等品	合格品
长度、宽度		0～－1.0		0～－1.5	0～－1.0		0～－1.5
厚度	≤12	±0.5	±1.0	＋1.0～－1.5	—		
	>12	±1.0	±1.5	±2.0	＋1.0～－2.0	±2.0	＋2.0～－3.0

2）普通板平面度允许公差见表2-17。

表2-17　普通板平面度允许偏差　mm

板材长度	镜面和细面板材			粗面板材		
	优等品	一等品	合格品	优等品	一等品	合格品
≤400	0.20	0.35	0.50	0.60	0.80	1.00
>400～≤800	0.50	0.65	0.80	1.20	1.50	1.80
>800	0.70	0.85	1.00	1.50	1.80	2.00

（2）圆弧板。

1）圆弧板规格尺寸允许偏差见表2-18。

表2-18　圆弧板规格允许偏差　mm

项目	镜面和细面板材			粗面板材		
	优等品	一等品	合格品	优等品	一等品	合格品
弦长	0～－1.0		0～－1.5	0～－1.5	0～－2.0	0～－2.0
高度				0～－1.0	0～－1.0	0～－1.5

2）圆弧板直线度与轮廓度允许公差见表2-19。

表 2-19　　圆弧板直线度与轮廓允许公差　　mm

项目		亚光面和镜面板材			粗面板材		
		优等品	一等品	合格品	优等品	一等品	合格品
直线度(按板材高度)	≤800	0.80	1.00	1.20	1.00	1.20	1.50
	>800	1.00	1.20	1.50	1.50	1.50	2.00
线轮廓度		0.80	1.00	1.20	1.00	1.50	2.00

关键细节 11　*天然花岗石的外观要求*

天然花岗石的同一批次板材的色调应基本调和，纹路应基本一致。板材正面外观质量应符合表 2-20 规定。

表 2-20　　板材正面的外观缺陷

缺陷名称	规定内容	技术指标		
		优等品	一等品	合格品
缺棱	长度≤10mm，宽度≤1.2mm(长度<5mm，宽度<1.0mm 不计)，周边每米长允许个数(个)	0	1	2
缺角	沿板材边长，长度≤3mm，宽度≤3mm(长度≤2mm，宽度≤2mm 不计)，每块板允许个数(个)			
裂纹	长度不超过两端顺延至板边总长度的 1/10(长度<20mm 不计)，每块板允许条数(条)			
色斑	面积≤15mm×30mm(面积<10mm×10mm 不计)，每块板允许个数(个)		2	3
色线	长度不超过两端顺延至板边总长度的 1/10(长度<40mm 不计)，每块板允许条数(条)			

3. *预制水磨石板*

预制水磨石板是以水泥和彩色石屑拌合，经成型、养护、研磨、抛光等工艺制成。它具有强度高、坚固耐用、美观、施工简便等特点。由于水磨石板已实现了机械化、工厂化、系列化生产，所以产品质量和产量都有了保证。且水磨石板较天然大理石有更多的选择性而物美价廉，是建筑上广泛应用的装饰材料。用它可制成各种形状的饰面板及其制品。如墙面板、窗台板、踢脚板、隔断板、踏步板、水池、桌面、案板、花盆、茶几等。预制水磨石板产品有定型和不定型两种，定型水磨石板品种规格见表 2-21。

表 2-21　　定型水磨石板品种规格　　mm

平板			踢脚板		
长	宽	厚	长	宽	厚
500	500	25.50	500	120	19.25
400	400	25	400	120	19.25
300	300	19.25	300	120	19.25

关键细节12　预制水磨石制品的运输与贮存

不论用何种运输工具水磨石制品均应直立放置，每行倾斜不大于15°。水磨石包装件与运输工具接触部分必须支垫使之受力均匀。运输时要平稳、严禁冲击。远途运输时必须采取防雨措施，搬运过程中应轻拿轻放、严禁抛掷。

预制水磨石在贮存时应注意以下几点：

(1)产品在搬运时必须轻拿轻放。

(2)产品宜在室内贮存，室外贮存时应予遮盖。

(3)贮存期间，产品码放应采用直立与平放两种方法。

1)直立码垛时应光面相对，倾斜角不大于15°，垛高不超过1.6m，最底层必须用木条支垫，层间用木条相隔，各层支承点必须平衡。

2)平放码垛时应光面相对，地面要求平整，垛高不超过1.4m。

4. 人造石饰面板

人造石石材是以胶粘剂，配以天然大理石或方解石、白云石、硅砂、玻璃粉等无机材料，以适当的阻燃剂、颜色等，经配合料混合、浇筑、振动压缩、挤压等方法成型固化形成的具有天然石材的花纹和质感的合成石。

人造石饰面板可分为有机人造石饰面板、无机人造石饰面板和符合人造石饰面板几种。

(1)有机人造石饰面板。有机人造石饰面板又称聚酯型人造大理石，是以不饱和聚酯树脂为胶粘剂，以大理石及白云石粉为填充料，加入颜料，配以适量硅砂、陶瓷和玻璃粉等细骨料以及硬化剂、稳定剂等成型助剂制作而成的石质装饰板材。具有质轻、强度高、耐化学侵蚀等优点，适用于室内饰面。其产品规格及主要性能见表2-22。

表2-22　有机人造石饰面的主要性能及规格

项　目	性能指标	常用规格(mm)
表观密度(g/cm³)	2.0～2.4	300×300×(5～9) 300×400×(8～15) 300×500×(10～15) 300×600×(10～15) 500×1000×(10～15) 1200×1500×20
抗压强度(MPa)	70～150	
抗弯强度(MPa)	18～35	
弹性模量(MPa)	(1.5～3.5)×10⁴	
表面光泽度	70～80	

(2)无机人造石饰面板。按胶粘剂的不同，分为铝酸盐水泥类和氯氧镁水泥类两种。前者以铝酸盐水泥为胶粘剂，加入硅粉和方解石粉、颜料以及减水剂、早强剂等制成浆料，以平板玻璃为底模制作成的人造大理石饰面板。后者是以轻烧氧化镁和氯化镁为主要胶粘剂，以玻璃纤维为增强材料，采用轧压工艺制作而成的薄型人造石饰面板。两种板材相比以后者为优，具有质轻高强、不燃、易二次加工等特点，为防火隔热多功能装饰板材，其主要性能及规格见表2-23。

表 2-23 氯氧镁人造石装饰板主要性能及规格

项 目	性能指标	主要规格(mm)
表观密度(g/cm³)	＜1.5	2000×1000×3 2000×1000×4 2000×1000×5
抗弯强度(MPa)	＞15	
抗压强度(MPa)	＞10	
抗冲击强度(kJ/m²)	＞5	

注:花色多样,主要分单色和套印花饰两类,常用花色以仿切片胶合板木纹为主,宜用于室内墙面及吊顶罩面。

(3)复合人造石饰面板。又称浮印大理石饰面板,是采用浮印工艺(中国矿业大学发明专利)以水泥无机人造石板或玻璃陶瓷及石膏制品等为基材复合制成的仿大理石装饰板材。其主要性能及规格见表 2-24。

表 2-24 复合人造石饰面板主要性能及规格

项 目	性能指标	规格尺寸(mm)
抗弯强度(MPa)	20.5	按基材规格而定,最大可达1200×800
抗冲击强度(kJ/m²)	5.7	
磨损度(g/cm²)	0.0273	
吸水率(%)	2.07	
热稳定性	良好	

关键细节 13 人造石材的主要用途

人造石材主要可用于建筑的台面、水槽、商业装饰、家具应用、卫浴应用和艺术加工等方面。

(1)台面。

1)普通台面:橱柜台面、卫生间台面、窗台、餐台、商业台、接待柜台、写字台、电脑台、酒吧台等。人造石兼备大理石的天然质感和坚固的质地,陶瓷的光洁细腻和木材的易于加工性。它的运用和推广,标志着装饰艺术从天然石材时代,进入了一个崭新的人造石石材新时代。

2)医院台面、实验室台面:人造石耐酸碱性优异,易清洁打理,无缝隙细菌无处藏身,而被广泛应用于医院台面和实验室台面等重要场合,满足对无菌环境的要求。

(2)水槽(星盆)。

(3)商业装饰。

1)建筑装饰。个性化的大门立柱,是建筑空间的点睛之笔,人造石丰富的表现力和塑造力,提供给设计师源源不断的灵感。无论是凝重沉稳的检点风格,还是简洁的时尚现代风格,人造石都能轻松胜任,让每一个大门立柱,都像一件散发文化气息的艺术品,为生活空间增添优雅气质。人造石表面光滑如镜,故清理容易,历久长新,加上颜色琳琅满目,可塑性强,成为各种窗台板设计的最佳搭配。

2)商业与娱乐场所装饰。在各类商业与娱乐场所,若选用人造石可使其设计华丽典雅、合理布局,能产生广阔的运用空间和完美的装饰透光效果,使人们走进和谐色调,倍感温馨。特殊的弧度造型，精致的镶嵌，粗犷的拱突，赏心悦目的抛光，高贵典雅的罗马拱柱，流畅的吧台，和谐雅致的商业柜台，美轮美奂的创意效果无不尽现人造石和谐典雅的形象，彰显商业主题与娱乐的氛围。人造石还可配合多种材料和多种加工手段，营造出独具魅力的特殊设计效果。

(4)家具应用。人造石是高级家具桌子台面理想材料。

(5)卫浴应用。人造石洁具、浴缸、个性化的卫浴，是浴室空间的点睛之笔。它具有丰富的表现力和塑造力，提供给设计师源源不断的灵感。

(6)艺术加工。根据目前国内经济发展的需要，人造石在花盆、雕塑、工艺制品加工方面引领未来消费的潮流。

5. 饰面砖

饰面砖从使用布纹上来分主要有外墙砖、内墙砖和特殊部位的艺术造型砖三种。从烧制的材料及其工艺来分，主要有陶瓷锦砖(马赛克)、陶质地砖、红缸砖、石塑防滑地砖、瓷质地砖、抛光砖、釉面砖、玻化砖和钒钛黑瓷板地砖等。

(1)外墙面砖。外墙面砖是用作建筑物外墙装饰的板状陶瓷建筑材料，一般属于陶质的，也有坯质的。用它作外墙饰面，装饰效果好，不仅可以提高建筑物的使用质量，美化建筑，改善城市面貌，而且能保护墙体，延长建筑物的使用年限。

外墙面砖饰面与用其他材料饰面相比，具有很多优点。如塑料饰面材料易老化，不耐火，易损坏。金属材料易锈蚀，耗能高。而贴面砖则坚固耐用、色彩鲜艳、易清洗、防火、防水、耐磨、耐腐蚀且维修费用低。由于具有这些优点，外墙面砖可获得理想的装饰效果，得到了广泛的应用。外墙面砖是高档装饰材料，主要用于外墙面装饰。它不仅可以防止建筑物表面被大气侵蚀，而且可使立面美观。但不足之处是造价偏高，工效低，自重大。

外墙面砖多数以陶土为原料，压制成型后经1100℃左右的高温煅烧，分为有釉和无釉两种。无釉面砖是将破碎成一定粒度的陶瓷原料经筛分、半干压成型，放入窑内焙烧而成；有釉的面砖，是在已烧成的素坯上施釉，再经焙烧而成。

关键细节14 外墙面砖的种类及规格

外墙面砖的种类及规格，见表2-25。

表2-25 外墙面砖的种类规格

名称	一般规格(mm)	说明
表面无釉外墙面砖 (又称墙面砖)	200×100×12 150×75×12	有白、浅黄、深黄、红、绿等色
表面有釉外墙面砖 (又称彩釉砖)	75×75×8 108×108×8	有粉红、蓝、绿、金砂釉、黄白等色
线砖	100×100×150 100×100×10	表面有突起线纹，有釉并有黄绿等色
外墙立体面砖 (又称立体彩釉砖)	100×100×10	表面有釉，做成各种立体图案

(2)釉面砖。釉面砖又称瓷砖、瓷片,是一种薄型精陶制品,多用于建筑内墙面装饰。釉面砖是采用多孔坯体烧制而成,其坯体的主要原料为黏土(高岭石类黏土、蒙脱石类黏土、伊利石类黏土),另有长石(既是生产中的助熔剂又是釉彩层的主要成分)、石英(生产过程中用以减少坯体开裂并与长石一起形成玻璃态釉彩层)、滑石(改善釉彩层的弹性、热稳定性,并使坯体中形成含镁玻璃以防止生产过程中的后期龟裂)、硅灰石(可使釉面不会因气体析出而产生釉泡和气孔)等。釉面砖的形状主要是正方形,另有形状和用途各异的配件砖。按其表面色彩,有白色釉面砖与彩色釉面砖之别,彩色釉面砖的色彩及图案种类繁多。

关键细节 15 常用釉面砖的种类及特点

常用釉面砖的种类及特点其所长,见表 2-26。

表 2-26 常用釉面砖的种类和特点

种类		特点
白色釉面砖		色纯白、釉面光亮,镶于墙面,清洁大方
彩色釉面砖	有光彩色釉面砖	釉面光亮晶莹,色彩丰富雅致
	无光	釉面半无光,不显眼,色泽一致,色调柔和
装饰釉面砖	花釉砖	在同一砖上,施以多种彩釉,经高温烧成。色釉互相渗透,花纹千姿百态,有良好装饰效果
	结晶釉砖	晶花辉映,纹理多姿
	斑纹釉砖	斑纹釉面,丰富多彩
	大理石釉砖	具有天然大理石花纹,颜色丰富,美观大方
图案砖	白地图案砖	在白色釉面砖上装饰各种彩色图案,经高温烧成。纹样清晰,色彩明朗,清洁优美
	色地图案砖	在有光或无光彩色釉面砖上,装饰各种图案,经高温烧成。产生浮雕、缎光、绒毛、彩漆等效果。做内墙饰面,别具风格
瓷砖画及色釉陶瓷字	瓷砖画	以各种釉面砖拼成各种瓷砖画,或根据已有画稿烧制釉面砖拼装成各种瓷砖画,清洁优美
	色釉陶瓷字	以各种彩釉、瓷土烧制而成,色彩丰富,光亮美观,永不褪色

(3)陶瓷锦砖。陶瓷锦砖又称“陶瓷马赛克”、“纸皮砖”,是以优质瓷土烧制的片状小瓷砖拼成各种图案贴在纸上的饰面材料,有挂釉与不挂釉两类。它质地坚硬,经久耐用,色泽多样,耐酸、耐碱、耐火、耐磨、不渗水,抗压力强,吸水率小,在±20℃温度下无开裂现象。随着现代建筑的发展,陶瓷锦砖的应用越来越广,已被广泛用于地面和内、外墙饰面。陶瓷锦砖的基本形状和规格,见表 2-27。

表 2-27　　陶瓷锦砖的基本形状和规格

基本形状	名称		规格(mm) a	b	c	d	厚度
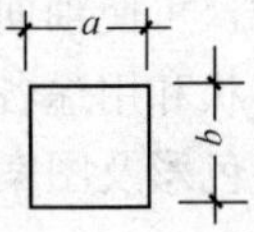	正方	大方	39.0	39.0	—	—	5.0
		中大方	23.6	23.6	—	—	5.0
		中方	18.5	18.5	—	—	5.0
		小方	15.2	15.2	—	—	5.0
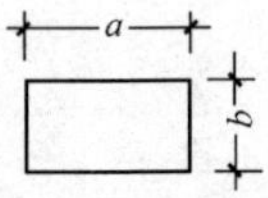	长方(长条)		39.0	18.5	—	—	5.0
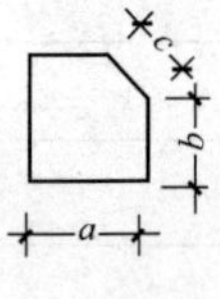	对角	大对角	39.0	19.2	27.9	—	5.0
		小对角	32.1	15.9	22.8	—	5.0
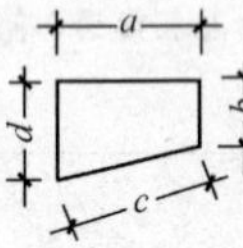	斜长条(斜条)		36.4	11.9	37.9	22.7	5.0
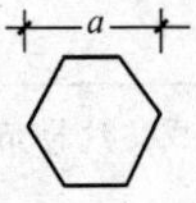	六角		25	—	—	—	5.0
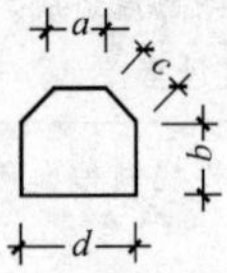	半八角		15	15	18	40	5.0
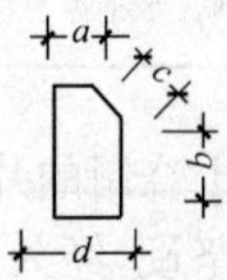	长条对角		7.5	15	18	20	5.0

陶瓷锦砖按其外观质量分为优等品和合格品两个等级，其尺寸允许偏差见表 2-28。

表 2-28　　陶瓷锦砖尺寸允许偏差及主要技术要求

项目		允许偏差(mm)		主要技术要求
		优等品	合格品	
单块	长度	±0.5	±1.0	(1)无釉锦砖吸水率不大于0.2%;有釉锦砖吸水率不大于1.0%。 (2)正面贴纸锦砖的脱纸时间不大于40min
	厚度	±0.3	±0.4	
每联	线路	±0.6	±1.0	
	联长	±1.5	±2.0	

关键细节 16　陶瓷锦砖的外观质量鉴定

铺贴后的陶瓷锦砖线路在目测的距离内,如果基本均匀一致,符合标准规格的尺寸和公差即可,如线路有明显的参差不齐,便要重新处理。如果是陶瓷锦砖本身尺寸不合要求,则不应购买。另外可从声音上进行判断,用一铁棒敲击产品,如果声音清晰,则没有缺陷,如果声音浑浊、喑哑或粗糙、刺耳,则是不合格产品。

五、常用胶粘剂

胶粘剂是能将各种材料紧密地粘结在一起的物质的总称。用胶粘剂粘结建筑构件、装饰品等不仅美观大方,工艺简单,还能将不同材料的构件很容易地联结在一起并有足够的结合强度,此外,胶粘剂还可以起到隔离、密封和防腐蚀等作用。

胶结材料按照其主要成分的化学性质分为有机胶结材料和无机胶结材料两大类。

(1)有机胶结材料。

1)天然胶结材料。如鱼胶、骨胶、酪素胶、淀粉、糊精、大豆蛋白、天然橡胶等。

2)合成高分子胶结材料。包括热固性树脂胶结材料(如环氧树脂、酚醛树脂、脲醛树脂等)、热塑性树脂胶结材料(如聚丙烯酸酯、聚甲基丙烯酸酯、聚醋酸乙烯酯、聚乙烯醇缩醛树脂等)和合成橡胶胶结材料(如氯丁橡胶、丁腈橡胶、丁苯橡胶、聚氨酯橡胶等)。

(2)无机胶结材料。如磷酸盐胶结材料、硅酸盐胶结材料、硼酸盐胶结材料、陶瓷胶结材料等。

1)胶结材料按溶剂的类型可分为水基型胶结材料、热溶胶和其他胶结材料。

2)胶结材料根据胶结材料的工艺特点可分为低温硬化胶结材料(在室温以下硬化)、室温硬化胶结材料(在20～30℃硬化)和高温硬化胶结材料(在100～180℃硬化)。

常用的胶粘剂有108胶、801胶、聚醋酸乙烯胶粘剂、环氧树脂胶粘剂、AH—93大理石胶粘剂、SG—8407内墙瓷砖胶粘剂和TAS型高强度耐水瓷砖胶粘剂等。

关键细节 17　胶粘剂使用注意事项

(1)对AB组合的胶粘剂,在配比时,请按说明书的要求配比。

(2)对AB组合的胶粘剂,使用前一定要充分搅拌均匀,不能留死角,否则不会固化。

(3)被粘物一定要清洗干净,不能有水分(除水下固化胶)。

(4)为使粘接强度高,被粘物尽量打磨。

(5)粘接接头设计的好坏,决定粘接强度高低。

(6)胶粘剂使用时,一定要现配现用,切不可留置时间太长,如属快速固化,一般不宜超过2min。

(7)如要强度高、固化快,可视其情况加热,涂胶时,不宜太厚,一般以0.5mm为好,越厚粘接效果越差。

(8)粘接物体时,最好施压或用夹具固定。

(9)为使强度更高,粘接后最好留置24h。

(10)单组合溶剂型或水剂型,使用时一定要搅拌均匀。

(11)对溶剂型产品,涂胶后,一定要凉置到不大粘手为宜,再进行粘合。

六、掺合料

为改善抹灰砂浆的和易性,常加入无机的细分散掺合料,除石灰膏、磨细生石灰外,还有黏土膏、电石膏、粉煤灰等,有时也掺合有机塑化剂等。

(1)黏土膏。采用黏土或粉质黏土制备黏土膏,宜采用孔径不大于3mm×3mm网过滤,并用搅拌机加水搅拌。黏土中的有机物含量用比色法鉴定,其色应浅于标准色。

(2)电石膏。制作电石膏的电石渣应用孔径不大于3mm×3mm的网过滤。检验时应加热至70℃,并保持20min,待没有乙炔气味后方可使用。

(3)粉煤灰。粉煤灰的品质指标应符合《用于水泥和混凝土中的粉煤灰》(GB/T 1596)的规定。粉煤灰品质等级可分为三级。砂浆中的粉煤灰取代水泥率不宜超过40%。砂浆中的粉煤灰取代石灰膏率不宜超过50%。

(4)有机塑化剂。采用有机塑化剂作为掺合剂,可以改善砂浆的和易性。有机塑化剂应符合相应的有关标准和产品说明书的要求,并经检验和试配符合要求时,方可使用。其掺量应通过试验确定,一般为水泥用量的0.5/10000~1.0/10000(按100%纯度计)。水泥石灰砂浆中掺入微沫剂时,石灰用量最多减少50%。水泥黏土砂浆中不得掺入微沫剂。

(5)麻刀、纸筋。麻刀、纸筋等在抹灰中起骨架和拉结作用,可提高抹灰层的抗拉强度,增强抹灰层的弹性和耐久性,保证抹灰罩面层不易发生裂缝和脱落。

1)麻刀为白麻丝,以均匀、坚韧、干燥、不含杂质、洁净为好。一般要求长度为2~3cm,随用随打松散,每100kg石灰膏中掺入1kg麻刀,经搅拌均匀,即成为麻刀灰。

2)纸筋(草纸)在淋灰时,先将纸撕碎,除去尘土后泡在清水桶内浸透,然后按每100kg石灰膏内掺入2.75kg的比例倒入淋灰池内。使用时用小钢磨搅拌打细,再用3mm孔径筛过滤成纸筋灰。

(6)外加剂。为了发挥建筑砂浆的性能,可掺加适量的引气剂、早强剂、缓凝剂及防冻剂等外加剂。砂浆外加剂,应具有法定检测机构出具的该产品砌体强度型式检验报告,并经砂浆性能试验合格后,方可使用。其掺量应通过试验确定。

此外,拌制砂浆用水宜采用饮用水。当采用其他水源时,水质必须符合《混凝土用水标准》(JGJ 63)规定。

第三节　抹灰工程常用机械设备及工具

一、砂浆搅拌机

砂浆搅拌机又称灰浆搅拌机，用于搅拌各种砂浆。灰浆搅拌机按卸料方式不同可分为倾翻卸料灰浆搅拌机和活门卸料灰浆搅拌机两种。

活门卸料灰浆搅拌机由装料、水箱、搅拌和卸料等四部分组成，如图 2-2 所示。

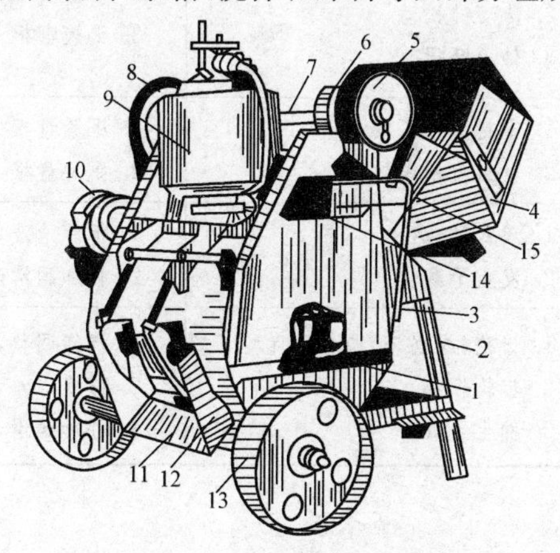

图 2-2　活门卸料灰浆搅拌机

1—装料筒；2—机架；3—料斗升降手柄；4—进料斗；5—制动轮；6—卷筒；7—上轴；8—离合器；9—量水器；10—电动机；11—卸料门；12—卸料手柄；13—行走轮；14—三通阀；15—给水手柄

关键细节 18　*砂浆搅拌机操作注意事项*

(1)安装搅拌机的地点应平整夯实，安装应平稳牢固。

(2)行走轮要离开地面，机座应高出地面一定距离，便于出料。

(3)开机前应对各种转动活动部位加注润滑剂，检查机械部件是否正常。

(4)开机前应检查电气设备绝缘和接地是否良好，带轮的齿轮必须有防护罩。

(5)开机后，先空载运输，待机械运转正常，再边加料边加水进行搅拌，所用砂子必须过筛。

(6)加料时工具不能碰撞拌叶，更不能在转动时把工具伸进斗里扒浆。

(7)工作后必须用水将机器清洗干净。

关键细节 19　*砂浆搅拌机故障排除方法*

灰浆搅拌机发生故障时，应及时对故障进行排除，故障排除方法见表 2-29。

表 2-29　　灰浆搅拌机故障原因及排除方法

故障现象	原　因	排除方法
拌叶和筒壁摩擦碰撞	1. 拌叶和筒壁间隙过小 2. 螺栓松动	1. 调整间隙 2. 紧固螺栓
刮不净灰浆	拌叶与筒壁间隙过大	调整间隙
主轴转数不够或不转	带松弛	调整电动机底座螺栓
传动不平稳	1. 蜗轮蜗杆或齿轮啮合间隙过小或过大 2. 传动键松动 3. 轴承磨损	1. 修换或调整中心距、垂直度与平行度 2. 修换键 3. 更换盘根
拌筒两侧轴孔漏浆	1. 密封盘根不紧 2. 密封盘根失效	1. 压紧盘根 2. 更换盘根
主轴承过热或有杂音	1. 渗入砂粒 2. 发生干磨	1. 拆卸清洗并加满新油(脂) 2. 补加润滑油(脂)
减速箱过热且有杂音	1. 齿轮(或蜗轮)啮合不良 2. 齿轮损坏 3. 发生干磨	1. 拆卸调整,必要时加垫或修换 2. 修换 3. 补加润滑油

二、灰浆输送机械

灰浆泵是用于输送、喷涂和灌注水泥灰浆的机械。按结构可分为柱塞式、隔膜式、挤压式、气动式和螺杆式。

(1)柱塞式灰浆泵。柱塞式灰浆泵是活塞与砂浆直接接触,利用活塞在密闭缸体里的往复运动,将进入泵室内的砂浆直接压送出去,再经管道输送到使用地点。柱塞式灰浆泵可分为单柱式和双柱式两种。常用的为单柱塞式灰浆机,单柱塞式砂浆泵由泵缸、柱塞、吸入阀、压出阀、进料机构和传动机构组成,如图 2-3 所示。

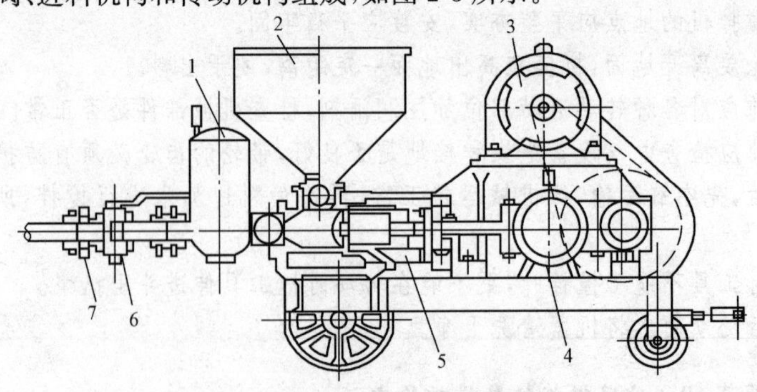

图 2-3　单柱塞式灰浆机

1—气罐;2—料斗;3—电动机;4—减速器;5—泵体;6—三通阀;7—输出口

(2)隔膜式灰浆泵。隔膜式灰浆泵中用中间液体(通常用水)使橡胶隔膜变形并将运动和砂浆分隔开,往复运动的柱塞作用在水上,促使隔膜挤压灰浆将其送入输浆管道。其特点是柱塞不与灰浆直接接触,所以工作的主要部件使用寿命较长,工作可靠,但结构比较复杂,橡胶隔膜易磨损。

隔膜式灰浆泵按形状不同可分为片式和圆柱式两种。目前,常用的是片式隔膜灰浆泵。它主要由曲柄连杆机构、柱塞、泵室、灰浆室、气罐、传动装置和安全装置组成。其结构如图 2-4 所示。

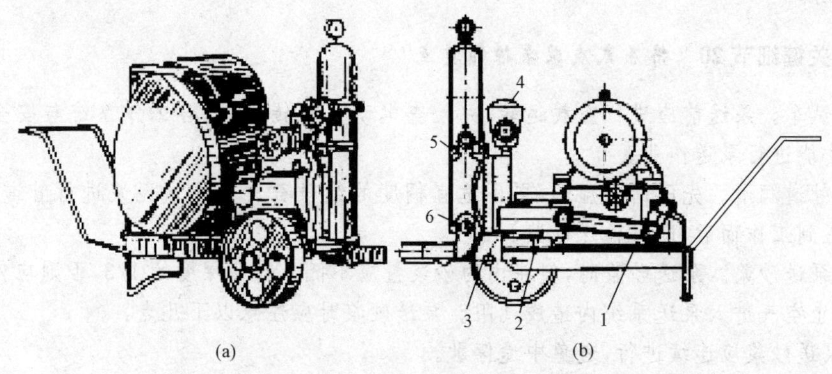

图 2-4　片式隔膜灰浆机

1—曲柄连杆机构;2—柱塞;3—水;4—盛水漏斗;5—排出阀;6—吸水阀

(3)挤压式灰浆泵。挤压式灰浆泵也称为挤压喷涂机,是一种新型的灰浆泵,主要用于喷涂抹灰工作,是比较理想的喷涂与输送灰浆的机械。挤压式灰浆泵主要由变级式电动机、变速箱、蜗轮减速器、链传动装置、滚轮架和滚轮等组成。其结构如图 2-5 所示。

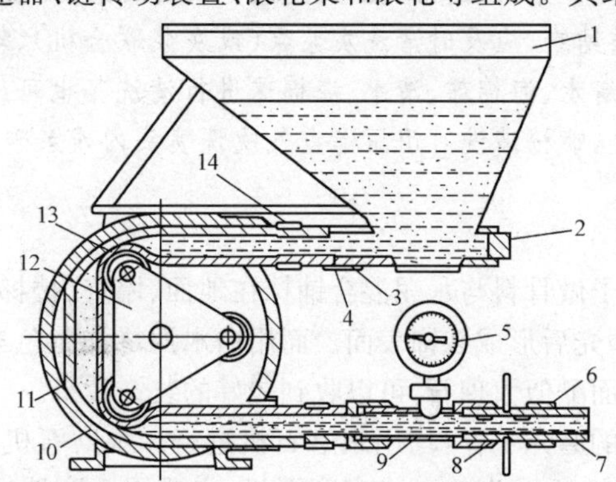

图 2-5　挤压式灰浆泵工作原理

1—料斗;2—放料室;3、8、9—连接管;4—橡胶垫圈;5—压力表;6、14—胶管卡箍;
7—输送胶管;10—鼓轮形壳;11—挤压胶管;12—滚轮架;13—挤压滚轮

挤压式灰浆泵的主要特点是:

1)挤压泵比活塞灰浆泵结构简单,使用方便,工效高,劳动强度低,且泵体较小,自重轻，便于移动。

2)泵内输料管没有粗细变化，是等直径的管道，没有像活塞泵的球阀开与闭，故不受砂浆黏度、砂子粒径的影响，不容易堵塞。

3)挤压式灰浆泵可以向墙面喷涂普通砂浆，还可以喷涂聚合物水泥浆、干粘石砂浆，喷涂层较薄，均匀密实，特别适宜作表层以及外表装饰。还可作垂直、水平输送浆用。

4)挤压泵的管道被堵塞时，可将电动机反转，使胶管的灰浆返回料斗，从而排除管道的堵塞故障。

关键细节20 挤压式灰浆泵操作要点

(1)试车。泵送前应进行空载运转，并检查电动机旋转方向，各工作系统与安全装置正常后才能进行泵送作业。

(2)管道润滑。先压清水湿润，再压适宜稠度的纯净石灰膏或水泥浆进行管道润滑；润滑膏压到工作面后，即可输送砂浆。

(3)泵送砂浆。泵送砂浆时，料斗内的砂浆量应不低于料斗深度的1/3，否则应停止泵送，以防止空气进入泵送系统内造成气阻。泵送砂浆时应注意以下几点：

1)泵送砂浆应连续进行，避免中途停歇。

2)当必须停歇时，每次间歇时间：石灰砂浆不宜超过30min；混合砂浆不应超过20min；水泥砂浆不应超过10min。若间歇时间超过上述规定时，应每隔4～5min开动一次灰浆泵(或灰浆联合机搅拌器)，使灰浆处于正常调和状态，防止沉淀堵管。

3)因停电、机械故障等原因，不能按上述停歇时间内启动时，应及时用人工将管道和泵体内的砂浆清理干净。

4)当向高层建筑泵送砂浆，泵送恰能满足建筑总高度要求时，应配备接泵进行泵送。

(4)清洗机械。泵送结束，应及时清洗灰浆泵(或灰浆联合机)、输浆管道和喷枪，输浆管道可按先后顺序压入清水、海棉球、清水、海棉球进行清洗。也可压入少量石灰膏，塞入海棉球，再压入清水清洗，喷枪清洗可用压缩空气吹洗喷头内残余砂浆。

三、水磨石机

水磨石是用彩色石子做骨料与水泥混合铺抹在地面、墙壁、楼梯、窗台等处，用人造金刚石磨石将表面磨平、磨光后形成装饰表面。而用白水泥掺加黄色素与彩色石子混合，经仔细磨光后的水磨石表面酷似大理石，可以收到较好的装饰效果。

目前水磨石装饰面的磨光工作，均用水磨石机进行。水磨石机有单盘式、双盘式、侧式、立式和手提式。图2-6所示为单盘式水磨石机，主要用于磨地坪，磨石转盘上装有夹具，夹装三块三角形磨石，由电动机通过减速器带动旋转，在旋转时，磨石既有公转又有自转。

手持式水磨石机是一种便于携带和操作的小型水磨石机，结构紧凑，工效较高，适用于大型水磨机磨不到和不宜施工的地方，如窗台、楼梯、墙角边等处。其结构如图2-7所示。根据不同的工作要求，可将磨石换去，装上钢刷盘或布条盘等还可以进行金属的除锈、抛光工作。

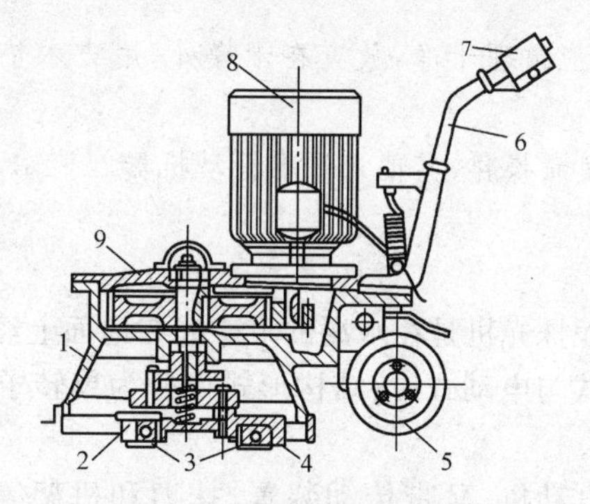

图 2-6　单盘水磨石机构造

1—机壳；2—磨石夹具；3—三角形磨石；4—转盘；
5—移动滚轮；6—操纵杆；7—电开关盒；8—电动机；9—减速器

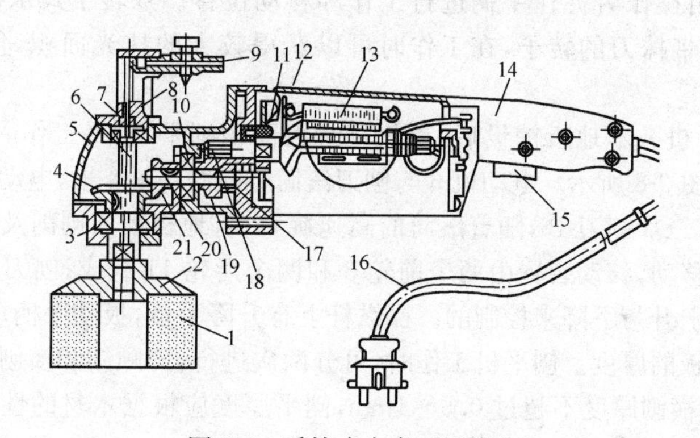

图 2-7　手持式水磨石机构造

1—圆形磨石；2—磨石接盘；3、7、10—滚动轴承；4—从动圆锥齿轮；
5—头部机壳；6—空心主轴；8—进水管；9—水阀；11—叶轮；12—中部机壳；
13—电枢；14—手柄；15—电开关；16—导管；17—滚针轴承；18—主动圆柱齿轮；
19—从动圆柱齿轮；20—中间轴；21—主动圆锥齿轮

此外，还有侧式水磨石机和立式水磨石机。侧式水磨石机用于加工墙围、踢脚，磨石转盘立置，采用圆柱齿轮传动，磨石为圆筒形。立式水磨石机，磨石转盘立置，并可由链传动机构在立柱上垂直移动，从而可使水磨高度增大，主要用于磨光卫生间高墙围的水磨石墙体。

关键细节 21　磨石机安全使用要求

(1)在磨石机工作前，应仔细检查其各机件的情况。

(2)导线、开关等应绝缘良好，熔断丝规格适当。

(3)导线应用绳子悬空吊起，不应放在地上，以免拖拉磨损，造成触电事故。

(4)在工作前，应进行试运转，待运转正常后，才能开始正式工作。

(5)操作人员工作时必须穿胶鞋、戴手套。

(6)检查或修理时必须停机，电器的检查与修理由电工进行。

(7)磨石机使用完毕，应清理干净，放置在干燥处，用方木垫平放稳，并用油布等遮盖物加以覆盖。

(8)磨石机应有专人负责操作，其他人不准开动机器。

四、磨光机具

(1)水泥抹光机。水泥抹光机是在水泥砂浆摊铺在地面上经刮平后，进行抹光用的机械，按动力形式分为内燃式与电动式；按结构形式可分为单转子与双转子；按操纵方式可分为立式及座式。

水泥抹光机主要由电动机、V带传动装置、抹刀和机架等构成。机架中部的轴承座上，悬挂安装十字形的抹刀转子，转子上安装有倾斜10°～15°角的3～4片抹刀，转子外缘制有V带槽，由电动机通过机轴上的小带轮和V带驱动。当转子旋转时带动抹刀抹光地面，由操作者握住手柄进行工作和移动位置。双转子式水泥抹光机是在机架上安装有两个带抹刀的转子，在工作时可以获得较大的抹光面积，使工作效率大大提高。

(2)地板刨平机。木地板铺设后，首先进行大面积刨平，刨平工作一般采用刨平机。刨平机的构造如图2-8所示。电动机6与刨刀滚筒7在同一轴4上，电动机启动后滚筒旋转，在滚筒上装有三片刨刀16，随着滚筒的高速旋转，将地板表面刨削及平整。刨平机在工作中进行位置移动，移动装置由两个前轮3和两个后轮11组成；刨刀滚筒的上升或下降是靠后滚轮的上升与下降来控制的。操纵杆上有升降手柄，扳动手柄可使后滚轮升降，从而控制刨削地板的厚度。刨平机工作时，可分两次进行，即顺刨和横刨。顺刨厚度一般不超过2～3mm，横刨厚度不超过0.5～1mm，刨平厚度应根据木材的性质来决定。刨平机的生产率为12～20m²/h。

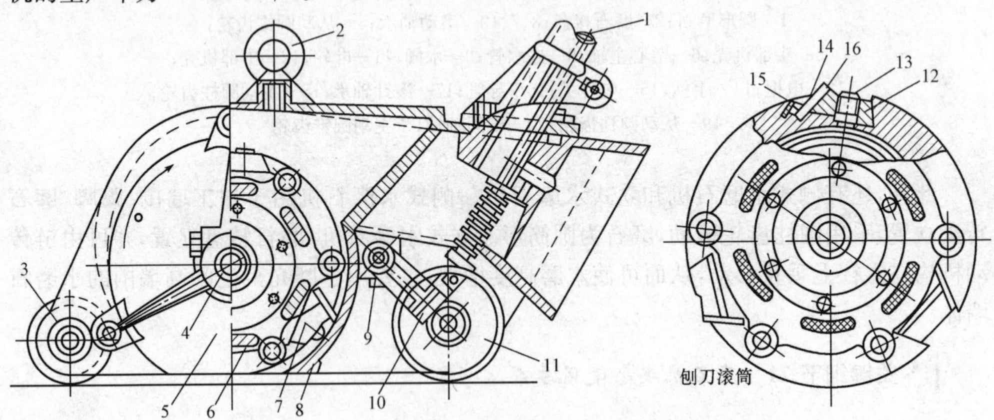

图2-8　地板刨平机的构造

1—操纵杆；2—吊环；3—前滚轮；4—电动机轴；5—侧向盖板；
6—电动机；7—刨刀滚筒；8—机架；9—轴销；10—摇臂；11—后滚轮；
12—螺钉；13—螺栓；14—滑块；15—螺钉；16—刨刀

(3)地板磨光机。地板刨光后应进行磨光，地板磨光机如图 2-9 所示，主要由电动机、磨削滚筒、吸尘装置、行走装置等构成。电动机转动后，通过圆柱齿轮 8 和 9 带动吸尘机叶轮 7 转动，以便吸收磨屑。磨削滚筒 6 由圆锥齿轮带动，滚筒周围有一层橡皮垫层 12，砂纸 11 包在外面，砂纸一端挤在滚筒的缝隙中，另一端由偏心柱转动后压紧，滚筒触地旋转便可磨削地板。托座叉架 13 通过扇形齿轮 14 及齿轮操纵手柄控制前轮的升降，以便滚筒适应工作状态和移动状态。磨光机的生产率一般为 20～35m^2/h。

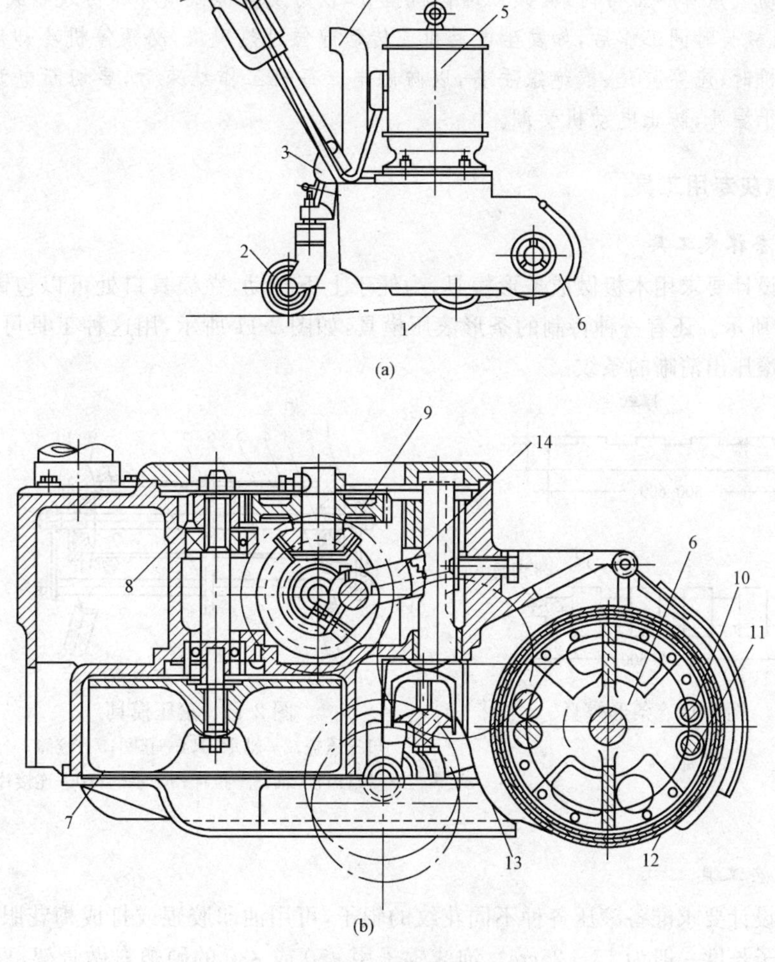

图 2-9　地板磨光机

(a)外形；(b)基本结构

1、2—前、后滚轮；3—托座；4—排屑管；5—电动机；

6—磨削滚筒；7—吸尘机叶片；8、9—圆柱齿轮；10—偏心柱；

11—砂纸；12—橡皮垫；13—托座叉架；14—扇形齿轮

关键细节22 磨光机具安全使用要点

(1)磨光机使用前,应仔细检查电气开关和导线的绝缘情况。因为施工场地水多,地面潮湿,导线最好用绳子悬挂起来,不要随着机械移动在地面上拖拉,以防止发生漏电,造成触电事故。

(2)磨光机在使用前应对机械部分进行检查,检查抹刀以及工作装置是否安装牢固,螺栓、螺母等是否拧紧,传动件是否灵活有效,同时还应充分进行润滑。

(3)磨光机在工作前应先试运转,待转速达到正常时再放落到工作部位。工作中发现零件有松动或声音不正常时,必须立即停机检查,以防发生机械损坏和伤人事故。

(4)机械长时间工作后,如发生电动机或传动部位过热现象,必须停机冷却后再工作。操作抹光机时,应穿胶鞋、戴绝缘手套,以防触电。每班工作结束后,要切断电源,并将抹光机放到干燥处,防止电动机受潮。

五、抹灰专用工具

1. 拉条抹灰工具

根据设计要求用木板做成条形模具,为便于上下拉动,在模具口处可以包镀锌铁皮,如图2-10所示。还有一种特制的条形滚压模具,如图2-11所示,用这种工具可以方便地在墙面上滚压出清晰的条纹。

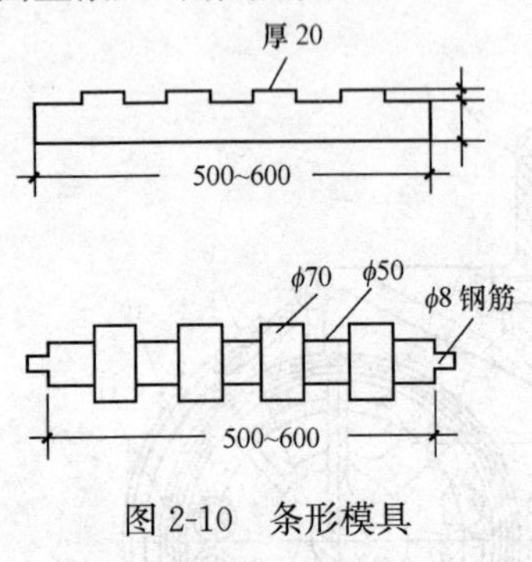

图2-10 条形模具

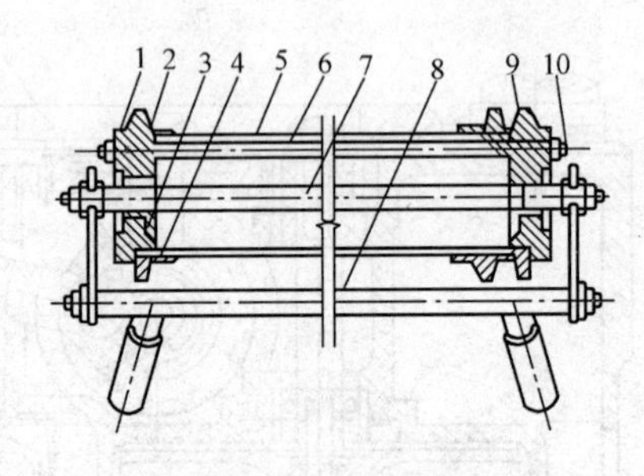

图2-11 滚压模具

1—压盖;2—轴承;3、4—套圈;5—滚筒;6—拉杆;7—轴;8—拉杆;9—手柄;10—连接片

2. 滚涂工具

根据设计要求准备滚压各种不同花纹的辊子,可用油印胶辊或打成梅花眼的泡沫辊子等。辊子长度一般为15~25cm。泡沫辊子用ϕ50或ϕ30的硬塑料做骨架,裹上10mm厚的泡沫塑料,也可用聚氨酯弹性嵌缝胶浇注而成,如图2-12所示。

3. 弹涂机具

弹涂做法的主要机具是弹涂器,分手动和电动两种,图2-13为弹涂器工作原理示意图。手动弹涂器适用于局部或小面积操作;电动弹涂器速度快、工效高,适用于大面积施工。

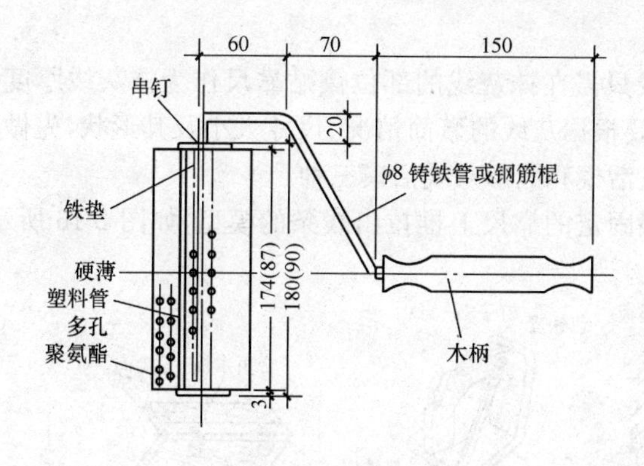

图 2-12　辊子

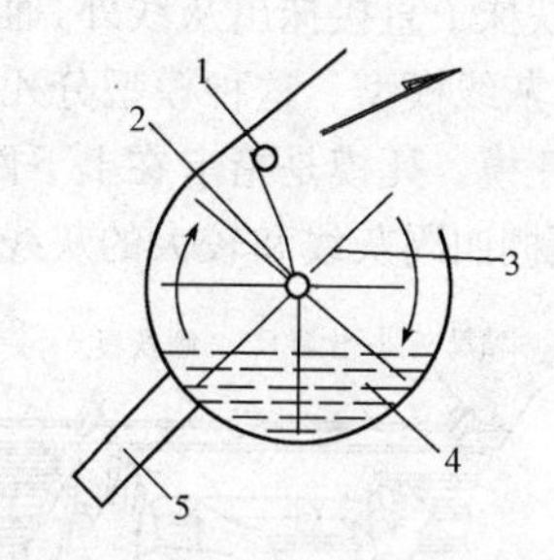

图 2-13　弹涂器工作原理示意

1—挡棍；2—中轴；
3—弹棒；4—色浆；5—手柄

4. 干粘石施工工具

(1)托盘。400mm×350mm×600mm 木制盘，如图 2-14(a)所示。

(2)薄尺。宽度 80mm，沿长度方向成 45°斜边，厚度 10mm 左右。

(3)空压机。压力为 0.6～0.8MPa。

(4)干粘石喷枪。如图 2-15 所示。

(5)其他。木拍[图 2-14(b)]、钢抹子、木抹刀、短尺等。

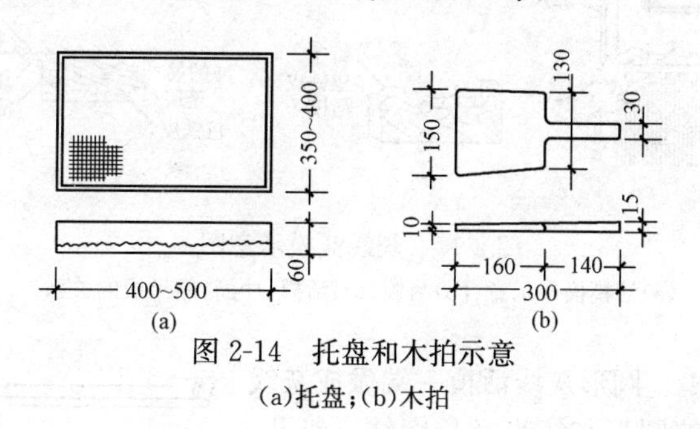

图 2-14　托盘和木拍示意

(a)托盘；(b)木拍

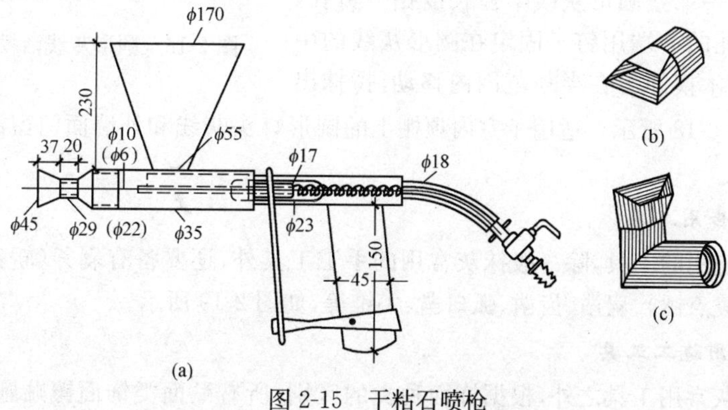

图 2-15　干粘石喷枪

(a)喷枪；(b)喷阳角枪嘴；(c)喷仰面枪嘴

5. 灰线抹灰机具

装饰线脚抹灰工具，除较简单灰线只需在抹灰线的部位镶贴靠尺作为抹灰线厚度的依据，用铁抹子直接抹出灰线外，通常要根据灰线的繁简情况、尺寸大小及其形状，先做出木制足尺灰线模型。这种模型分死模、活模和圆形灰线活模三种。

(1)死模。死模是指卡在上下两根固定的靠尺上推拉出线条的模型，如图2-16所示。适用于顶棚四周灰线和较大的灰线。

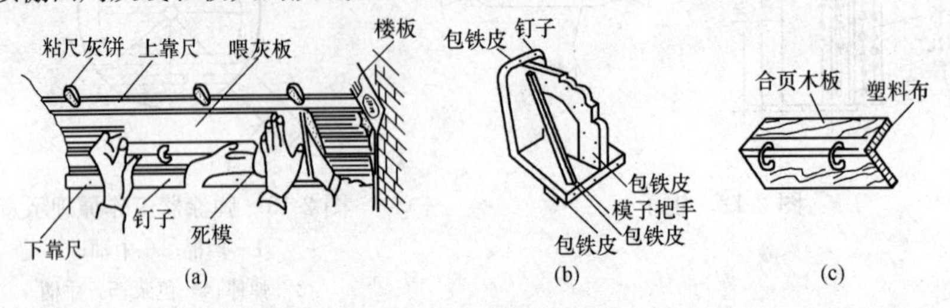

图2-16　灰线死模示意图

(a)死模操作示意；(b)死模；(c)合页式喂灰板

(2)活模。活模是指靠在一根底靠尺上，用两手拿模捋出灰线条的模型，如图2-17所示，适用于抹梁底及门窗角等灰线。

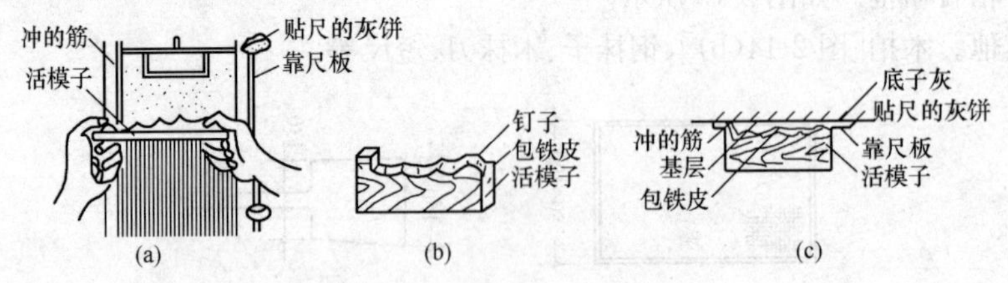

图2-17　灰线活模示意图

(a)活模操作示意；(b)活模；(c)活模、冲筋、靠尺板的关系

(3)圆形灰线活模。圆形灰线活模一端做成灰线形状的木模，另一端按圆形灰线半径长度钻一钉孔，操作时将有钉孔的一端用钉子固定在圆形灰线的中心点上，另一端木模即可在半径范围内移动，捋抹出圆形灰线，如图2-18所示。适用于室内顶棚上的圆形灯头灰线和外墙面门窗洞顶部半圆形装饰等灰线。

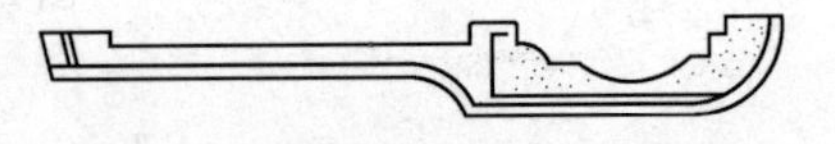

图2-18　圆形灰线活模示意图

6. 斩假石专用工具

斩假石所使用的工具，除一般抹灰常用的手工工具外，还要备有剁斧(斩斧)、单刃或多刃斧、花锤(棱点锤)、扁凿、齿凿、弧口凿、尖锥等，如图2-19所示。

7. 饰面常用施工工具

除一般抹灰常用工具之外，根据饰面种类的区别，所有贴面类饰面镶贴施工，即包括饰面砖、饰面板的镶贴，常用专用工具如下：

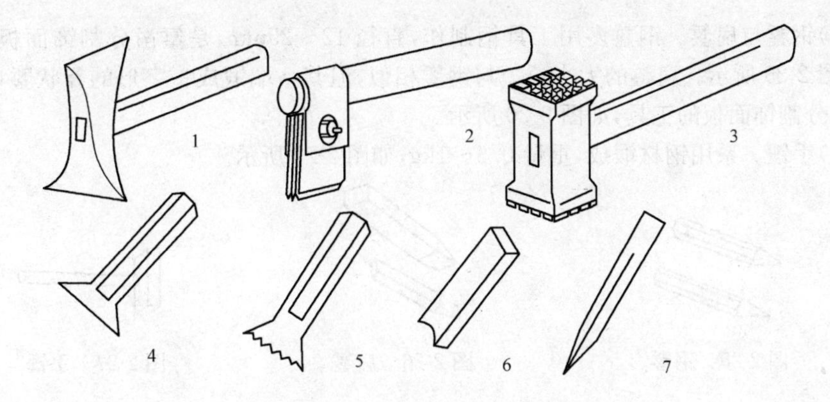

图 2-19　斩假石专用工具

1—斩斧；2—多刃斧；3—花锤；4—扁凿；5—齿凿；6—弧口凿；7—尖锥

(1)开刀。镶贴饰面砖拨缝用，如图 2-20 所示。

(2)木垫板。镶贴陶瓷锦砖专用，如图 2-21 所示。

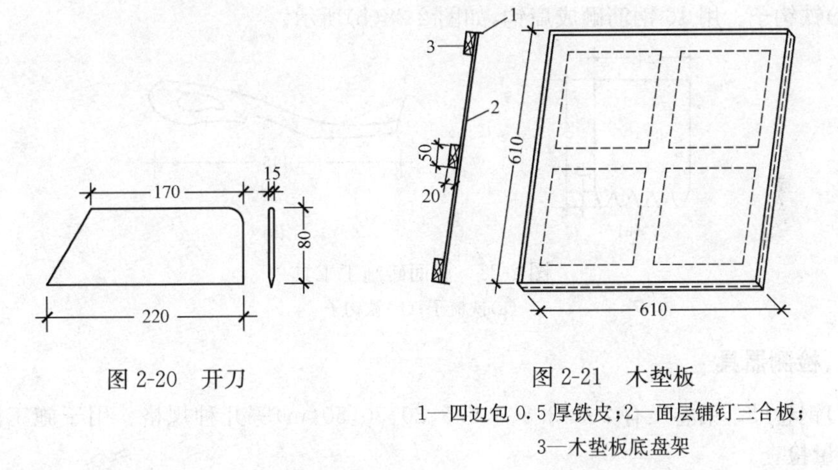

图 2-20　开刀

图 2-21　木垫板

1—四边包 0.5 厚铁皮；2—面层铺钉三合板；3—木垫板底盘架

(3)木锤和橡皮锤。安装或镶贴饰面板时，用以敲击震实，如图 2-22 所示。

(4)铁铲。涂抹砂浆用，如图 2-23 所示。

(5)合金錾子、小手锤。用于饰面砖、饰面板手工切割剔凿用。合金錾子一般用工具钢制作，直径 6～12mm，如图 2-24 所示。

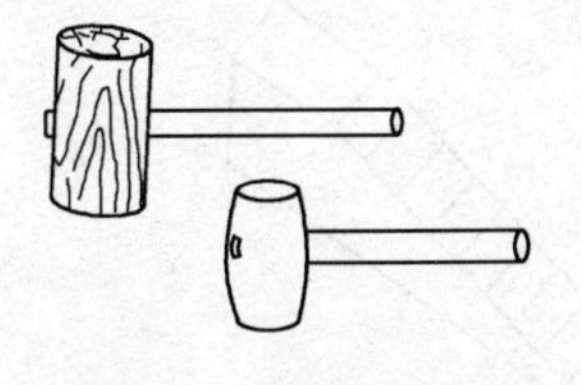

图 2-22　木锤和橡皮锤

图 2-23　铁铲

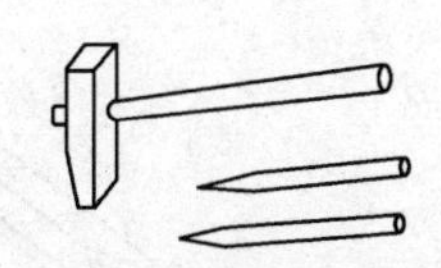

图 2-24　合金錾子和小手锤

(6)钢錾与扁錾。钢錾多用工具钢制作,直径12～25mm,是錾凿分割饰面板加工工具,如图2-25所示。扁錾的大小长短与钢錾相似,但其一端锻成一字形的斧状錾口,为剁斧加工分割饰面板的工具,如图2-26所示。

(7)手锤。系用钢材锻成,重量0.5～1kg,如图2-27所示。

图2-25 钢錾　　图2-26 扁錾　　图2-27 手锤

此外,还有墨斗、画签、铁水平水尺、线坠、方尺、折尺、钢卷尺、托线板和克丝钳子及拌制石膏用的胶碗等。

8. 假面砖施工工具

(1)靠尺板。在普通靠尺板上划出假面砖大小的刻度。

(2)铁梳子。用2mm厚钢板一端剪成锯齿形,如图2-28(a)所示。

(3)铁钩子。用ϕ6钢筋砸成扁钩,如图2-28(b)所示。

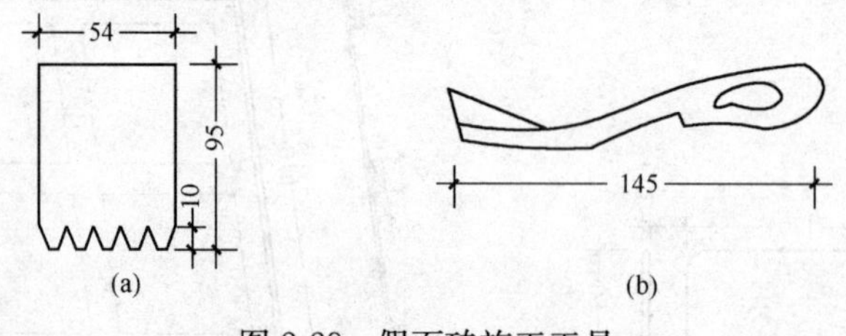

图2-28 假面砖施工工具

(a)铁梳子;(b)铁钩子

六、检测器具

(1)钢卷尺。钢卷尺有2、3、3.5、5、7.5、20、30、50(m)等几种规格。用于施工测量放线和质量检查。

(2)靠线板、塞尺及线锤。靠线板长度为2m,由非常直及平的轻金属或相应的木板制成,用做饼和检查墙面、抹灰面垂直平整度,如图2-29所示。

塞尺与靠线板配合使用。用于测量墙面、柱面、楼地面的平整度的数值偏差。塞尺上每一格表示厚度方向1mm,如图2-30所示。

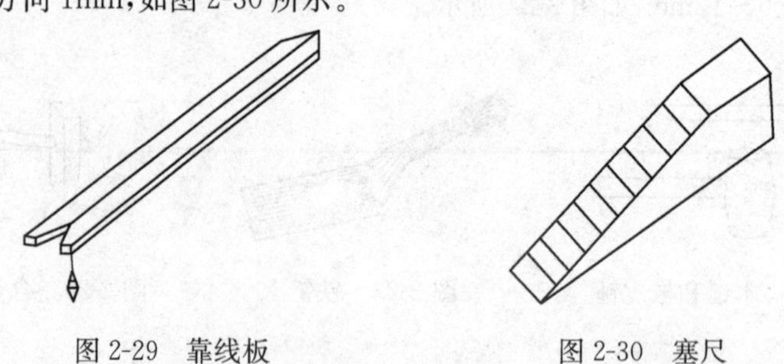

图2-29 靠线板　　图2-30 塞尺

线锤又称垂球或吊线砣。与靠线板配合使用，用于吊挂墙面、构件垂直度。如图 2-31 所示。

(3)水平尺与水平管。水平尺用铁或铝合金制作，中间及内部镶嵌玻璃水准器，适用于放线或检验小范围内的水平度和垂直度，如图 2-32 所示。

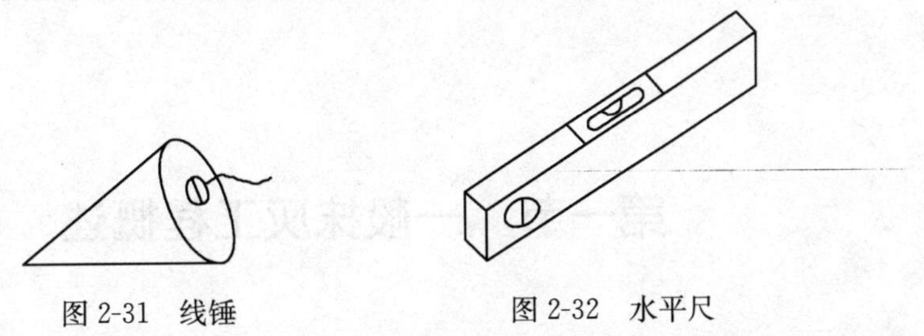

图 2-31　线锤　　　图 2-32　水平尺

水平管用直径 10～12mm、长 6～8m 的透明管，管内充水排出气泡后，用两管端水柱的凹面进行抄平，如图 2-33 所示。

(4)准线。准线用 0.5～1mm 棉线或尼龙线，用于标准施工缝隙的平直度等，如图 2-34所示。

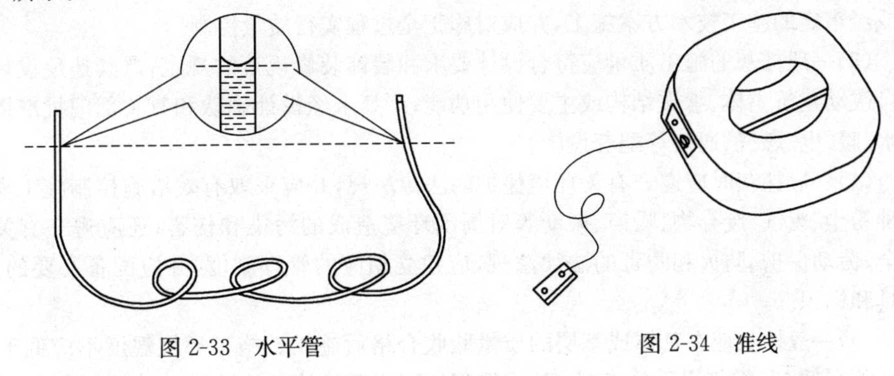

图 2-33　水平管　　　图 2-34　准线

(5)方尺。方尺用木料制成，边长为 200mm 的直角尺，用于检测阴角、阳角的方正，如图 2-35 所示。

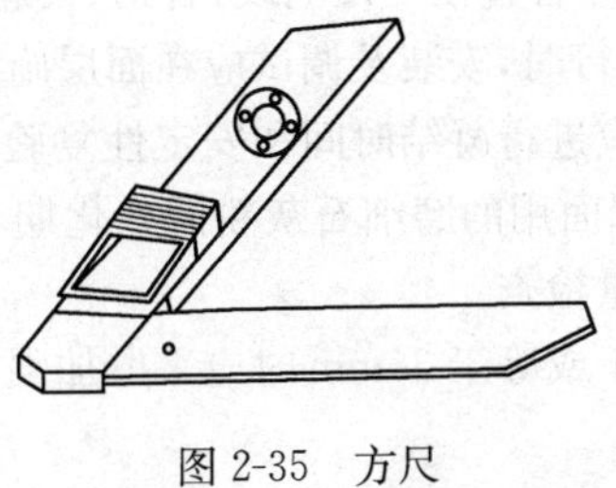

图 2-35　方尺

第三章　一般抹灰工程

第一节　一般抹灰工程概述

一、一般抹灰施工基本要求

(1)从事一般抹灰的施工单位应具有相应的资质,并应建立质量管理体系。从事一般抹灰施工的人员应有相应岗位的资格证书。

(2)施工前应编制施工组织设计并应经过审查批准。施工时应按有关的施工工艺标准或经审定的施工技术方案施工,并应对施工全过程实行质量控制。

(3)一般抹灰的施工质量应符合设计要求和装饰装修规范的规定,严禁违反设计文件擅自改动建筑主体、承重结构或主要使用功能;严禁未经设计确认和有关部门批准擅自拆改水、暖、电、燃气、通信等配套设施。

(4)一般抹灰时应遵守有关环境保护的法律法规,并应采取有效措施控制施工现场的各种粉尘、废气、废弃物、噪声、振动等对周围环境造成的污染和伤害;还应遵守有关施工安全、劳动保护、防火和防毒的法律法规,应建立相应的管理制度,并应配备必要的设备、器具和标识。

(5)一般抹灰应在基体或基层的质量验收合格后施工。施工环境温度不应低于 5℃,当必须在低于 5℃气温下施工时,应采取保证工程质量的有效措施。对既有建筑,抹灰前应对基层进行处理。

(6) 一般抹灰中严禁不经穿管直接埋设电线,管道、设备等的安装及调试应在一般抹灰施工前完成。当必须同步进行时,安装及调试应在面层施工前完成。

(7)一般抹灰使用的水泥应进行凝结时间和安定性复验,合格后方可使用。使用的石灰膏的熟化期不应少于 15d;罩面用的磨细石灰粉的熟化期不应少于 30d。砂子、麻刀、纸筋、石膏等原材料也应进行质量检查。

(8)一般抹灰对总厚度大于或等于 35mm 时应采取加强措施;当不同材料基体交接处的加强措施应进行隐蔽验收。

(9)外墙抹灰工程施工前,应先安装钢木门窗框、护拦等,并应将墙上的施工孔洞堵塞密实。

(10)室内墙面、柱面和门洞口的阳角做法应符合设计要求。设计无要求时,应采用 1∶2水泥砂浆做暗护角,其高度不应低于 2m,每侧宽度不应小于 50mm。

(11)各种砂浆抹灰层,在凝结前应采取措施防止快干、水冲、撞击、振动和受冻,在凝结后应采取措施防止玷污和损坏。施工整个过程中,应做好半成品、成品的保护工作。当要求抹灰层具有防水、防潮功能时,应采用防水砂浆。

(12)水泥砂浆抹灰层在湿润条件下养护。外墙和顶棚的抹灰层与基层之间及各抹灰层之间必须粘结牢固。

二、抹灰施工技术准备

(1)审查图纸和制定施工方案,确定施工顺序和施工方法。

(2)材料试验和试配工作。

(3)确定花饰和复杂线脚的模型及预制项目。对于高级装饰工程,应预先做出样板(样品或标准间),并经有关单位鉴定后,方可进行。

(4)组织结构工程验收和工序交接检查工作。抹灰前对工程结构以及其他配合工种项目进行检查是确保抹灰质量和进度的关键。

(5)对已安装好的门窗框,采用铁板或板条进行保护。

(6)组织队组进行技术交底。

关键细节1 抹灰施工前的主要检查项目

(1)门窗框及其他木制品是否安装齐全,门口高低是否符合室内水平线标高。

(2)板条、苇箔或钢丝网吊顶是否牢固,标高是否正确。

(3)顶棚、墙面预留木砖或铁件以及窗帘钩、阳台栏杆、楼梯栏杆等预埋件是否遗漏,位置是否正确。

(4)水、电管线、配电箱是否安装完毕,是否漏项,水暖管道是否做好压力试验等。

关键细节2 一般抹灰施工温度控制

(1)抹灰工程施工环境温度不应低于5℃。

(2)冬期施工,抹灰砂浆温度不宜低于5℃。气温低于5℃时,室外抹灰所用砂浆可掺入混凝土防冻剂,其掺量应由试验确定。做涂料墙面的抹灰砂浆中,不得掺入含氯盐的防冻剂。

三、抹灰材料质量要求

(1)水泥。宜采用普通水泥或硅酸盐水泥,也可采用矿渣水泥、火山灰水泥、粉煤灰水泥及复合水泥。水泥强度等级宜采用42.5级以上颜色一致、同一批号、同一品种、同一强度等级、同一厂家生产的产品。水泥进厂需对产品名称、代号、净含量、强度等级、生产许可证编号、生产地址、出厂编号、执行标准、日期等进行外观检查,同时验收合格证。

(2)砂。宜采用平均粒径0.35～0.5mm的中砂,在使用前应根据使用要求过筛,筛好后保持洁净。

(3)磨细石灰粉。其细度过0.125mm的方孔筛,累计筛余量不大于13%,使用前用水浸泡使其充分熟化,熟化时间最少不少于3d。浸泡方法:提前备好大容器,均匀地往容器中撒一层生石灰粉,浇一层水,然后再撒一层,再浇一层水,依次进行,当达到容器的2/3

时，将容器内放满水，使之熟化。

(4)石灰膏。石灰膏与水调和后具有凝固时间快，并在空气中硬化，硬化时体积不收缩的特性。用块状生石灰淋制时，用筛网过滤，贮存在沉淀池中，使其充分熟化。熟化时间常温下一般不少于15d，用于罩面灰时不少于30d。使用时石灰膏内不得含有未熟化的颗粒和其他杂质。在沉淀池中的石灰膏要加以保护，防止其干燥、冻结和污染。

(5)纸筋。采用白纸筋或草纸筋施工时，使用前要用水浸透(时间不少于3周)，并将其捣烂成糊状，并要求洁净、细腻。用于罩面时宜用机械碾磨细腻，也可制成纸浆。要求稻草、麦秆应坚韧、干燥、不含杂质，其长度不得大于30mm，稻草、麦秆应经石灰浆浸泡处理。

(6)麻刀。必须柔韧干燥，不含杂质，长度一般为10～30mm，用前4～5d敲打松散并用石灰膏调好，也可采用合成纤维。

四、一般抹灰施工顺序

(1)一般抹灰施工顺序通常是先上后下，先屋面后主体，先室外后室内。

(2)室内抹灰施工顺序通常是先房间、再走廊、最后楼梯间；房间中先顶梁、再墙柱，最后楼地面。

(3)室外抹灰施工顺序通常是先檐口再墙柱，最后墙裙和明沟或散水。

(4)一般抹灰的施工操作工序基本相同。一般都是先进行基层处理、挂线作灰饼、作标筋及门窗洞口做护角等，然后进行装挡、刮杠、木抹搓平，最后做面层。

关键细节3 一般抹灰基面清理要求

(1)砖石、混凝土等基面的灰尘、污垢和油渍等，应清除干净，并洒水润湿。

(2)加气混凝土基面可按以下方法之一进行处理：

1)开始抹灰前24h应在墙面浇水2～3遍，抹灰前1h再浇水1～2遍，随即刷水泥浆一道；

2)浇水一遍，冲去基面渣末，刷108胶水溶液(108胶：水=1：4)一道；

3)浇水一遍，冲去基面渣末，刷素水泥浆一道，用1：3或1：2.5水泥砂浆在基面上刮糙，厚度约5mm，刮糙面积约占基面的70%～80%。

五、一般抹灰施工操作要点

一般抹灰的主要施工操作要点基本相同，以墙面为例，施工要点如下：

(1)做灰饼。灰饼应该做在距顶棚15～20cm高及距地面20cm高和墙的两端距阴阳角15～20cm处，做控制灰饼，薄厚符合抹灰厚度，大小5cm^{2}为宜，上下吊垂直。以控制灰饼为基准拉好准线，每隔150～200cm补做中间灰饼，如图3-1所示。做灰饼前应先用托线板对墙面的垂直平整度进行检查，结合不同抹灰类型构造厚度要求，决定墙面抹灰厚度。所有灰饼的厚度应控制在7～25mm，如果超出这个范围，就应对抹灰基层进行处理。

(2)冲筋。待灰饼砂浆收水后(干后)，在上下两个灰饼之间抹出一条宽度为8～10cm的梯形灰带，厚度与灰饼相同，作为墙面抹底子的厚度标准。

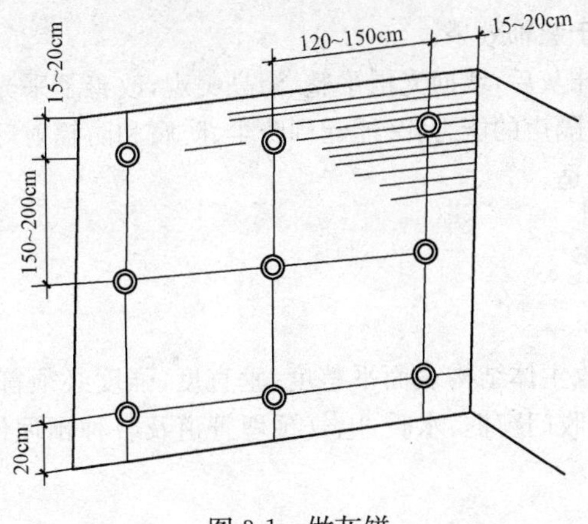

图 3-1　做灰饼

(3)阴、阳角找方。普通抹灰要求阳角方正，而高级抹灰则要求阴、阳角都要找方正。

1)阳角找方正的方法是：先在阳角一侧墙做基准线，并在基准线上、下两端挂通线或设尺杆做灰饼。

2) 阴角找方正时阴角两边都弹基准线，做灰饼和冲筋，使用阴角专用抹子，以保证阴角方正。

必须指出，严格的墙角方正控制应在楼地面上弹放方正尺寸控制线解决。

(4)做护角线。在石灰砂浆抹灰中，为使墙面、柱面及门窗洞口的阳角抹灰后线角清晰、横平竖直，防止外界碰撞损坏，一般都要做护角线。护角线应使用 1∶2 水泥砂浆，其高度一般不低于 2m，每侧宽度不小于 50mm，先做水泥护角，再抹石灰砂浆，抹灰时护角可起冲筋作用。

关键细节 4　抹灰施工过程注意事项

抹灰工程质量关键是，粘结牢固，无开裂、空鼓和脱落。施工过程中应注意：

(1)抹灰基体表面应彻底清理干净，对于表面光滑的基体应进行毛化处理。

(2)抹灰前应将基体充分浇水均匀润透，防止基体浇水不透造成抹灰砂浆中的水分很快被基体吸收，造成质量问题。

(3)严格控制各层抹灰厚度，防止一次抹灰过厚，使干缩率增大，造成空鼓、开裂等质量问题。

(4)抹灰砂浆中使用材料应充分水化，防止影响粘结力。

第二节　室内墙面抹灰

建筑内墙抹灰是指将石灰、石膏、水泥砂浆及水泥石灰混合砂浆等无机胶凝材料抹在墙面上进行装饰的一种施工方法。内墙抹灰主要有一般抹灰和装饰抹灰两种。一般抹灰包括内墙面、墙裙、踢脚线等平面抹灰；装饰抹灰主要有拉毛、拉条和扫毛等，这几种抹灰形式比一般抹灰更富于装饰效果。

建筑物内墙经过抹灰后，墙面光滑平整、清亮美观，改善了采光的条件，同时增强了墙面的保温、隔热、防潮、隔声的能力，又能起到防尘、防腐和防辐射等作用，使人们的工作或生活环境更加美观、舒适。

一、施工准备工作

1. 抹灰前的检查

施工前应检查验收主体结构表面平整度、垂直度，强度必须符合设计要求，否则要进行返工。同时检查、验收门窗框、水暖、电气预埋管道及各种预埋件的安装是否符合设计要求。

2. 材料准备

(1)水泥。普通硅酸盐水泥、矿渣硅酸盐水泥其强度等级不小于42.5，要求对水泥的凝结时间和安定性进行复验并符合设计要求。

(2)石灰膏。熟化时间一般不少于5d，用于罩面不少于30d，使用时不得含有未熟化的颗粒和其他杂物，不能使用已冻结风化的石灰膏。

(3)砂。中、粗砂，含泥量不大于3%。

3. 工具准备

常用的工具有砂浆搅拌机、手推车、2m靠尺、水桶、平锹、铁抹子、木抹子、钢丝刷等。

二、内墙抹灰施工技术

内墙抹灰施工过程一般按基层处理→湿润墙面→找规矩抹灰饼→抹水泥踢脚板→抹护角线→抹水泥窗台板→墙面冲筋→抹底灰→阴阳角找方→抹罩面灰的顺序来逐步施工。

1. 基层处理

(1)将基层表面的浮尘、残灰、污垢清理干净，若有油渍需要用强碱溶液刷洗，然后再用清水冲净。

(2)检查基层表面的平整度，凸出大的部位要剔掉，凹入较多的部位要用1∶3的水泥砂浆补平，光滑的混凝土、水泥砂浆表面要凿毛或用掺有10%108胶的1∶1水泥浆满刮一道基层表面。加气混凝土墙体表面抹灰前要先清扫，后刷素浆，必要时要在墙面挂钢丝网，以使抹灰层粘结牢固。

(3)检查门窗框的位置是否正确，与墙体连接是否牢固。门窗框的缝隙、脚手架眼、管道孔、板孔等孔洞都要用1∶3的水泥砂浆填堵密实、平整。

2. 湿润墙面

砖墙应提前1d浇水，要求水要渗入墙面内10～20mm。浇水时应按从左至右，从上至下的顺序进行，一天两次为宜。对于混凝土墙面也要提前浇水湿润，但要掌握好水势和速度。

3. 做灰饼

为了使墙面抹灰垂直、平整，在抹灰之前必须找好基准，即四角规方，横线找平，竖线吊直，弹出顶棚墙裙、踢脚板线。对普通和中级抹灰，须用托线板检查墙面平整、垂直程度，并根据检查的实际情况在兼顾抹灰的总平均厚度的原则下决定墙面抹灰厚度。

4. 抹水泥踢脚板

踢脚板或墙裙抹灰，应在墙面抹灰之前进行，脚板或墙裙抹灰之前，应将基层面清理干净，并提前浇水湿润，弹出高度水平线，然后用水泥素灰浆薄薄地刮一遍，要求超出高度水平线30～50mm，紧接着用1∶2水泥砂浆抹底层灰，后用木抹子搓成麻面或称搓毛。底层灰搓毛抹完，待初凝后，就可以用1∶2.5的水泥砂浆罩面，其厚度为5～7mm。待面层灰抹平压光收水后，按施工图设计要求的高度，从室内500mm的抄平线下返踢脚板的高度尺寸。再用粉线包弹出水平线，然后用八字靠尺靠在线上（即踢脚板上口）用钢抹子将踢脚板（或墙裙）切齐，用小压子压抹平整后，再用阳角抹子沿踢脚板的上口线捋光，使踢脚板的上口直线度达到要求。

5. 抹窗台板

室内墙角、柱面的阴角和门窗洞口的阳角抹灰要求线条清晰、挺直，并防止碰坏，抹护角时，以墙面灰饼为依据。

(1)先将阳角用方尺规方，靠门框一边，以门框离墙面的空隙为准，另一边以灰饼、厚度为依据。最好在地面上划好准线，按准线粘好靠尺板，并用托线板吊直，方尺找方。

(2)在靠尺板的另一边墙角面分层抹水泥砂浆，护角线的外角与靠尺板外口平齐；一边抹好后，再把靠尺板移到已抹好护角的一边，用钢筋卡稳住，用线锤吊直靠尺板，把护角的另一面分层抹好。

(3)轻轻地将靠板尺拿下，待护角的棱角稍干时，用阳角抹子和水泥浆捋出小圆角。

(4)在墙面处用靠尺板按要求尺寸沿角留5cm，将多余砂浆成40°斜面切掉，墙面和门框等落地灰应清扫干净。

6. 标筋

标筋也叫冲筋，出柱头，就是在上下两个标志块之间先抹出一条长梯形灰埂，其宽度为10cm左右，厚度与标志块相平，作为墙面抹底子灰填平的标准。做法是先将墙面浇水润湿，然后在两个标志块中间先抹一层，再抹第二遍凸出成八字形，要比灰饼凸出1cm左右，然后用木杠紧贴灰饼左上右下来回搓，直至把标筋搓得与标志块一样平为止。同时要将标筋的两边用刮尺修成斜面，使其与抹灰层接茬顺平。标筋用砂浆，应与抹灰底层砂浆相同，如一次冲几条筋，应根据天气情况、室内温度、室外温度及墙面浇水程度而定。如吸水快，应少抹几条；吸水慢，应多抹几条。所用木杠要经常用水浸泡，以防止单面受潮变形。如果有变形应及时修理，以防止标筋不平。

7. 阴阳角找方

中级抹灰要求阳角找方。对于除门窗口外还有阳角的房间，则首先要将房间大致规方。方法是先在阳角一侧墙做基线，用方尺将阳角先规方，然后在墙角弹出抹灰准线，并在准线上下两端挂通线做标志块。

高级抹灰要求阴阳角都要找方，阴阳角两边都要弹基线，为了便于做角和保证阴阳角方正垂直，必须在阴阳角两边都要做标志块和标筋。

8. 底层和中层抹灰

底层与中层抹灰在标志块、标筋及门窗口做好护角后即可进行。这道工序也叫装档或乱糙。方法是将砂浆抹于墙面两标筋之间，底层要低于标筋，待收水后再进行中层抹灰，其厚度以垫平标筋为准，并使其略高于标筋。中层砂浆抹后，即用中、短木杠按标筋刮平。使用木杠时，人站成骑马式，双手紧握木杠，均匀用力，由下往上移动，并使木杠前进方向的一边略微翘起，手腕要活。局部凹陷处应补抹砂浆，然后再刮，直至普遍平直为止，如图3-2所示。紧接着用木抹子搓磨一遍，使表面平整密实。

墙的阴角，先用方尺上下核对方正，然后用阴角器上下抽动扯平，使室内四角方正，如图3-3所示。

抹底子灰的时间应掌握好，不要过早也不要过迟。一般情况下，标筋抹完就可以装档刮平。但要注意如果筋软，则容易将标筋刮坏产生凸凹现象；也不宜在标筋有强度时再装档刮平，因为待墙面砂浆收缩后，会出现标筋高于墙面的现象，由此产生抹灰面不平等质量通病。当层高小于3.2m时，一般先抹下面一步架，然后搭架子再抹上一步架。抹上一步架可不做标筋。而是在用木杠刮平时，紧贴下面已经抹好的砂浆上作为刮平的依据。当层高大于3.2m时，一般是从上往下抹。如果后做地面、墙裙和踢脚板时，要将墙裙、踢脚板准线上口5cm处的砂浆切成直槎。墙面要清理干净，并及时清除落地灰。

图3-2　刮杠示意

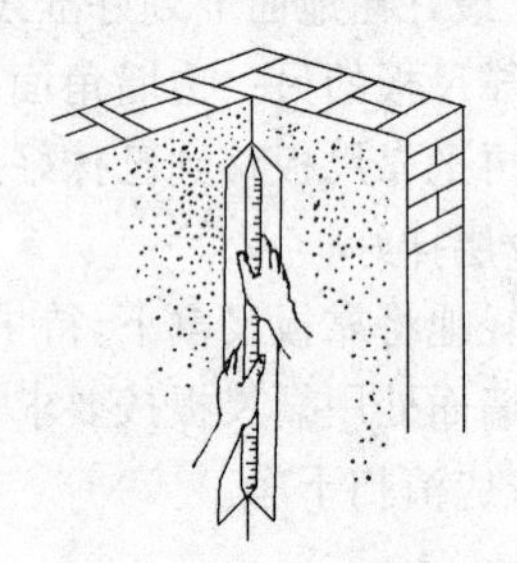

图3-3　阴角的扯平找直

9. 面层抹灰

室内常用的面层材料有麻刀石灰、纸筋石灰、石膏灰等。应分层涂抹，每遍厚度为1～2mm，经赶平压实后，面层总厚度对于麻刀石灰不得大于3mm；对于纸筋石灰、石膏灰不得大于2mm。罩面时应待底子灰五六成干后进行。如底子灰过干，应先浇水湿润。分纵、横两遍涂抹，最后用钢抹子压光，不得留抹纹。

关键细节5　纸筋石灰或麻刀石灰面层抹灰

纸筋石灰面层，一般应在中层砂浆六七成干后进行（手按不软，但有指印）。如底层砂浆过于干燥，应先洒水湿润，再抹面层。抹灰操作一般使用钢抹子或塑料抹子，两遍成活，厚度2～3mm。一般由阴角或阳角开始，自左向右进行，两人配合操作。一人先竖向（或横向）薄薄抹一层，要使纸筋石灰与中层紧密结合，另一人横向（或竖向）抹第二层（两人抹灰的方向应垂直），抹平，并要压光溜平。压平后，如用排笔或茅柴帚蘸水横刷一遍，使表面色泽一致，用钢皮抹子再压实、揉平，抹光一次，则面层更为细腻光滑。阴阳角分别用阴阳角抹子捋光，随手用毛刷子蘸水将门窗边口阳角、墙裙和踢脚板上口刷净。纸筋石灰罩面的另一种做法是：两遍抹后，稍干就用压子式塑料抹子顺抹子纹压光。经过一段时间，再进行检查，起泡处重新压平。麻刀石灰面层抹灰的操作方法与纸筋石灰抹面层的操作方法相同。但麻刀与纸筋纤维的粗细有很大区别，纸筋容易捣烂，能形成纸浆状，故制成的纸筋石灰比较细腻，用它做罩面灰厚度可达到不超过2mm的要求。而麻刀的纤维比较粗，且不易捣烂，用它制成的麻刀石灰抹面，厚度按要求不得大于3mm比较困难，如果过厚，则面层易产生收缩裂缝，影响工程质量，为此应采取上述两人操作的方法。

关键细节6　石灰砂浆面层抹灰

石灰砂浆面层，应在中层砂浆五六成干时进行。如中层较干时，需洒水湿润后再进行。操作时，先用钢抹子抹灰，再用刮尺由下向上刮平，然后用木抹子搓平，最后用钢抹子压光成活。

关键细节7　石膏罩面抹灰

石膏罩面是高级抹灰的一种，其施工准备与石灰砂浆相同。打底一般用1∶2.5石灰砂浆，也有用3∶9混合砂浆，罩面用6∶4石膏石灰浆或石膏掺水胶。抹石膏罩面的工具与石灰膏罩面相同，不宜用铁抹子。操作时，首先对已抹好底子的表面用木抹子带水搓细，待底子灰约6～7成干方能罩面。罩面时以四人为一小组，第一人搅拌灰膏，第二人往墙面抹灰膏，第三人紧跟找平，第四人跟着压光。抹灰膏时要随拌随用，每次拌制量约五个灰板左右，调制动作要快，灰膏稠度要控制在8cm左右。拌制与抹灰、找平及压光要连续进行不能脱节，一般纯石膏控制在3～5min用完，6∶4石膏灰浆控制在7～10min用完，20～30min内压光交活。操作时先浇水，将底子灰湿润，然后开始抹灰膏。抹时一般从左墙角开始，由上往下顺抹。找平压光时抹子要顺直，先压两遍，最后稍洒水压光压亮。厚度约2mm。如果墙太高，应上下同时操作，以免出现接茬。如果发现有接茬，可等墙面凝固后用刨子刨平。

关键细节8　水砂罩面抹灰

水砂罩面表面光滑耐潮，其特点是凉爽、干燥。如果墙涂上油漆，不易起皮脱落，经济适用。水砂罩面也是高级装修工程之一。水砂(俗称青珠砂)，其堆积密度为1050kg/m^3，平均粒径为0.15mm，使用前需淘洗过筛(窗纱筛)，含泥量小于2%。水砂罩面的砂浆材料，是水砂和纯块石灰的热浆拌制而成的。一般每立方米水砂用3000kg纯块石灰，块灰随化随淋浆(热浆用窗纱筛淋浆)，使用热浆拌制砂浆的目的，在于使水砂内的盐分尽快蒸发，以防止水砂面层发白。热浆灰与水砂的重量比为1∶0.75，稠度为12～13cm。砂浆需一次配成，以免颜色不一致；拌合后的砂浆要加以保护，待3～7d后使用，使灰浆充分熟化。水砂罩面的打底要求均同石膏罩面。如果用大泥打底，罩面前须抹一层混合灰粘结层，配合比为水泥∶灰膏＝1∶7～1∶8。罩面须将门窗玻璃装好，防止面层水分蒸发过快产生龟裂；墙面要洒水湿润后再进行罩面。罩面厚度为2～3mm。做法是：一般以两个人为一组，一个人用木抹子(木抹子中间稍有鼓起，便于使用)竖向薄薄抹上一遍，紧接着仍用木抹子横向抹平第二遍。另一人紧跟在后(视干湿程度,酌情洒水),用钢皮抹子竖向压光,这样连压数遍。待面层七成干时一边稍洒水(即走水),一边用钢皮抹子竖向压光滑,然后用阴阳角抹子,随手捋光。如果墙面较高,则上下同时操作,防止接茬。

关键细节9　膨胀珍珠岩抹灰

膨胀珍珠岩抹灰灰浆,是以膨胀珍珠岩为骨料,水泥或石灰膏为胶凝材料,按一定比例混合搅拌而成。它具有表观密度轻、热导率低、保温效果好等特点,一般作为保温砂浆用于保温、隔热要求较高的内墙抹灰。随着加气混凝土条板、大模板现浇混凝土墙体的广泛应用,近几年来开始把膨胀珍珠岩灰浆作为内墙罩面材料,取得了较好的效果。做法有两种,一是石灰膏∶膨胀珍珠岩∶纸筋∶聚醋酸乙烯乳液=100∶10∶10∶0.3(松散体积比);二是水泥∶石灰膏∶膨胀珍珠岩=100∶(10～20)∶(3～5)(重量比)。用于大规模现浇混凝土墙体时,如表面有油渍,应先用5%～10%火碱水溶液清洗两三遍,再用清水冲洗干净。一般基层涂刷1∶(5～10)的108胶或聚醋酸乙烯乳液水后抹罩面灰浆。操作方法基本上同石灰膏罩面,要随抹随压,至表面平整光滑为止。厚度越薄越好,通常2mm左右。由于大规模现浇混凝土内墙面平整度较差,直接刮腻子喷浆做法中刮腻子遍数太多,工效低,而且表面平整质量还不好。直接抹石灰膏纸筋灰罩面则易空鼓龟裂。上述膨胀珍珠岩灰浆抹一遍的做法提供了另外一种罩面处理方法。与纸筋灰罩面相比,表观密度轻、黏附力好、不易龟裂、操作简便,造价可降低50%以上,提高工效一倍左右。

关键细节10　刮大白腻子

内墙面面层近年有不少地方不抹罩面灰,采用刮大白腻子。其特点是操作简单,节约技工。面层刮大白腻子,一般应在中层砂浆干透,表面坚硬呈灰白色,且没有水迹及潮湿痕迹,用铲刀刻画显白印时进行。

(1)材料:大白粉(或滑石粉),细度要求过200目筛,白度大于80%,NS—1胶液。将NS—1胶液和大白粉(或大白粉和滑石粉各50%)按1∶(1.6～1.8)的比例在卧式灰膏搅拌机中搅拌成无颗粒的膏状体后即可使用。稠度可根据操作情况调整。

(2)工具:卧式灰膏搅拌机,平口搅拌机具,橡胶刮板、塑料刮板、提桶、铲刀、细砂纸、抹布等。

(3)操作方法:首先清理基体,不平处用罩膏刮平,干后用砂纸打平。干燥墙面应先喷水稍加润湿。刮白顺序要按先上后下,先棚面后墙面,先作角后作面的原则进行。刮白时第一道先用橡胶刮板将灰膏向墙面涂抹,随即用橡胶刮板刮,要涂一板,刮一板,刮抹时要有规律,一板排一板,两板间再顺刮一板,既要刮严又不得有明显接茬和凸痕,并注意不要使用回板(逆向刮第二板)。刮时手法要灵活,用力要均匀。当第一道灰干后,用细砂纸将凸痕处打平,并用抹布擦净,即可刮第二道,操作方法基本同第一道。当第二道灰刚收水,立即用塑料刮板干刮压光。刮时刮板应稍向前进方向倾斜,用力均匀,方向一致。

三、内墙抹灰注意事项

(1)基层表面灰尘、污垢必须清理干净,墙面浇水要均匀透润,否则将影响抹灰层与基层的粘结。

(2)一次抹灰不宜过厚,以10～20mm为宜。

(3)隔夜抹灰时间间隔不宜太近。

(4)压光时应自上而下、自右而左圆圈形抹压。

(5)板条墙面抹灰,底层用抹子沿垂直于板条的方向搓压,将灰浆挤入板条缝中,抹灰厚度要小一些,否则容易坍落。

(6)内墙阳角抹灰,先将靠尺贴在墙角的一面上,然后用线坠找直,在墙角的另一面顺靠尺抹灰,接着取下靠尺,再贴在抹完灰浆的那侧,将另一侧抹好。最后用阳角抹子抹成圆角,若抹灰要求高,还要用方尺找方。

关键细节11 内墙抹灰常见质量问题及预防措施

内墙抹灰常见质量问题及预防措施,见表3-1。

表3-1 内墙抹灰常见问题及预防措施

常见问题	产生的原因	预防措施
出现空鼓、裂纹	(1)基体处理不净,处理方法不对或基体浇水不透; (2)砂浆质量不好,砂浆失水过快,浇水养护时间不够; (3)一次抹灰层超厚; (4)门窗框周围塞灰不严,抹灰后过早碰撞门窗口	(1)按前述施工要点,认真处理基体、认真浇水湿润墙面; (2)砂浆必须使用合格材料,砂浆稠度、保水性及粘结力等指标应符合规定要求; (3)分次抹灰厚度不能超过规定厚度,凡大于8mm的分层厚度,均应分两次涂抹; (4)门窗框应采取可靠的措施固定,边沿缝隙要用小溜子将砂浆塞严加强成品保护,施工中不要碰撞门框
起泡、有抹纹	(1)抹完罩面灰后,压光跟得太紧(灰浆没有收水),压光后就产生气泡; (2)底灰太干,罩面前没浇水湿润,抹罩面后,容易出现抹纹; (3)石灰膏熟化时间不够,未完全熟化的颗粒上墙后继续熟化而炸裂爆灰,出现开花和麻点	(1)纸筋石灰或麻刀石灰罩面,须待底灰五六成干后进行,如果底灰太干,须浇水湿润; (2)水泥砂浆罩面时,待抹完底灰后,第二天罩面,先薄薄抹一层,紧跟抹第二遍,刮平、搓平后,再压光,底灰较干时,应洒水后再压; (3)纸筋石灰和麻刀石灰用石灰膏,要充分保证其熟化时间,且一定要用筛子过滤后再用
灰面不平整	抹灰前没按要求找规矩或操作方法不对	(1)按前述施工要求认真测量,做标志块及标筋(阴、阳角两侧要做标筋); (2)分层涂抹砂浆时,中层必须找平; (3)操作中随时用方尺及托线板检查阴阳角,发现问题及时返工; (4)抹阴角的砂浆稠度要小,要用阴角抹子或阴角器上下抽平,尽量多压几遍

第三节　外墙面抹灰

建筑外墙抹灰的主要目的是保护墙体结构，防止墙体结构直接受到风雨的侵袭和日晒及有害气体的腐蚀和微生物的侵蚀，并且使建筑物的色彩、质感和线型等外观效果与周围环境取得和谐与统一，有益于美化环境，同时提高建筑物的使用价值。

一、施工准备工作

1. 材料

(1)水泥。普通硅酸盐水泥、矿渣硅酸盐水泥，其强度等级不小于42.5，要求对水泥的凝结时间和安定性进行复验并符合设计要求。

(2)砂。中砂，含泥量不大于3%。底层需经5mm筛，面层需经3mm筛。

(3)石灰膏。熟化时间一般不少于5d，用于罩面不应少于30d，使用时不得含有未熟化颗粒和其他杂物。

(4)砂浆。砖砌外墙常用水泥混合砂浆打底和罩面。混凝土外墙底层1∶3的水泥砂浆，面层采用1∶2.5水泥砂浆等。

2. 工具和机具

常用的工具有砂浆搅拌机、手推车、2m靠尺、水桶、平锹、铁抹子、木抹子、钢丝刷等。

二、外墙抹灰施工技术

外墙抹灰的施工过程按基层处理→找规矩、做灰饼→标筋、抹底→粘分隔条→抹外墙面层灰→起分格条、养护的步骤来施工。

1. 基层处理

(1)清楚基层表面的灰尘、污垢、油渍、粘结的残灰，并洒水湿润。

(2)光滑平整的混凝土表面，应对墙面进行凿毛。

(3)用1∶3的水泥砂浆将墙面较大凹凸处补平。

(4)将门窗与墙面的衔接处及墙面的洞槽处分层填实。

2. 做灰饼

外墙抹灰的做饼和内墙的要求有所不同，先在各大脚、门窗口角、垛都上、下挂垂直，水平拉通线，保证棱角垂直，洞口平直。做灰饼纵横间距不大于1.5～2.0m。尽量做到同一平面不接槎，必须接槎时，可设在阴阳角处。

3. 标筋、抹底

灰饼稍干后洒水湿润墙面，在同一条竖线的两个灰饼之间分两遍抹出一条宽度约100mm突出灰饼10mm左右的灰埂，然后用木板紧贴灰饼左上右下地搓，直到将标筋搓的与灰饼一样平。

在抹底子灰过程中遇有门窗口时，可以随抹墙面一同打底子灰。也可以把离口角一周 50mm 及侧面留出来，后来派专人抹灰，这样施工比较快。如有阳角大角，要在另一面反贴八字尺，尺棱出墙与灰饼一平，靠尺粘贴后要挂垂直线，吊直后依尺抹平、刮平、搓实。做完一面后反尺正贴在抹好的一面，以相同方法做另一面。底、中层灰抹完后，表面要扫毛。为了增加饰面美观，防止面积过大不便施工操作和避免面层砂浆产生收缩裂缝，一般均需设分格线，粘贴分格条。

4. 粘贴分隔条

常用的分隔条为木质分隔条，木质分格应提前一天在水池中泡透，以防止分格条使用时变形。另外，利用水分蒸发和木条的干缩原理有利于抹灰完毕起出分格条。分格条粘贴前，应按设计要求的尺寸排列分格和弹墨线，弹墨线应按先竖向、后横向顺序进行。

粘贴分格条时，分格条的背面用抹子抹素水泥浆后即可粘贴于墙面，粘贴时必须注意垂直方向的分格条。要粘在垂直线的左侧，水平方向的分格条要粘在水平线的下口，这样便于观察和操作。

粘完分格后要用直尺校正其平整度，并将分格条的两侧用水泥浆抹成八字斜角。水平分格条要先抹下口，如果当天抹面层灰，分格条两侧八字斜角抹成 45°。如当天不抹罩面灰的“隔夜条”，两侧则抹成 60°。

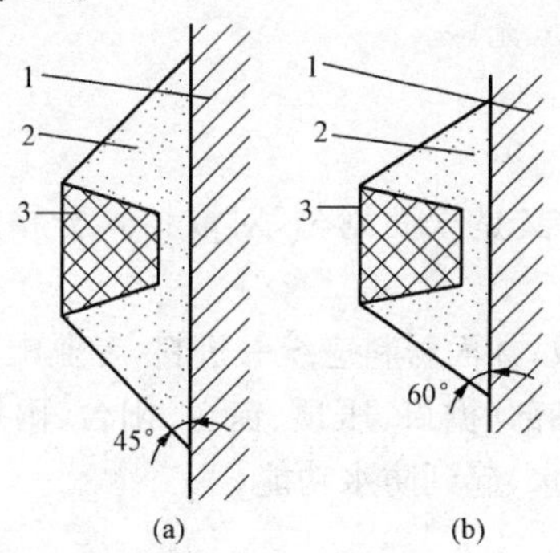

图 3-4　粘分格条示意图

1—基体；2—水泥；3—分格条

5. 抹面层灰

抹面层灰时，底、中层抹灰，应平整毛糙，以便与面层抹灰粘接牢靠。罩面灰应在分格条贴好后进行。

首先用力薄抹一遍；然后紧接着抹第二遍，第二遍要求比分格条略高，并用木杠刮平，木抹子搓压密实平整；最后用钢抹子揉实压光。

6. 起分隔条、养护

起分隔条时，一般由条子的端头开始，轻轻敲动，条子便可以自动弹出，如起条有困难时，可在条子端头钉一小钉，然后再轻轻地将其向外拉出，隔夜条应在罩面层达到强度之后再取出，待分隔条取出后，用水泥砂浆勾缝，分隔条的缝宽和深浅均匀一致。

水泥砂浆罩面层压光 24h 后要浇水养护，面层养护时间应不少于 72h。

关键细节12 混合水泥砂浆外墙面层抹灰

混合水泥砂浆面层适用于砖砌外墙和加气混凝土板。

用刮尺将中层抹灰刮平，待砂浆收水后，用木抹子打磨。使用木抹子应将板面与墙面平贴，转动手腕，由上而下，自右向左，以圆圈形打磨，用力要均匀，使表面平整、密实。然后再顺向打磨，上下抽拉，轻重一致，使抹纹顺直，色泽均匀。

当分格条贴好后，就可以抹面层砂浆，配合比为1∶1∶5的混合砂浆均匀涂抹两边，在砂浆抹灰与分格条平齐后，将面层刮平后，进行搓毛和压光。

关键细节13 水泥砂浆外墙面层抹灰

外墙抹水泥砂浆所用的配合比一般为1∶3，抹底层时应用力将砂浆压入基层表面的各缝隙内，并用抹子刮平压实，然后用扫帚在底层上扫毛，待水泥浆进入终凝后要浇水养护。

底层浆抹完的24h后，粘贴分隔条，分隔条粘贴完成后，先用1∶2.5的水泥砂浆薄刮一层，再进行第二遍的抹灰，抹时要抹至与分格条平。根据分格条的厚度用木板刮干，再以木抹子搓平用钢抹子压实压光。

三、外墙抹灰注意事项

(1)分格条既是施工缝，又是立面划分，对取掉木分格条的缝用防水砂浆认真勾嵌密实。

(2)为保证抹灰颜色一致，抹面材料应统一进料，专业配料。

(3)对挑出墙面的各种细部(檐口、压顶、窗台、阳台、雨篷、腰线等)上平面做泛水、下底面做滴水槽，以便泄水、挡水，起到防水功能。

关键细节14 加气混凝土墙体抹灰注意事项

(1)在基层表面处理完毕后，应立即进行抹底灰。

(2)底灰材料应选用与加气混凝土材性相适应的抹灰材料，如强度、弹性模量和收缩值等应与加气混凝土材性接近。一般是用1∶3∶9水泥混合砂浆薄抹一层，接着用1∶3石灰砂浆抹第二遍。底层厚度为3～5mm，中层厚度为8～10mm，按照标筋，用大杠刮平，用木抹子搓平。

(3)每层每次抹灰厚度应小于10mm，如找平有困难需增加厚度，则应分层、分次逐步加厚，每次间隔时间，应待第一次抹灰层终凝后进行，切忌连续流水作业。

(4)大面抹灰前的“冲筋”砂浆，埋设管线、暗线外的修补找平砂浆，应与大面抹灰材料一致，切忌采用高等级的砂浆。

(5)外墙抹灰应进行养护。

(6)外墙抹灰，在寒冷地区不宜冬期施工。

(7)底灰与基层表面应粘结良好，不得空鼓、开裂。

(8)对各种砂浆与墙面粘结力的要求是：

1∶3 砂子灰(石灰砂浆)≥0.8kg/cm²;

1∶1∶6 水泥石灰砂浆≥2.0kg/cm²;

1∶3∶9 水泥石灰砂浆≥1.5kg/cm²。

(9)在加气混凝土表面上抹灰,防止空鼓开裂的措施目前有三种,一是在基层上涂刷一层“界面处理剂”,封闭基层;二是在砂浆中掺入胶粘材料,以改善砂浆的粘结性能;三是涂刷“防裂剂”。将基层表面清理干净,提前用水湿润,即可抹底灰,待底层灰修整、压光并收水时,底灰表面及时刷或喷一道专用的防裂剂,接着抹中层灰,同样方法,在中层表面刷(喷)一道专用防裂剂再抹面层灰。如果在其面层上再罩一道防裂剂,见湿而不流,则效果更佳。

第四节 室内外细部抹灰

室内外细部部位主要是指踢脚板、墙裙、勒脚、窗台、窗楣、突出腰线、压顶、檐口、雨篷、门窗套、门窗碹脸、梁、柱、阳台、楼梯、台阶、坡道、散水等。室内外细部一般抹灰主要使用水泥砂浆、水泥混合砂浆和石灰膏。

一、阳台抹灰

阳台抹灰是室外装饰的重要部分,要求各个阳台上下成垂直线,左右成水平线,进出一致,各个细部划一,颜色一致。

(1)基层处理。抹灰前要注意清理基层,把混凝土基层清扫干净并用水冲洗,用钢丝刷子将基层刷到露出混凝土新槎。

(2)找规矩、做灰饼。基层处理后应找阳台规矩。根据找好的规矩,确定各部位大致抹灰厚度,再逐层逐个找好规矩,做灰饼抹灰。最上层两头最外边两个抹好后,以下都以这两个挂线为准做灰饼。

(3)抹灰。抹灰还应注意排水坡度方向,要顺向阳台两侧的排水孔,不要抹成倒流水。阳台底面抹灰与顶棚抹灰相同。清理基体(层)、湿润、刷素水泥浆、分层抹底层、中层水泥砂浆,面层有抹纸筋灰的,也有刷白灰水的。阳台上面用1∶3水泥砂浆做面层抹灰。阳台挑梁和阳台梁,也要按规矩抹灰,高低进出要整齐一致,棱角清晰。

关键细节 15 *阳台抹灰找规矩的方法*

阳台抹灰找规矩的方法是由最上层阳台突出阳角及靠墙阴角往下挂垂线,找出上下各层阳台进出误差及左右垂直误差,以大多数阳台进出及左右边线为依据,误差小的,可以上下左右顺一下,误差太大的,要进行必要的结构处理。对于各相邻阳台要拉水平通线,对于进出及高低差太大的也要进行处理。

二、柱子抹灰

柱按材料一般可分砖柱、钢筋混凝土柱;按其形状又可分方柱、圆柱、多角形柱等。室内柱一般用石灰砂浆或水泥砂浆抹底层、中层；麻刀石灰或纸筋石灰抹面层；室外柱一般常用水泥砂浆抹灰。

1. 方柱抹灰

(1)基层处理。首先将砖柱、钢筋混凝土柱表面清扫干净、浇水湿润。

(2)找规矩。在抹混凝土柱可刷素水泥浆一遍，然后找规矩。如果方柱为独立柱，应按设计图纸所标志的柱轴线，测量柱子的几何尺寸和位置，在楼地面上弹上垂直两个方向的中心线，并放上抹灰后的柱子边线(注意阳角都要规方)，然后在柱顶卡固上短靠尺，拴上线锤往下垂吊，并调整线锤对准地面上的四角边线，检查柱子各方面的垂直和平整度。如果不超差，在柱四角距地坪和顶棚各15cm左右处做灰饼，如图3-5所示。如果柱面超差，应进行处理，再找规矩做灰饼。

(3)做灰饼。当有两根或两根以上的柱子，应先根据柱子的间距找出各柱中心线，用墨斗在柱子的四个立面弹上中心线，然后在一排柱子两侧(即最外的两个)柱子的正面上外边角(距顶棚15cm左右)做灰饼，再以此灰饼为准，垂直挂线做下外边角的灰饼；再上下拉水平通线做所有柱子正面上下两边灰饼，每个柱子正面上下左右共做四个。根据正面的灰饼用套板套在两端柱子的反面，再做两上边的灰饼，如图3-6(a)所示。

根据这个灰饼，上下拉水平通线，做各柱反面灰饼。正面、反面灰饼做完后，用套板中心对准柱子正面或反面中心线，做柱两侧的灰饼，如图3-6(b)所示。

(4)抹灰。柱子四面灰饼做好后，应先往侧面卡固八字靠尺，抹正反面，再把八字靠尺卡固正、反面，抹两侧面，底中层抹灰要用短木刮平，木抹子搓平，第二天抹面层压光。

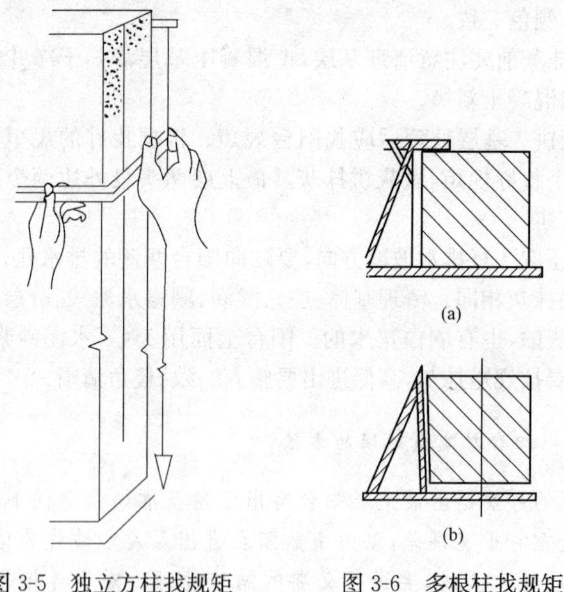

图3-5 独立方柱找规矩　　图3-6 多根柱找规矩

2. 圆柱抹灰

(1)基层处理。同混凝土方柱基层处理。

(2)找规矩。独立圆柱找规矩，一般也应先找出纵横两个方向的中心线，并弹上两个方向的四根中心线，按四面中心点，在地面分别弹出四个点的切线，就形成了圆柱的外切四边形。然后用缺口木板方法，由上四面中心线往下吊线锤，检查柱子的垂直度，如不超差，先在地面再弹上圆柱抹灰后外切四边形，就按这个制作圆柱的抹灰套板，如图 3-7 所示。

(3)做灰饼、冲筋。可根据地面上放好的线，在柱四面中心线处，先在下面做四个灰饼，然后用缺口板挂线锤做柱上部四个灰饼。上下灰饼挂线，中间每隔 1.2m 左右做几个灰饼。然后先按灰饼标志厚度，在水平方向抹一圈灰带，按上套板，紧贴灰饼转动，做出圆冲筋，如图 3-8 所示。

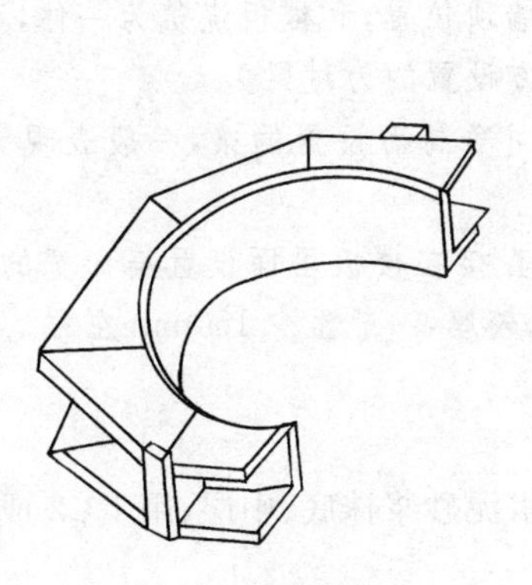

图 3-7　圆柱套板

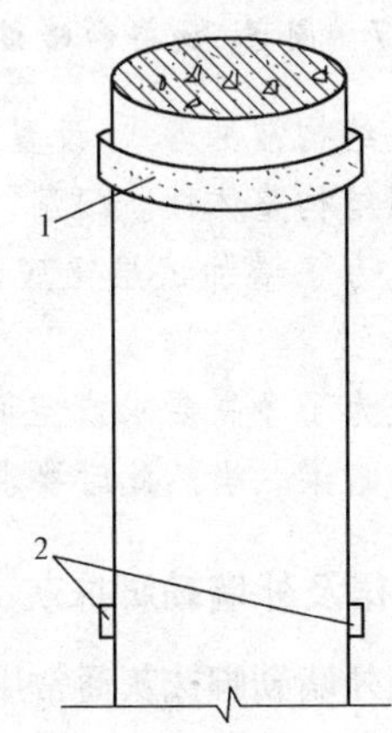

图 3-8　独立圆柱抹灰示意
1—冲筋；2—灰饼

(4)抹灰。根据冲筋标志，按要求抹底层与中层砂浆，用木杠竖直紧贴上下圆冲筋，横向刮动，刮平圆柱抹灰面，等砂浆收水后，用木抹子打磨，视面层抹灰要求处理底灰表面，如面层是水泥砂浆抹灰或装饰抹灰，则要求刮毛底灰层表面，隔夜后再抹面。罩面时先用罩面套板做出冲筋，然后表面抹灰，刮平，打磨，最后压光表面。打磨和压光作业时，应使木抹子和钢皮抹子沿抹灰面呈螺旋形横向打磨和压光。

关键细节 16　混凝土柱基层面凹凸部位的修补处理

(1)观察混凝土柱基层面，找混凝土柱面出凸凹处。

(2)用錾子将凸出柱面上的混凝土凿剔平整。

(3)用钢丝刷把剔凿好的混凝土基层通刷一遍。

(4)混凝土柱面的低凹处，采用 1∶3 的水泥砂浆用铁抹子找平。

三、梁抹灰

(1)清理基层。梁抹灰室内一般多用水泥混合砂浆抹底层、中层，再用纸筋石灰或麻刀石灰罩面、压光；室外梁常用水泥砂浆或混合砂浆。抹灰前应认真清理梁的两侧及底面，清除模板的隔离剂，用水湿润后刷水泥素浆或洒 1∶1 水泥砂浆一道。

(2)找规矩。顺梁的方向弹出梁的中心线，根据弹好的线，控制梁两侧面抹灰的厚度。

梁底面两侧也应当挂水平线，水平线由梁往下 1cm 左右，扯直后看梁底水平高低情况，阳角方正，决定梁底抹灰厚度。

(3)做灰饼。可在梁的两端侧面下口做灰饼，以梁底抹灰厚度为依据，从梁一端侧面的下口往另一端拉一根水平线，使梁两端的两侧面灰饼保持在一个立面上。

(4)抹灰。抹灰时，可采用反贴八字靠尺板的方法，先将靠尺卡固在梁底面边口，先抹梁的两个侧面，抹完后再在梁两侧面下口卡固八字靠尺，再抹底面。抹完后，立即用阳角抹子把阳角捋光。

关键细节 17 圈梁、反梁和暗梁的区别

(1)圈梁为砖混结构常见形式，设置在每层墙顶位置，和楼板浇筑为一体，和构造柱一起起拉结作用，增强结构整体性。门洞、窗洞上方设置的为过梁。

(2)反梁通常是为了增加该层梁底到楼板间净高而设置的梁，一般表现为突出板顶 100mm 以上不等。

(3)暗梁通常是为了净高要求或空间美观，直接在楼板里面设置扁而宽的梁，上下均和楼板平，所以称为暗梁。当然此时要求楼板比较厚，一般至少 150mm 左右。

四、踢脚板、墙裙及外墙勒脚抹灰

踢脚板、墙裙及外墙勒脚抹灰通常用 1：3 水泥砂浆抹底、中层，用 1：2 或 1：2.5 水泥砂浆抹面层。

(1)清理基层。将墙面刮刷干净，充分浇水湿润。

(2)找规矩。抹灰时根据墙的水平基线找出踢脚板、墙裙或勒脚高度尺寸水平线，并根据墙面抹灰大致厚度，决定勒脚板、墙裙的厚度。凡阳角处，用方尺规方，最好在阳角处弹上直角线。

(3)抹灰。规矩找好后，将墙面刮刷干净，充分浇水湿润，按已弹好的水平线，将八字靠尺粘嵌在上口，靠尺板表面正好是勒脚的抹灰面。抹完底层、中层灰后，先用木抹子搓平，扫毛、浇水养护。待底层、中层水泥砂浆凝结后，再进行面层抹灰，采用 1：2 水泥砂浆抹面，先薄薄刮一层，再抹第二遍时与八字靠尺抹平。拿掉八字靠尺板；用小阳角抹蘸上水泥浆捋光上口，随后用抹子整个压光交活。另一种方法是在抹底、中层砂浆时，先不嵌靠尺板，而在抹完罩面灰后用粉线包弹出踢脚板、墙裙或勒脚的高度尺寸线，把靠尺板靠在线上口用抹子切齐，再用小阳角抹子捋光上口然后再压光。

五、窗套及外窗台抹灰

1. 窗套抹灰

窗套抹灰是指沿窗洞的侧边和窗楣(如无挑出窗台要包括窗台)，用水泥砂浆抹出凸出墙面的围边，如图 3-9 所示。

窗套抹灰要在墙面抹灰完工后进行，如外墙为水泥混合砂浆，抹面时要将该部位留出，并用 1：3 水泥砂浆打底。在沿窗洞靠尺，压光外立面，用捋角器捋出侧边立角的圆角，切齐外口并压密实。侧边要求兜方窗框子并垂直于窗框，围边大小一致，棱角方正，边

口顺直。

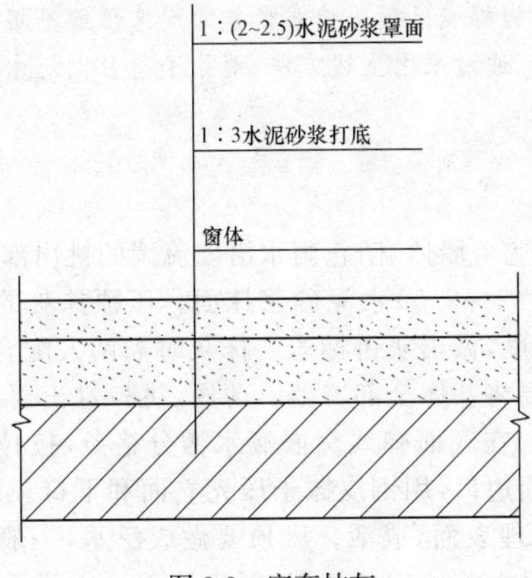

图 3-9　窗套抹灰

2. 外窗台抹灰

外窗台抹灰用1∶3水泥砂浆打底，1∶(2～2.5)水泥砂浆罩面。首先检查窗台与窗框下冒头的距离是否满足40～50mm的间距要求。拉出水平和竖直通线，使水平相邻窗台的高度及同一轴线上下窗肩架尺寸统一起来。清理基体洒水润湿，用水泥砂浆嵌入窗下冒头10～15mm左右深，间隙填嵌密实。按已找出的窗台水平高度与肩架长短标志，上靠尺抹底灰，使窗台棱角基本成形，窗台面呈向外泛水。隔夜后，先用水泥浆窝嵌底面滴水槽的分格条，分格条10mm×10mm，窝嵌距离为离抹灰面20mm处。随即将窗台两端头面抹上水泥砂浆，压上靠尺抹正立面砂浆，刮平后翻转靠尺，抹底面砂浆，抹平分格条，刮平后初步压光。再翻靠尺抹平面砂浆，做到窗台向外20mm的泛水坡。抹灰层收水凝结，压上靠尺用木抹子磨面并压光。作业顺序为先立面，再底面，后平面。用捋角器捋出窗台上口圆角，切齐两端面。使窗台肩架垂直方正、立角整齐、大小一致。最后取出底面分格条，用钢皮抹子整理抹面，成活。

关键细节18　窗台渗漏的原因与防治措施

(1)窗台渗漏的原因。

1)窗台顶面外侧部分坡度不够，出现倒泛水。

2)窗台抹灰不平，没有向外的坡度。

3)窗框与抹灰面接触处，填塞不实、封闭不严或密封胶开裂。

(2)防治措施。

1)在贴外墙面砖时，按照窗台的控制标高留置窗台面，并将窗台顶面面砖按30°～40°的坡度粘贴。

2)窗洞口抹灰时，在窗框处，沿窗台顶面面砖里边沿，用水泥砂浆做一高20～30mm的台阶，并且窗框下面的抹灰向外略微倾斜(框是弹性安装，四周要留5～8mm的空隙，抹灰面略微放坡，不影响窗框安装）。

3）在窗框安装好后，岩棉或巴提玛枪式聚氨酯泡沫填缝剂填塞密实，在窗框两侧缝隙用硅酮密封胶密封即可。通过采用上述方法，消除了窗台倒泛水现象，解决了窗台渗漏的问题，效果良好。

六、压顶抹灰

压顶是指墙顶端起遮盖墙体、防止雨水沿墙流淌的挑出部分。压顶抹灰一般采用1∶3水泥砂浆打底，1∶（2～2.5）水泥砂浆抹面。压顶抹灰的操作方法：拉通线找出顶立面和顶面的抹灰厚度，做出灰饼标志。抹灰时需两人配合，里外相对操作。洒水后上靠尺抹底灰，底灰要将基体全部覆盖。薄厚、挑口进出要基本一致。待砂浆收水后划麻，隔夜后抹面层。在底面弹线窝嵌滴水槽分格条，按拉线面。稍待片刻，表面收水后，用靠尺紧托底面边口，用钢皮抹子压光立面和下口。用捋角器将上口捋成圆角，撬出底面分格条，整理表面，成活。压顶要做成泛水，一般女儿墙压顶泛水朝里，以免压顶积灰，遇雨水沿女儿墙向外流淌，污染墙面。压顶泛水坡度宜在10%以上，坡向里面，如图3-10所示。

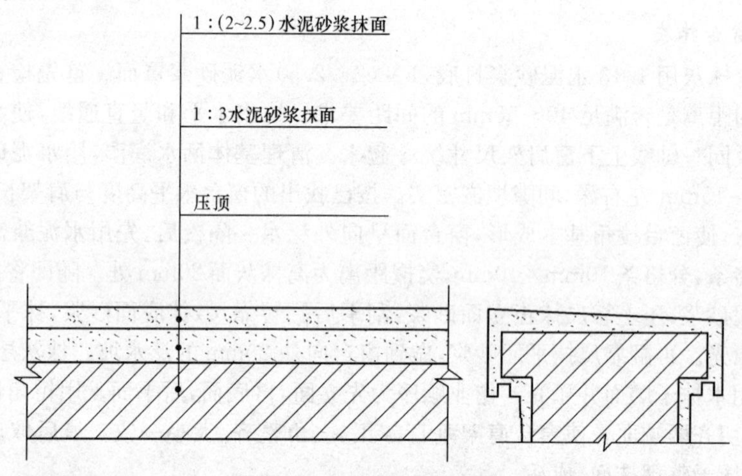

图3-10　压顶泛水示意

七、腰线抹灰

腰线是墙面水平方向，凸出抹灰层的装饰线，可分平墙腰线与出墙腰线两种。平墙腰线是在外墙抹灰完成后，在设计部位用水泥砂浆分层抹成凸出墙7～8mm的水泥砂浆带，刮平、切齐边口即可。

出墙腰线（图3-11）是结构上挑出墙面的腰线，抹灰方法与压顶抹灰相同。如腰线带窗过梁，窗天盘抹灰与腰线抹灰一起完成，并做滴水槽。腰线抹灰要注意使腰线宽厚一致，挑出墙距一致，棱角方正、顺直，顶面有足够的朝外泛水坡度，底面要做滴水槽或滴水线。

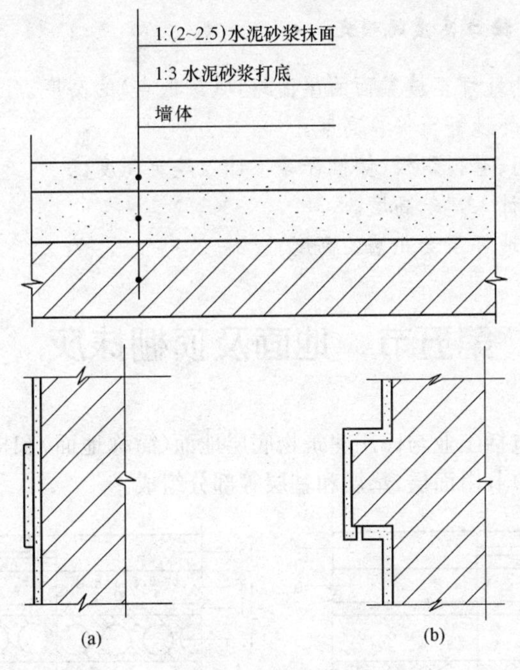

图 3-11 腰线示意图

(a)平墙腰线;(b)出墙腰线

八、檐口抹灰

檐口一般抹灰施工时通过拉通线用眼穿的方法决定其抹灰的厚度。发现檐口结构本身里进外出,应首先进行剔凿、填补、修整的工作,以保证抹灰层的平整顺直,然后对基层进行处理。清扫、冲洗板底粘有的砂、土、污垢、油渍后,则采用钢丝刷子认真清刷,使之露出洁净的基体,加强检查后,视基层的干湿程度浇水湿润。

檐口边沿抹灰与外窗台相似,上面设流水坡,外高里低,将水排入檐沟,檐下(小顶棚的外口处)粘贴米厘条作滴水槽,槽宽、槽深不小于 10mm。抹外口时,施工工艺顺序是:先粘尺作檐口的立面,再去做平面,最后做檐底小顶棚。这个做法的优点是不显接槎。檐底小顶棚操作方法同室内抹顶棚,檐口处贴尺粘米厘条如图 3-12 所示,檐口上部平面粘尺如图 3-13 所示。

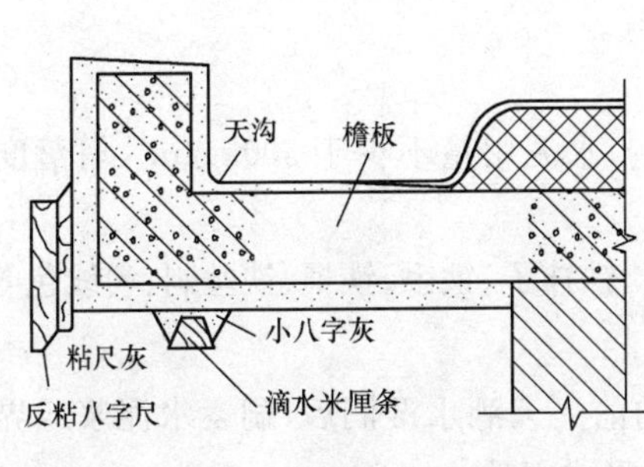

图 3-12 檐口处贴尺粘米厘条

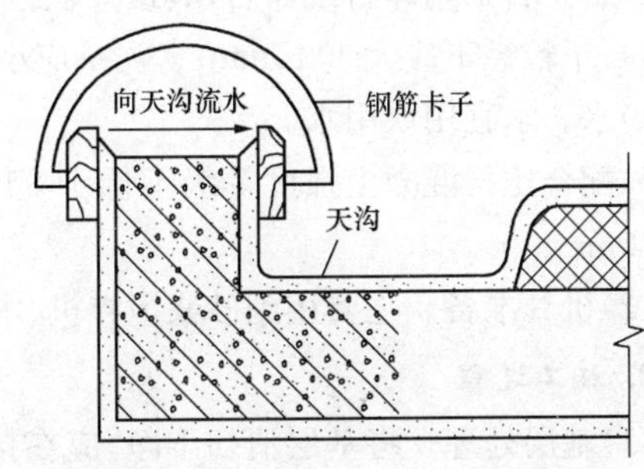

图 3-13 檐口上平面粘贴示意

关键细节 19 檐口高度的确定

檐口高度是指室外地坪至坡屋面的屋面檐口(最低点)的高度。

(1)坡屋面计算室外地坪至檐口高度。

(2)水箱间、电梯间、屋顶飘板、停机坪等不计入建筑高度。

(3)屋顶阳光房不计入建筑高度。

(4)平屋面算室外地坪至女儿墙的高度。

第五节 地面及顶棚抹灰

建筑地面工程是包括工业与民用建筑物底层地面(简称地面)和楼层地面(简称楼面)的总称[图 3-14(a)、(b)],由面层、垫层和基层等部分组成。

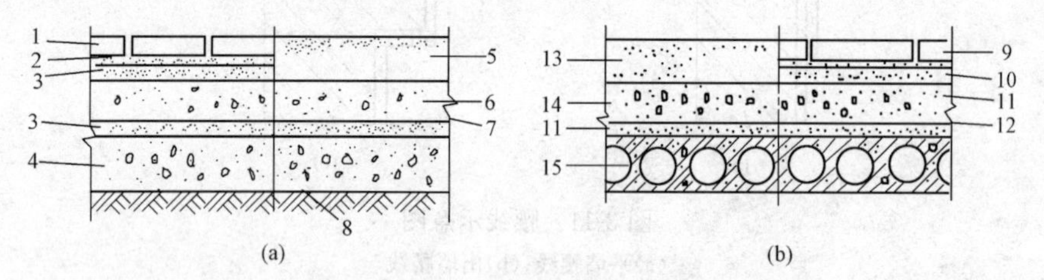

图 3-14 楼地面工程构造示意

1—块料面层;2—结合层;3—找平层;4—垫层;5—整体面层;
6—填充层;7—隔离层;8—基土;9—块料面层;10—结合层;
11—找平层;12—隔离层;13—整体面层;14—填充层;15—楼板

一、水泥砂浆地面抹灰

1. 施工准备

(1)材料准备。

1)水泥。水泥采用硅酸盐水泥、普通硅酸盐水泥,其水泥强度等级不应低于 42.5 级。

2)砂。砂宜采用中砂或粗砂,含泥量不应大于 3%。

3)石。石采用碎石或卵石,其最大粒径不应大于面层厚度的 2/3;当为细石混凝土面层时,石子粒径不应大于 15mm;含泥量应小于 2%。

4)水。水宜用饮用水。

5)配合比。混凝土强度等级不低于 C15、C20,水泥用量不少于 300kg/m^3,坍落度为 10～30mm。

(2)机具准备。主要用到砂浆搅拌机、木抹子、铁抹子、铁锹、铁桶、铁丝刷、粉线包等。

2. 施工过程

(1)基层处理。将基层清扫干净,应在抹灰的前一天洒水湿润后,刷素水泥浆或界面处理剂,随刷随铺设砂浆,避免间隔时间过长风干形成空鼓。

(2)找出标高线。在四周墙上弹上一道以地面±0.00标高及楼层砌墙前的抄平点为依据的水平线，一般可根据情况弹在标高50cm的墙上。弹准线时，要注意按设计要求的水泥砂浆面层厚度弹线。水泥砂浆面层的厚度应符合设计要求，且不应小于20mm。

(3)标筋、做灰饼。根据水平基准线，在四周墙角处每隔1.5～2.0m用1∶2水泥砂浆抹大小一般是8～10cm见方的灰饼。待灰饼结硬后，再以灰饼的高度做出纵横方向通长的标筋以控制面层的厚度。标筋仍用1∶2水泥砂浆，宽度一般为8～10cm。标筋的高度，即为控制水泥砂浆面层抹灰厚度。

(4)铺设水泥砂浆面层。贴灰饼和冲筋后，要立即铺1∶2.5的水泥砂浆，水泥砂浆的稠度应小于35mm。铺水泥砂浆应用木抹子铺实赶平，再用木刮杠按贴饼和冲筋的标高刮平，然后用木抹子刮平。待返水后，略撒1∶1干水泥砂子，吸水后再用铁抹子溜平。若是有分格的地面，应先分格弹线或拉线，用劈缝溜按线开缝，并溜压平直光滑。

第一遍抹压：在搓平后立即用铁抹子轻轻抹压一遍直到出浆为止，面层均匀，与基层结合紧密牢固。

第二遍抹压：当面层砂浆初凝后，用铁抹子把凹坑、砂眼填实抹平，注意不得漏压，以消除表面气泡、孔隙等缺陷。

第三遍抹压：当面层砂浆终凝前，用铁抹子用力抹压。把所有抹纹压平压光，达到面层表面密实光洁。

以上操作要求在水泥砂浆终凝前完成。水泥砂浆地面面层压光要三遍成活。这就要求每遍抹压的时间要掌握得当。由于普通硅酸盐水泥的终凝时间不大于2h，因此，地面层压光过迟或提前都会影响交活的质量。

(5)养护。水泥砂浆面层抹压后，应在常温湿润条件下养护。养护要适时，如浇水过早易起皮，浇水过晚则会使面层强度降低而加剧其干缩和开裂倾向。一般在夏天24h后养护，春秋季节应在48h后养护。养护时间不应少于7d；抗压强度应达到设计要求后，方可正常使用。

冬期施工时，环境温度不应低于5℃。如果在负温下施工时，所掺抗冻剂必须经过试验室试验合格后方可使用。不宜采用氯盐、氨等作为抗冻剂，不得不使用时掺量必须严格按照规范规定的控制量和配合比通知单的要求加入。

关键细节20　水泥砂浆面层常见质量问题及预防措施

水泥砂浆面层常见质量问题及预防措施，见表3-2。

表3-2　水泥砂浆面层常见质量问题及预防措施

常见问题	原　因	措　施
空鼓、裂纹	(1)基层清理不干净； (2)基层浇水不足、过于干燥； (3)结合层涂刷过早，早已风干硬结； (4)基层不平	(1)基层处理经过严格检查方可开始下一道工序； (2)将基层清扫干净后，应在抹灰的前一天洒水湿润； (3)结合层水泥浆强调随涂随铺砂浆； (4)保证垫层平整度和铺抹砂浆的厚度均匀

（续）

常见问题	原　因	措　施
起砂、起粉	(1)水泥砂浆拌合物的水灰比过大； (2)没有掌握好水泥的初凝时间； (3)养护措施不当； (4)原材料不合要求，水泥品种或强度等级不够或受潮失效等还有砂子粒径过细，含泥量超标； (5)冬期施工，没有采取防冻措施，使水泥砂浆早期受冻	(1)严格控制水灰比； (2)掌握水泥的初、终凝时间，把握压光时机； (3)遵守洒水养护的措施和养护时间； (4)严格进场材料检查，并对水泥的凝结时间和安定性进行复验。强调砂子应为中砂，含泥量不大于3%； (5)冬期采取技术措施，一定要使砂浆在正温下达到临界强度

二、预制水磨石地面

1. 施工准备

(1)水泥：为保证掺颜色后水泥的色泽一致，深色的水磨石宜采用不低于42.5级的硅酸盐水泥；普通硅酸盐水泥、矿渣硅酸盐水泥，白色或浅色的面层宜用不低于32.5级的白水泥，且应分厂、按批、按品种分别堆放。水泥必须有出厂证明或试验资料，同一颜色的地面，应使用同一批水泥。

(2)石碴：要求颗粒坚韧、有棱角、洁净，不得含有风化的石粒、杂草、泥块、砂粒等杂质。应分批按不同规格(大、中、小八厘三种)、品种、颜色分别存放在竹席上保管，使用前用水冲洗干净、晾干。

普通水磨石地面宜采用4～12mm的石碴，而大粒径石子彩色水磨石地面宜采用3～7mm、10～15mm、20～40mm三种规格的石子组合。

(3)颜料：选用耐碱、耐光的矿物颜料，掺入量不得大于水泥质量的12%，并以不降低水泥强度等级为宜。不论哪种色粉，进场后都要经过试验试配。同一种彩色地面，应使用同一个厂的颜料，或同一批颜料。且一定要待确认质量可靠后方能使用。

(4)分格镶条：分格条，也叫嵌条，视建筑物等级不同，通常主要选用黄铜条、铝条和玻璃条三种，另外也有不锈钢、硬质聚氯乙烯制品。其用于现浇水磨石、人工磨光石等地面装饰材料的分界线。

(5)草酸：即乙二酸，通常成二水物，为无色透明晶体，有毒。比密度1.653，熔点101～102℃。无水物比密度1.90，熔点189.5℃(分解)，在约157℃时升华，溶于水、乙醇、乙醚。

(6)氧化铝：为白色粉末。比密度3.9～4.0，熔点2050℃，沸点2980℃，不溶于水，与草酸混合，可用于水磨石地面面层抛光。

(7)白蜡和钢丝：地板蜡或石蜡0.5kg，配2.5kg煤油，加热搅拌均匀。钢丝用22号钢丝。

2. 施工过程

(1)基层处理。清理基层杂物、油渍等，对不平整的基层要凿平，并提前一天浇水湿润。

(2)找出标高线、做灰饼。据地面水磨石厚度的施工要求，从水平标志线往下量出地面的标高点。按量好的尺寸弹出地面水磨石标高线。如地面有地漏，要按排水方向找好0.5%～1%的坡度泛水。随后按标志线做灰饼，用干硬性砂浆冲筋，其间距为1～1.5m。根据墙面抹灰厚度，在阴阳角处套方量尺、拉线，确定踢脚板的厚度，再按底子灰的厚度冲筋，其间距为1～1.5m。

(3)抹底灰、按分隔条。

1)铺抹底灰前，在基层面刷一遍1∶0.5的水泥砂浆。地面冲筋后，接着用1∶3干硬性水泥砂浆装档铺抹底灰。先将干硬性砂浆摊平拍实，并刮平和搓平，随后检查底灰表面平整度。如有不符合要求之处，应补灰搓平。

2)待底灰有一定强度后，方可在底灰上按设计要求弹线分格。

3)镶条的安装是在规定的位置配置，高度比磨平施工面高出2～3mm，按设计要求选用镶条，如镶嵌铜、铝条时，应先调直，并每1.0～1.2cm打四个眼，供穿22号钢丝用。镶条时先用靠尺板与分格线对齐，压好尺板，并把镶条紧靠尺板，另一边用素水泥浆在镶条根部抹成小八字形灰埂固定，灰埂高度应比镶条顶面低3mm，起尺后再在镶条另一边抹上水泥浆。镶条纵横交叉处应各留出2～3cm的空隙，以便铺面层水泥石碴浆。铜条、铝条所穿钢丝应用水泥石碴浆埋牢。如用铜条，其根部可只抹30°立坡灰埂。

4)镶条顶面要平直，镶嵌要牢固。镶条的平接部分，接头要严密，其侧面不弯曲。已凝结硬化的灰埂一般应浇水养护3～5d。

5)镶条的设置间隔按设计图设置，现浇水磨石、人造石地面的接触间隔，若超过1m，由于收缩常会产生裂缝，故取90cm左右。

(4)罩面抹灰。

1)地面中水泥与石粒的配合比为1∶2～1∶2.5；踢脚板的水泥与石粒的配合比为1∶1～1∶1.5。一般情况下水泥石粒的稠度为6cm左右，配合比计算应准确，拌合应均匀。

2)装石粒灰时，首先把地面养护水清扫干净，再均匀涂刷一层薄水泥浆。然后将拌好的石粒灰抹到分隔条中，抹石粒灰时，应先抹分格条四边，再抹中间，然后用铁抹子由分格条中间向边角推出，压实抹平。罩面石粒灰要高出分格条1～2mm。

3)石粒灰摊平与抹压后，应用滚筒滚压至基本平整，低洼处则补石粒灰找平，缺石粒处应补齐。第一遍滚压后2h左右，用小滚筒滚压第二遍，将水泥浆全部压出为止，再用铁抹子或木抹子抹平整。

4)踢脚板抹石粒灰面层，先将底子用水湿润，在阴阳角及上口，按水平线用靠尺板找好规矩，贴好靠尺板。先涂刷一层素水泥浆，紧接抹石粒灰，要抹平压实。然后将表面水泥浆用软刷子蘸水轻轻刷去，使石子面上无浮浆。但不能刷得过深，防止石粒脱落。

5)罩面后24h开始养护，养护时间再为2～7d，并注意浇水保湿，如湿度在15℃以上时，每天至少保证浇水两次。

若在同一面层上采用几种颜色图案，操作时应先做深色，后做浅色；先做下面，后做镶边；待前一种水泥石碴凝固后，再铺后一种水泥石碴，不能几种颜色同时罩面，以防止混色。

(5)磨光。水磨石开磨时间，与水泥强度及气温高低密切相关。开磨要以石粒灰有足够强度，开磨后石粒不松动、不脱落，水泥浆面与石粒面基本平齐为准。水泥强度太高，磨光时要耗费材料、电力与工时；水泥强度太低，磨光时地面产生的负压力，容易将水泥浆拉成槽或打掉石子。为使硬度适当，开磨前应试磨。水磨石地面操作要求如下：

1)大面积磨光，要用平面水磨石机研磨；小面积和边角处磨光，可用手提式水磨石机研磨；工程量不大或无法使用机械时，可用手工研磨。

2)磨石应分三遍进行。

①磨头遍用60～80号粗金刚砂，磨石机走8字形，边磨边加水冲洗，随时用2m靠尺平整检查，磨光后补一次浆。要求磨匀磨平，使全部分格条外露，磨后要将泥浆冲洗干净，稍干后即涂擦一道同色水泥浆填补砂眼，个别掉落的石碴要补好，不同颜色的磨面，应先涂深色浆，后涂浅色浆，涂擦色浆后养护4～7d。

②磨第二遍用120～180号细金刚砂磨石磨光，操作同第一次，磨出的凹痕应再补一次浆。要求磨至石子显露表面平整。

③磨第三遍用180～240号油石磨，把表面磨光滑，无砂眼细孔，石粒颗颗显露。要求磨至表面平整光滑，无砂眼细孔，用水冲洗后涂草酸溶液(热水：草酸为1：0.35重量比，溶解冷却后用)一遍，研磨至出白浆，表面光滑为止，用水冲洗干净，晾干。

3)清洗。将磨面用清水冲洗干净、擦干，经3～4d干燥。每千克草酸用3kg沸水化开，待溶化冷却后，用布沾草酸溶液擦，再用280号油石在上面磨研酸洗，清除磨面上的所有污垢，至石子显露表面光滑为止，然后用水冲洗、擦干。

(6)抛光、打蜡。抛光和打蜡是水磨石地面施工最后一道工序。

1)抛光是对细磨面的最后加工，使水磨石地面符合验收标准。但是抛光过程不同于细磨过程，它借助化学和物理作用完成，即腐蚀和填补。

2)打蜡在抛光之后，用布或干净的麻丝沾稀糊状的成蜡，均匀涂于水磨石表面，稍干后，用钉有细帆布或麻布的木块替代油石，装在磨石机上研磨。磨出光亮后，再打蜡研磨一遍，直至光滑洁亮。

关键细节21　水磨石开磨时间的确定

水磨石的开磨时间与温度密切相关，见表3-3。

表3-3　水磨石开磨时间与温度的关系

平均温度/℃	开磨时间/d	
	机械磨	人工磨
5～10	4～5	2～3
10～20	3～4	1.5～2.5
20～30	2～3	1～2

三、顶棚抹灰

顶棚或称作天花、平顶，是建筑物内部空间装饰中极富变化和引人注目的顶部界面。其透视感较强，通过不同的艺术造型施工和饰面的处理，可以使其具有丰富的美感和独特的风格。室内顶棚的装饰艺术形式和构造方法，取决于室内空间顶部的实用功能需要及设计者的审美追求，一般有平滑式、井格式、分层式、悬挂式，以及玻璃顶等。其装饰施工水平，则是需要依靠所用装饰材料及装饰施工技术的发展。

1. 施工准备

(1)材料准备。

1)灰浆材料的配制：1∶0.5∶1的水泥混合砂浆或1∶3水泥砂浆。

2)10%的火碱水和水泥乳液聚合物砂浆。

3)工具与机具：同室内抹灰。

4)搭脚手架：铺好脚手板后约距顶板1.8m左右。以人在架子上，头顶距离顶棚10cm左右为宜，脚手板间距不大于0.5m，板下平杆或马凳的间距不大于2m。

(2)机具准备。顶棚抹灰使用的机械有强制式灰浆搅拌机、纤维白灰磨碎机。工具有各种抹子(见室内墙面抹灰部分)和专用工具。此外，还要准备抹灰中使用的一些木制工具，如托灰板、靠尺板、方尺、木折尺、木杠、阴角器和分格条等。

2. 施工过程

(1)基层处理。混凝土顶棚抹灰的基层处理，除应按一般基层处理要求进行处理外，还要检查楼板是否下沉或裂缝。如为预制混凝土楼板，则应检查其板缝是否已用细石混凝土灌实，若板缝灌不实，顶棚抹灰后会顺板缝产生裂纹。近年来无论是现浇或预制混凝土，都大量采用钢模板，故表面较光滑，如直接抹灰，砂浆粘结不牢，抹灰层易出现空鼓、裂缝等现象，为此在抹灰时，应先在清理干净的混凝土表面用茅扫帚刷水后刮一遍水灰比为0.37～0.40的水泥浆进行处理后，方可抹灰。

(2)找规矩。顶棚抹灰通常不做标志块和标筋，用目测的方法控制其平整度，以无明显高低不平及接茬痕迹为度。先根据顶棚的水平线，确定抹灰的厚度，然后在墙面的四周与顶棚交接处弹出水平线，作为抹灰的水平标准。

(3)底、中层抹灰。一般底层抹灰采用配合比为水泥∶石灰膏∶砂＝1∶0.5∶1的水泥混合砂浆，底层抹灰厚度为2mm。抹中层砂浆的配合比一般采用水泥∶石灰膏∶砂＝1∶3∶9的混合砂浆，抹灰厚度为6mm左右，抹后用软刮尺刮平赶匀，随刮随用长毛刷子将抹印顺平，再用木抹子搓平，顶棚管道周围用小工具顺平。抹灰的顺序一般是由前往后退，并注意其方向必须同基体的缝隙(混凝土板缝)成垂直方向，这样容易使砂浆挤入缝隙牢固结合。抹灰时，厚薄应掌握适度，随后用软刮尺赶平。如平整度欠佳，应再补抹和赶平，但不宜多次修补，否则容易搅动底灰而引起掉灰。如底层砂浆吸水快，应及时洒水，以保证与底层粘结牢固。在顶棚与墙面的交接处，一般是在墙面抹灰完成后再补做；也可在抹顶棚时，先将距顶棚20～30cm的墙面同时完成抹灰，方法是用钢抹子在墙面与顶棚交角处添上砂浆，然后用木阴角器抽平压直即可。

(4)面层抹灰。待中层抹灰到六七成干，即用手按不软但有指印时，再开始面层抹灰。如使用纸筋石灰或麻刀石灰时，一般分两遍成活。其涂抹方法及抹灰厚度与内墙面抹灰相同，第一遍抹得越薄越好，随之抹第二遍。抹第二遍时，抹子要稍平，抹完后等灰浆稍干，再用塑料抹子或压子顺着抹纹压实压光。

关键细节22 混凝土顶棚抹灰

混凝土顶棚抹灰是指在现制混凝土或预制混凝土顶棚上抹灰，其构造见图3-15。

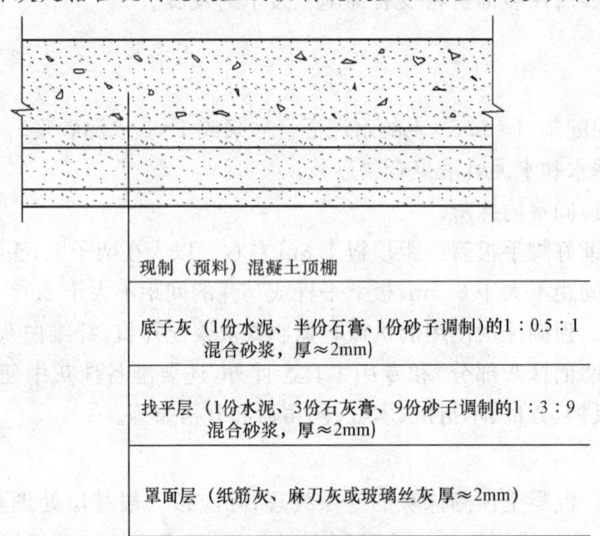

图3-15 顶棚抹灰构造

为了使抹灰层与混凝土粘结牢固，一般分三层抹灰：

(1)第一层是底子灰，用一份水泥，半份石膏，一份砂子调制的1∶0.5∶1混合砂浆，厚约2mm。

(2)第二层是找平层，用一份水泥，三份石灰膏，九份砂子调制的1∶3∶9混合砂浆，厚度为6mm。

(3)第三层是罩面层，用纸筋灰、麻刀灰(或玻璃丝灰)，厚度为2mm。在高级装修工程中，预制混凝土楼板先用1∶2水泥砂浆勾缝，底子灰用1∶1水泥砂浆加水泥重量的2%的乳胶搅拌匀，用钢皮抹子抹2～3mm厚，并随手带毛(即用抹子稍竖起来抹，俗称刮铁板糙)。第二天浇水养护两次，第三天再找平、罩面，方法同一般装修。

顶棚抹灰的施工工序为：基层处理→浇水湿润→找规矩、弹线→抹底子灰→中层找平→面层压光。

(1)首先要架设脚手架，凡层高在3.6m以上者，由架子工搭设，层高在3.6m以下者由抹灰工自已搭设。架子高度(从脚手板至顶棚)以一人高加10cm为宜。常用高凳铺脚手板搭设，高凳间距不大于2m，脚手板间距不大于50cm。抹灰前用扫帚将顶棚上浮着的砂子杂物扫净。现浇混凝土顶棚常夹有油毡、木丝，必须清理干净。预制混凝土楼板常有油腻，应用清水加火碱(浓度为10%)清洗干净。顶板凹的须用1∶3水泥砂浆预先分层修补，凸的要凿平。抹灰前一天用水管浇水湿润，抹时再用扫帚洒水或用喷浆机喷水湿润。若是预制混凝土楼板，应用1份水泥，0.3份石膏，3份砂子调制的1∶0.3∶3混合砂浆预先勾板缝。勾缝前要先用毛刷子沾水刷湿润。若是预制混凝土顶棚，只需勾缝，无需抹满，再用纸筋灰、麻刀灰或玻璃丝灰略掺水泥调制的混合灰作为勾缝的二道灰罩面压光。

然后用毛刷子沾水轻刷一遍。要求勾完缝之后与预制混凝土楼板底平,如图 3-16 所示。

(2)抹灰前用粉线包在靠近顶棚的墙上弹一条水平线,作为抹灰找平的依据。抹灰时,操作者身体略侧偏,一脚在前,一脚在后,呈丁字步站立。两膝稍前弓,身体稍后仰。一手持抹子,一手持灰板,抹子向前伸;另一种方法是抹子向后拉,如图 3-17 所示。

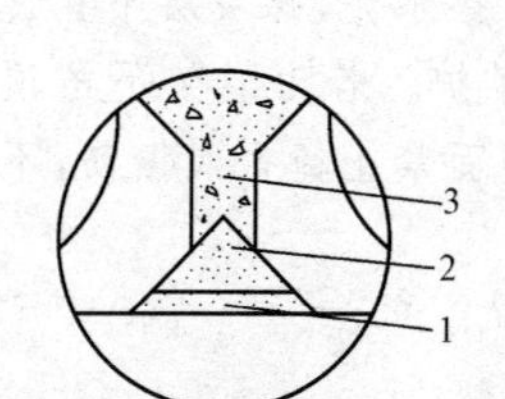

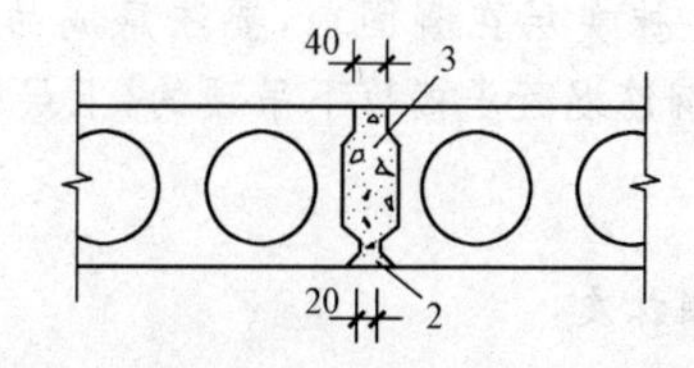

图 3-16　顶棚抹灰勾缝做法示意

1—混合灰;2—1∶0.3∶3 混合砂浆;3—豆石混凝土

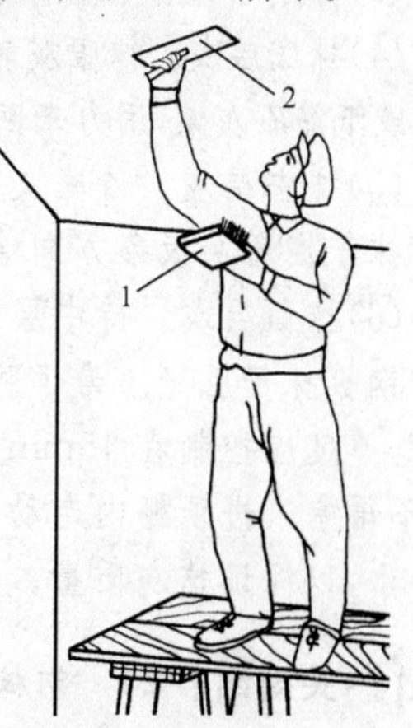

图 3-17　抹灰方法示意

1—灰板;2—抹子

(3)抹第一遍底子灰时,必须与模板纹的方向垂直,不能顺着抹。操作时从顶棚墙角开始,抹灰厚度越薄越好。这样可以避免掉灰,并将底子不平处用灰挤实。

(4)抹第二遍时,为保证两遍灰与底子灰粘结牢固,如底层灰吸水快,应及时洒水。第二遍灰也应先从边上开始,并用木杠找平。操作方法与抹第一遍灰相同,抹完后用软刮尺顺平,木抹子搓平。待底灰第二遍灰有六七成干时(即用手指揿之不软,没有指纹)就可以罩面了。如墙面过干,应稍洒水,然后立即罩面。罩面灰分两遍成活,第一遍抹得越薄越好,紧跟抹第二遍,抹第二遍时抹子要稍平。

(5)抹完后等灰稍干,用钢皮抹子顺着抹纹压实压光。压光时要注意室内光线方向,应顺光赶压。

关键细节 23　灰板条吊顶抹灰

灰板条吊顶可装在屋架下面,起装饰、保温、隔热作用;又可装在楼板下面,起装饰和隔声作用。板条吊顶顶棚抹灰施工工序:清理基层→弹水平线→抹底层灰→抹中层灰→抹面层灰。

(1)施工准备。灰板条吊顶在正式抹灰之前,首先检查钢木骨架,要求必须符合设计要求。然后再检查板条顶棚,如有以下缺陷者,必须进行修理:

1)吊杆螺母松动或吊杆伸出板条底面的;

2)板缝应为 7～10mm,接头缝应为 3～5mm,缝隙过大或过小的;

3)灰板条厚度不够,过薄或过软的;

4)少钉导致不牢,有松动现象的;

5)板条没有按规定错开接缝的等。

以上缺陷经修理后检查合格者,方可开始抹灰。

(2)清理基层。将基层表面的浮灰等杂物清理干净。

(3)弹水平线。在顶棚靠墙的四周墙面上,弹出水平线,作为抹灰厚度的标志。

(4)抹底层灰。抹底灰时,应顺着板条方向,从顶棚墙角由前向后抹,用钢抹子刮上麻刀石灰浆或纸筋石灰浆,用力来回压抹,将底灰挤入板条缝隙中,使转角结合牢固,厚度约3~6mm。

(5)抹中层灰。待底灰约七成干,用钢抹子轻敲有整体声时,即可抹中层灰。抹灰时,用钢抹子横着灰板条方向涂抹,然后用软刮尺横着板条方向找平。

(6)抹面层灰。待中层灰七成干后,用钢抹子顺着板条方向罩面,再用软刮尺找平,最后用钢板抹子压光。为了防止抹灰裂缝和起壳,所用石灰砂浆不宜掺水泥,抹灰层不宜过厚,总厚度应控制在15mm以内。抹灰层在凝固前,要注意成品保护。若为屋架下吊顶的,不得有人进顶棚内走动;若为钢筋混凝土楼板下吊顶的,上层楼面禁止锤击或振动,不得渗水,以保证抹灰质量。

关键细节24 钢板网顶棚抹灰

钢板网抹灰一般需在结构基体(木结构、钢筋混凝土结构、钢结构)下吊木龙骨或轻钢龙骨。木龙骨应先进行防腐处理,需有足够刚度,间距不宜超过400mm,龙骨下表面需刨平,以便使其能铺钉平整。木龙骨下一般需再加钉固定或用10~12号镀锌钢丝绑扎固定经拉直的ϕ6@200钢筋条,然后再用钢丝将钢板网绷紧绑固在钢筋条上(钢板网网眼不宜超过10mm×10mm),予以抹灰。亦有在轻钢龙骨下焊敷上述钢筋条及钢板网,然后进行抹灰的做法。

(1)准备工作。必须先检查水、电、管、灯饰等安装工作是否竣工;结构基体是否有足够刚度;当有动荷载时,结构基体有否颤动(民用建筑最简单检验方法是多人同时在结构上中跳动),如有颤动,易使抹灰层开裂或剥落,宜进行结构加固或采用其他顶棚装饰形式;所用料是否准备齐全,其中需要用到的麻丝束,宜选用坚韧白麻皮,事先锤软梳散,剪成350~450mm长,分成小束、用水浸湿。

(2)弹线。根据设计吊顶标高、龙骨材料断面高度及抹灰层总厚度,在墙柱面顶四周弹出有关水平线。一般情况下可采用透明水管中充满水的“水柱法”定出两点标高,每两点标高弹线即为水平线。此法简易可行,也较准确。若为高级抹灰顶棚且有梁凸出时,应事先对梁的抹灰层厚度(包括龙骨安装)找规矩,控制好其阴阳角方正、立面垂直、平面平整之标志。

(3)安装龙骨。根据不同结构基体及设计要求,安装木龙骨或轻钢龙骨,除前述者外,补充如下两点:

1)木龙骨安装。木龙骨断面大小需根据不同结构基体、是否有附加荷载等具体情况而定,木材必须干燥,含水量不得超过10%;应选用不易变形及翘曲的木材如杉木等作龙骨;木龙骨如有死节或直径大于5mm的虫眼,应用同一树种木塞加胶填补完整;应按设计要求进行防火或防腐措施处理;木龙骨安装时,应根据弹线标高掌握其平整度,并视跨度大小等情况适当起拱;木龙骨与结构基本悬吊方法一般用ϕ6~ϕ10钢螺杆相互连接固定，可参见后述的活动式吊顶中相关内容，次木龙骨可采用3in或4in钉穿过次龙骨斜向钉入主龙骨；次龙骨接头和断裂及有较大节疤处，应用双面夹板夹住钉牢并错位使用。龙骨安装时应事先与水电管线、通风口、灯具口等配合好，避免发生矛盾。

2)金属龙骨安装。钢板网抹灰亦有采用金属作龙骨，多用于防火要求较高的重要建筑工程，具体安装方法可参见相关书籍，这里不再详述。

(4)钉固钢筋条及钢板网。当为木龙骨时，可用铁钉或钢丝将ϕ6@200钢筋固定在木龙骨上，钢筋需先经机械拉直，与木龙骨固定牢靠；为确保钢筋条不在木龙骨面滑动引起下挠，应将钢筋条两端弯钩，钩住龙骨后再钉牢。当为金属龙骨时，可用电焊将钢筋条焊固在金属龙骨上。钢筋条接头均应错开。钢筋条固定后应平整、无下挠现象。然后用22至20号钢丝将处于绷紧绷平状态下的钢板网绑固于钢筋条下，钢板网的搭接不得小于200mm，搭接口应选在木龙骨及钢筋条处，以便与之钉牢和绑牢，不得使接头空悬。钢板网拉紧扎牢后，须进行检验，1m内的凹凸偏差不得大于10mm。

(5)挂麻丝束。将小束麻丝每隔300mm左右卷挂在钢板网钢丝上，两端纤维垂下长200mm左右并散开，成梅花点布置，并注意在每龙骨处应适当挂密些。

(6)分遍成活。顶棚钢板网吊顶抹灰应分遍成活，其操作要点如下：

1)抹底层灰。底层灰用麻刀灰砂浆，体积比：麻刀灰∶砂＝1∶2。用钢抹子将麻刀灰砂浆压入金属眼内，形成转角。底层灰第一遍厚度4～6mm，将每个麻束的1/3分成燕尾形，均匀粘嵌入砂浆内。在第一遍底层灰凝结而尚未完全收水时，拉线贴灰饼，灰饼的间距800mm。用同样方法刮抹第二遍，厚度同第一遍，再将麻束的1/3粘在砂浆上。第三遍底层灰也采用相同的方法，将剩余的麻丝均匀地粘在砂浆上。底层抹灰分三遍成活，总厚度控制在15mm左右。

2)抹中层灰。抹中层灰用1∶2麻刀灰浆。在底层灰已经凝结而尚未完全收水时，拉线贴灰饼，按灰饼用木抹子抹平，厚度4～6mm。

3)抹面层灰。在中层灰干燥后，用水泥浆灰或者细纸筋灰罩面，厚度2～3mm，用钢抹子溜光，平整洁净；也可用石膏罩面，在石膏浆中掺入石灰浆后，一般控制在15～20mm内凝固。涂抹时，分两遍连续操作，最后用钢板抹子溜光，各层总厚度控制在2.0～2.5cm。钢板网吊顶顶棚抹灰，为了防止裂缝、起壳等缺陷，在砂浆中不宜掺水泥。如果想掺水泥时，掺量应经试验后慎重确定。

3. 顶棚抹灰常见质量问题及防治措施

顶棚抹灰质量通病除了具备墙面抹灰的质量通病以外，其主要缺陷就是空鼓、裂缝和脱落，《建筑装饰装修工程质量验收规范》(GB 50210)规定：“抹灰层与基层之间及各抹灰层之间必须粘结牢固，抹灰层应无脱层、空鼓，面层应无爆灰和裂缝”，并且将此规定列为主控项目。造成抹灰层开裂、空鼓和脱落等质量问题，主要原因是基体表面清理不干净，如：基体表面尘埃及疏松物、脱模剂和油渍等影响抹灰粘结牢固的物质未彻底清除干净；基体表面光滑，抹灰前未作毛化处理；抹灰前基体表面浇水不透，抹灰后砂浆中的水分很快被基体吸收，使砂浆中的水泥未充分水化生成水化石，影响粘结力；砂浆质量不好，使用不当；一次抹灰过厚，干缩率较大等；再有不按施工规范操作擅自将抹灰层与基体粘结的粘结层去掉，也是造成粘结不牢的原因之一。总之上述原因，都会影响抹灰层与基体的粘结牢固，应当引起足够的重视。

关键细节 25　钢板网顶棚抹灰常见质量问题及防治措施

钢板网顶棚抹灰施工中常见质量通病、原因分析及防治措施，见表 3-4。

表 3-4　　钢板网顶棚抹灰施工常见质量问题及防治措施

质量通病	原因分析	防治措施
抹灰空鼓及开裂	(1)砂浆水灰比较大，而养护又不好，出现裂缝； (2)找平层采用麻筋石灰砂浆，底层采用水泥混合砂浆，由于收缩变形不一致，导致产生空鼓、裂缝，甚至抹灰脱落； (3)金属网具有弹性，抹灰后产生翘曲变形，引起抹灰层开裂脱壳； (4)施工操作不当，吊筋木材含水率过高，接头不紧密，起拱不准等，使得抹灰层厚薄不均匀，抹灰层厚的部位易发生空鼓、开裂	(1)严格按照施工操作方法进行施工； (2)注意掌握好水灰比； (3)抹灰吊顶面层的平整度相差较大时，应根据产生的原因反复修整

关键细节 26　板条吊顶抹灰常见质量问题及防治措施

板条吊顶抹灰施工中常见质量通病、原因分析及防治措施，见表 3-5。

表 3-5　　板条吊顶抹灰施工常见质量问题及防治措施

质量通病	原因分析	防治措施
抹灰空鼓、开裂	(1)基层龙骨、板条等木料的材质不好，含水率过大，龙骨截面尺寸不够，接头不严，起拱不准，抹灰后产生较大拱度； (2)板条未钉好，板条间隙过大或过小，两端未分段错插接缝，或未留缝隙造成板条吸水膨胀和干缩应力集中，基层表面凹凸偏差过大，抹灰层厚薄不均匀，与板条粘结不良，引起与板条平行的裂缝及接头处裂缝，甚至空鼓脱落	(1)对于仅开裂而两边不空鼓的裂缝，可在裂缝表面用乳胶贴一窄条 2～3cm 的薄尼龙纱布修补，再刮腻子喷浆，而不宜用腻子直接修补； (2)对于两边空鼓的裂缝应将空鼓部分铲掉，清理并湿润基层后，重新用相同配合比的灰浆修补，修补应分遍进行，一般应抹三遍以上，最后一遍抹灰时，在接缝处留 1mm 左右的抹灰厚度，待以前修补抹灰不再出现裂缝后，接缝两边搓粗，最后上灰抹平压光

第六节　楼梯踏步抹灰

一、施工准备工作

(1)材料准备：采用室内地面抹灰材料，增加了抹防滑条所用的金刚砂。

(2)工具和机具准备：采用室内地面工具、机具。

(3)施工准备：楼梯抹灰前需将钢、木栏杆、扶手等预埋部分用细石混凝土灌实。

二、楼梯踏步抹灰施工技术

楼梯踏步抹灰施工流程：基层处理→弹线分步→抹底子灰→抹罩面灰→抹防滑条→抹勾角。

1. 基层处理

把楼梯上的杂物一步一步地清理干净，将凹凸不平处剔凿抹平，浇水湿润。

2. 弹线分步

清理基层，并用水冲洗，然后根据休息平台水平线按上下两头踏步口弹一斜线作为分步标准，操作时踏步角对在斜线上，最好弹出踏步的宽度和高度后再操作，如图 3-18 所示。

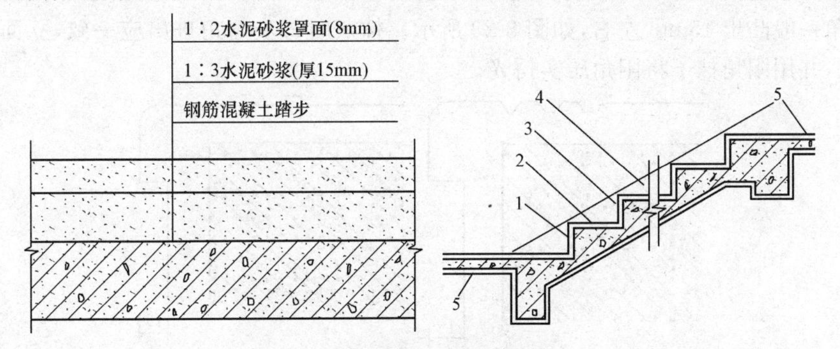

图 3-18 楼梯踏步抹灰操作(一)

1—踢板；2—踏板；3—踏步高度宽度线；4—分步用标准线；5—休息平台

3. 抹底子灰

先浇水湿润基层表面，然后刷一道素水泥浆，随即抹 1∶3 水泥砂浆底子灰，其厚度控制在 10～15mm，先抹立面，再抹平面，一级一级由上往下做。在立面抹灰时应将靠尺压在踏步板上，量好尺寸留出灰头来，使踏步的宽度一致。按靠尺板进行上灰，再用木抹子搓平。如图 3-19 所示。

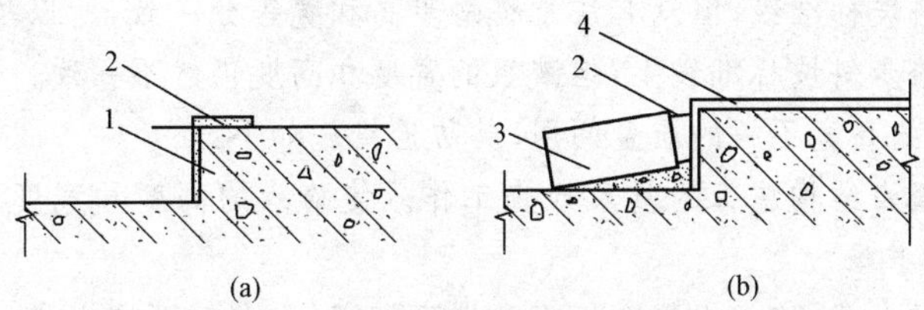

图 3-19 楼梯踏步抹灰操作(二)

1—立面抹灰；2—靠尺；3—临时固定靠尺用砖；4—平面抹灰

4. 抹罩面灰

抹罩面灰一般在底子灰抹好的第 2 天。抹罩面灰用 1∶2 水泥砂浆，厚度为 8～10mm，压好八字尺。据砂浆收水的干燥程度，可以连续做几个台阶，再返上去依靠八字靠尺板，用木抹子搓平，钢皮抹子压光，用阴阳抹子将阴阳角处捋光。抹灰操作完后 24h，开始洒水养护，强度未达到要求严禁上人和用硬物碰撞。

5. 抹防滑条

踏步的防滑条，在罩面时一般在踏步口进出约4cm处粘上宽2cm、厚7mm的米厘条。米厘条事先用水泡透，小口朝下用素灰贴上，把罩面灰与米厘条抹成一平面，达到强度后取出米厘条，再在槽内填1：1.5水泥金刚砂浆，高出踏脚4mm，用圆角阳角抹子捋实，捋光，再用小刷子将金刚砂粒刷出。防滑条的另一种做法是在抹完罩面灰后，立即用一刻槽尺板把防滑条位置的罩面灰挖掉来代替粘米厘条。还可用弹线切割方法成活。

6. 抹勾角

如楼梯踏步设有勾角，也称挑口，即踏步外侧边缘的凸出部分，抹灰时，先抹立面后抹平面，踏步板连同勾角要一次成活，但要分层做，贴于立面靠尺的厚度要正好是勾角的厚度，勾角一般凸出15mm左右，如图3-20所示。抹灰时每步勾角进出应一致，立面厚度也要一致，并用阳角抹子将阳角压实捋光。

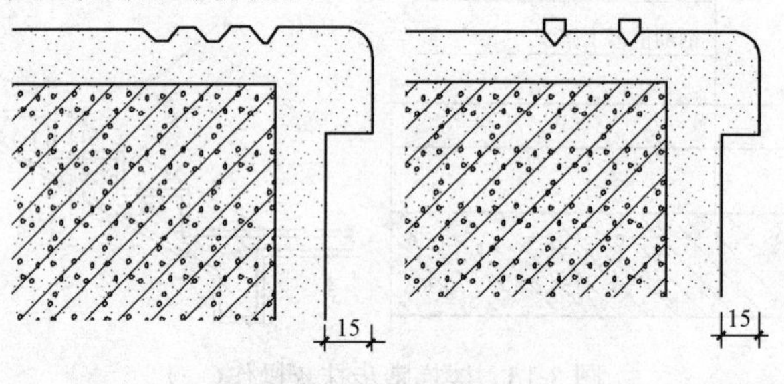

图3-20 踏步勾角抹灰

关键细节27 步梯宽高不一致的原因及防治措施

(1)步梯的宽度和高度不一致的原因如下：

1)结构施工阶段踏步的高、宽尺寸偏差较大，抹面层灰时，又未认真弹线纠正，而是随高就低地进行抹面。

2)虽然弹了斜坡标准线，但没有注意将踏步高和宽等分一致，所以尽管所有踏步的阳角都落在所弹的踏步斜坡标准线上，但踏级的宽度和高度仍然不一致。

(2)对于步梯的高宽不一的质量问题，其防治措施如下：

1)加强楼梯踏步结构施工的复尺检查工作。使踏步的高度和宽度尽可能一致，偏差控制在±10mm以内。

2)抹踏步面层灰前，应根据平台标高和楼面标高，先在侧面墙上弹一道踏步斜坡标准线，然后根据踏级步数将斜线等分，这样斜线上的等分点即为踏级的阳角位置，也可根据斜线上各点的位置，抹前对踏步进行恰当修正。

3)对于不靠墙的独立楼梯，如无法弹线，可在抹面前，在两边上下拉线进行抹面操作，必要时做出样板，以确保踏步高、宽尺寸一致。

关键细节28 踏步裂缝与脱落的原因及防治措施

(1)楼梯踏步常有开裂及脱落的现象发生，其原因如下：

1)踏步抹面时,基层较干燥,使砂浆失水过快,影响了砂浆的强度增长,造成日后的质量问题。

2)基层处理不干净,表面污垢、油渍等杂物起到隔离作用,降低了粘结力。

3)抹面砂浆过稀,抹在踢面上砂浆产生自坠现象,特别是当砂浆过厚时,削弱了与基层的粘结效果,成为裂缝、空鼓和脱落的潜在隐患。

4)抹面操作顺序不当,先抹踏面,后抹踢面。则平、立面的结合不易紧密牢固,往往存在一条垂直的施工缝隙,经频繁走动,就容易造成阳角裂缝、脱落等质量缺陷。

5)踏步抹面养护不够,也易造成裂缝、掉角、脱落等。

(2)根据以上原因,有以下防治措施:

1)抹面层前,应将基层处理干净,并应提前一天洒水湿润。

2)洒水抹面前应先刷一道素水泥浆,水灰比在0.4～0.5之间,并应随刷随抹。

3)控制砂浆稠度在35mm左右。

4)过厚砂浆应分层涂抹,控制每一遍厚度在10mm之内,并且应待前一抹灰层凝结后方可抹后一层。

5)严格按操作规范先抹踢面,后抹踏面,并将接槎揉压紧密。

6)加强抹面养护,不得少于养护时间,并在养护期间严禁上人。凝结前应防止快干、水冲、撞击、振动和受冻,凝结后防止成品损坏。

第七节　机械喷涂抹灰

一、机械喷涂抹灰原理

机械喷灰就是把搅拌好的砂浆,经振动筛后倾入灰浆输送泵,通过管道,再借助于空气压缩机的压力,连续均匀地喷涂于墙面或顶棚上,经过找平搓实,完成底子灰全部程序,如图3-21所示。

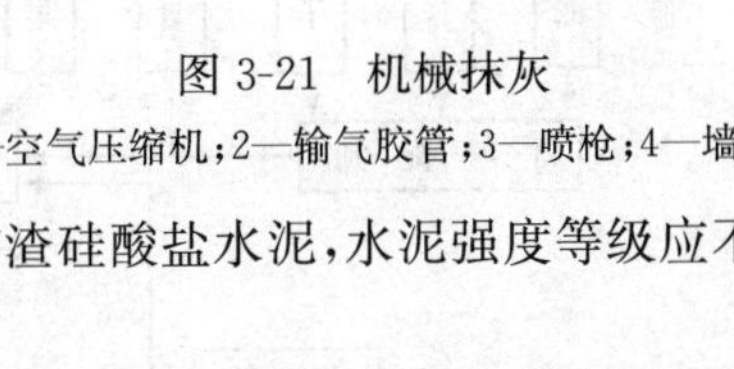

图3-21　机械抹灰

1—空气压缩机;2—输气胶管;3—喷枪;4—墙体

二、施工准备工作

(1)材料要求。

1)水泥。宜用硅酸盐水泥、普通硅酸盐水泥和矿渣硅酸盐水泥,水泥强度等级应不低于42.5级。过期或受潮水泥不得使用。

2)砂。应清洁无杂质,含泥量应小于3%,宜用中砂,使用前必须过筛。砂的最大粒径:当用于底层灰时应不大于2.5mm;用于面层灰时应不大于1.2mm,不得使用特细砂。

3)石灰膏。应细腻洁白,不得含有未熟化颗粒及杂质,不得使用干燥、风化、冻结的石灰膏。石灰膏使用块状生石灰淋制时,应用筛孔不大于3mm×3mm的筛子过滤,石灰熟化时间在常温下不应少于15d,用于面层灰时,熟化时间不应少于30d。用磨细生石灰粉代替石灰膏时，其细度应通过4900孔/cm^2筛子；熟化时间不应少于3d。

4)粉煤灰。可用Ⅲ级粉煤灰。

5)外加剂。应有产品合格证，其掺量及使用方法应符合产品说明的要求。

6)水。宜用饮用水。

7)麻刀。应坚韧、干燥、不含杂质。使用前应均匀弹松，其纤维长度不得大于30mm。

8)纸筋。应浸透、捣烂、洁净、无腐料；罩面纸筋宜机械磨细。

(2)主要机具。主要设备有组装车、管道、手推车、砂浆搅拌机、振动筛、灰浆输送泵、输送钢管、空气压缩机、输浆胶管、空气输送胶管，分叉管、大泵、小泵、喷枪头及手工抹灰工具。

1)组装车。将砂浆搅拌机、灰浆输送泵、空气压缩机、储浆槽、振动筛和电气设备等都装在一辆拖车上，组成喷灰作业组装车。按施工平面布置图将组装车就位，合理布置，缩短管路，力争管径一致。

2)管道。管道是输送砂浆的主要设备。室外管道采用钢管，在管道最低处安装三通，以便冲洗灰浆泵及管道时，打开三通阀门使污水排出。管道的连接采用法兰盘，接头处垫上橡皮垫以防止漏水。室内管道采用胶管，胶管的连接用铸铁卡具。从空气压缩机到枪头也用胶管连接，以输送压缩空气。在靠近操作地点的胶管使用分岔管分成2股，以便两个枪头同时喷灰，要特别注意安装好室内外管线，临时固定，防止施工时移动。

3)喷枪。喷枪是喷涂机具设备中的重要组成部分。喷枪头用钢板或铝合金焊成，气管用铜管做成，插在喷枪头上的进气口用螺栓固定。要求操作省力，喷出砂浆均匀细长，且落地灰少。

三、机械喷涂抹灰施工技术

机械喷灰施工流程，如图3-22所示。

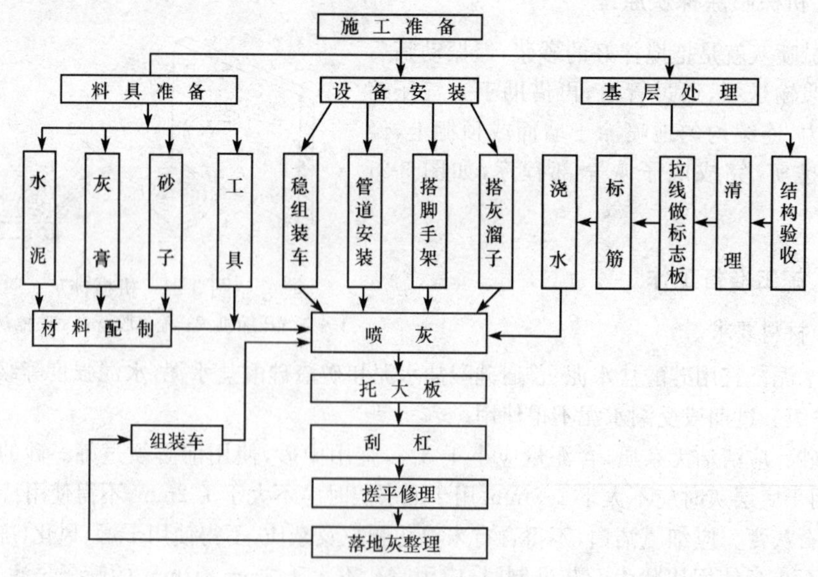

图3-22　机械喷灰工艺流程

1. 冲筋

内墙冲筋可分为两种形式，一种是冲横筋，在屋内3m以内的墙面上冲两道横筋，上下间距2m左右，下道筋可在踢脚板上皮；另一种为立筋，间距为1.2～1.5m左右，作为刮杠的标准。每步架都要冲筋。

2. 喷灰

喷灰方法有两种，一种是由上往下喷，另一种是由下往上喷。后者优点较多，最好采用这种方法。对于吸水性较强或干燥的墙面，或在灰层厚的墙面喷灰时，喷嘴和墙面保持在10～15cm并成90°角。对于比较潮湿，吸水性弱的墙面或者是灰层较薄的墙面，喷枪嘴距墙面远一些，一般在15～30cm左右，并与墙面成65°角。

3. 泵送

泵送前，喷涂设备应进行空负荷试运转，其连续空运转时间应为5min，并应检查电动机旋转方向，各工作系统与安全装置的运转应正常可靠，才能进行泵送作业。

泵送时，应先压入清水湿润，再压入适宜稠度的纯净石灰膏或水泥浆进行润滑管道，压至工作面后，即可输送砂浆。泵送砂浆应连续进行，避免中间停歇。当需要停歇时，每次间歇时间：石灰砂浆不宜超过30min；水泥混合砂浆不应超过20min；水泥砂浆不应超过10min。若间歇时间超过上述规定时，应每隔4～5min开动一次灰浆联合机搅拌器，使砂浆处于正常调和状态。如停歇时间过长，应清洗管道。因停电、机械故障等原因，机械不能按上述停歇时间启动时，应及时用人工将管道和泵体内的砂浆清理干净。泵送砂浆时，料斗内的砂浆量应不低于料斗深度的1/3，否则，应停止泵送。当建筑物高度超过60m，泵送压力达不到要求时，应设置接力泵，进行接力泵送。

泵送结束，应及时清洗灰浆联合机、输浆管和喷枪。输浆管可采用压入清水——海绵球——清水——海绵球的顺序清洗；也可压入少量石灰膏，塞入海绵球，再压入清水冲洗。喷枪清洗用压缩空气吹洗喷头内的残余砂浆。

4. 喷涂

底层灰应分段进行，每段宽度为1.5～2.0m，高度为1.2～1.8m。面层灰应按分格条进行分块，每个分块内的喷涂应一次完成。喷涂厚度一次不宜超过8mm。当超过时，应分遍进行。一般底层灰喷涂两遍：第一遍将基面喷涂平整或喷拉毛灰；第二遍待第一遍灰凝结后再喷，并应略高于标筋。喷射的压力应适当，喷嘴的正常工作压力宜控制在1.5～2.0MPa之间。

面层灰在喷涂前20～40min，应将底层灰湿水，待表面晾干至无明水时再喷涂。在屋面、地面的松散填充料上喷涂找平层灰时，应连续喷涂多遍，喷灰量宜少，以保证填充层厚度均匀一致。喷涂从一个房间转移至另一房间时，应关闭气管。喷涂时，对已保护的成品应注意勿污染，对喷溅黏附的砂浆应及时清除干净。

5. 抹平压光

喷涂后应及时清理标筋，用大板沿标筋从下向上反复去高补低。喷灰量不足时，应及时补平。如后做踢脚板，应及时清理出踢脚板位置。标筋清理后，用刮杠紧贴标筋上下左右刮平，把多余砂浆刮掉，并搓揉压实。最后用木抹将面层灰搓平与修补。当需要压光时，面层灰刮平后用铁抹压实压光。

6. 冬期喷涂

喷涂前，墙面必须清理干净，不得有冰、霜、雪。不得用热水冲刷冻结的墙面或用热水消除墙面的冰霜。室内喷涂前，宜先做好门窗口的封闭保温围护。必要时可采取供热措施。室内喷涂砂浆上墙与养护温度不应低于5℃，水泥砂浆层应在润湿条件下养护。喷涂结束后，7d以内室内温度不应低于5℃。

关键细节29 持枪角度与喷枪口的距离关系

持枪角度与喷枪口的距离，见表3-6。

表3-6 持枪角度与喷枪口的距离

序号	喷灰部位	持枪角度	喷枪口与墙面距离(cm)
1	喷上部墙面	45°→35°	30→45
2	喷下部墙面	70°→80°	25→30
3	喷门窗角(离开门窗框2cm)	30°→10°	6→10
4	喷窗下墙面	45°	5～7
5	喷吸水性较强或较干燥的墙面，或灰层厚的墙面	90°	10～15
6	喷吸水性较弱或比较潮湿的墙面，或灰层较薄墙面	65°	15～30

注：1. 表中带有→符号的表示随着往上喷涂而逐渐改变角度或距离。
2. 喷枪口移动速度应按出灰量和喷墙厚度而定。

关键细节30 喷枪喷嘴与基面的距离、角度和气量

喷嘴与基面的距离、角度和气量，依喷涂部位及基层材料而定，可参照表3-7执行。

表3-7 喷涂距离、角度与气量

工程部位	距离(cm)	角度	气量
对吸水性强的干燥墙面	10～35	90°	气量应调小些
对吸水性弱的潮湿墙面	15～45	65°	气量应调小些
顶棚喷灰	15～30	60°～70°	气量应调小些
踢脚板以上部位喷灰	10～30	喷嘴向上仰30°左右	气量应调小些
门窗口相接墙面喷灰	10～30	喷嘴偏向墙面30°～40°	气量应调小些
地面喷灰	30	90°	气量应调小些

注：由于喷涂机械不同，其性能差异较大，因此喷涂距离取值面较宽，应视具体机械选择其中合适距离；一般机械的压力大，则距墙面距离亦应增大。

四、机械喷涂抹灰常见质量问题及防治措施

1. 管道堵塞防治

机械喷灰的主要故障是输送管道堵塞和输送泵球阀的磨损。管道堵塞后，流水作业线就整个停顿下来，会严重影响施工进度。因此，如何防止管道堵塞以及管道堵塞后的及时疏通，就成为十分重要的问题。管道堵塞防治措施，见表 3-8。

表 3-8　　管道堵塞防治措施

项次	管道堵塞原因	防治方法	管道堵塞后疏通方法
1	管道过长，弯曲处过多，弯曲的半径过小	(1)安装管道时，尽量使管道最短，弯头用得最少； (2)操作时橡胶管道也要顺好，避免弯曲太多，拐弯应大于 90°	(1)首先打开三通，降压后关闭，再从枪头开始往后逐步检查； (2)如枪头堵塞时，先拔下枪头，猛力甩胶管，直至疏通，同时把枪内杂物清净； (3)胶管堵塞：从枪头开始往后用脚沿管踩踏，遇有过硬或膨胀处，即为管道堵塞部位，打开堵塞部位后面或前面的一个接头，用锤子轻敲堵塞处，将堵塞处砂浆硬块摊散为止。如无效，应卸下管道挂在高处，再轻敲或水冲； (4)钢管堵塞：只能从上往下用木锤敲击或拆开用水冲洗
2	管道内壁不光滑，管道有接茬或内径有变化	(1)接茬应采用外管卡； (2)力求管径一致，不变径； (3)每天开机前用砂浆泵先将清水或将石灰膏压入管道内，起润滑作用；作业完后，再输入石灰膏，将残余砂浆带出或用清水冲洗	
3	砂子粒径太大，石灰膏灰渣太多，或砂太细，加水过多等使砂浆离析沉淀	(1)严格掌握配合比和稠度，充分保证搅拌时间； (2)发现砂浆易沉淀时，要派专人在砂浆泵存料斗中不停地搅拌，或在砂浆中掺塑化剂	
4	砂浆中含有杂物	砂子应认真过筛	
5	管道接头漏水或发生其他故障，砂浆在管道内停留时间过长，致使砂浆沉淀	(1)镶接管道时，钢管接头加橡胶垫或石棉垫，橡胶管接头处的皮圈要经常更换； (2)中午休息等临时停机，管内应输入石灰膏； (3)排除管道障碍时，应把堵塞管道拆除，疏通并每隔 5min 开机一次，以免砂浆沉淀	
6	砂浆输送泵球阀由于碰撞或摩擦，胶球磨损，造成输送压力减少，砂浆输不出	喷灰过程中，经常检查胶球及球架，发现磨损要及时更换	

2. 灰浆联合机故障及排除

灰浆联合机故障及排除方法，见表 3-9。

表 3-9 灰浆联合机故障及排除方法

常见故障	发生原因	排除方法
泵吸不上砂浆或出浆不足	(1)吸浆管道密封失效； (2)阀球变形、撕裂及严重磨损； (3)阀室内有砂浆凝块，阀座与阀球密封不良； (4)离合器打滑； (5)料斗料用完	(1)拆检吸浆管，更换密封件； (2)打开回流卸载阀，卸下泵头，更换阀球； (3)拆下泵头，清洗阀室，调整阀座与阀球间的密封； (4)调整离合器摩擦片的间隙，摩擦片过度磨损咬伤时，应及时更换； (5)打开回流卸载阀，加满料后，关闭回流卸载阀，泵送
泵体有异常撞击声	弹簧断裂或活塞脱落	打开回流卸载阀，卸压后，拆下泵头，检查弹簧和活塞，损坏更换
活塞漏浆	缸筒或密封皮碗损坏	打开回流卸载阀卸压，拆下泵头，检查缸筒和密封皮碗，损坏更换
搅拌轴转速下降或停止转动	(1)搅拌叶片，被异物卡住，砂浆过稠，量过多； (2)传动皮带打滑、松弛	(1)砂浆应作过筛处理。砂浆稠度适当，加入料量不超载； (2)调节收紧皮带，不松弛
振动筛不振	振动杆头与筛侧壁振动手柄位置不适当	调整振动手柄位置
灰浆输浆管堵塞	(1)砂浆稠度不合适或砂浆搅拌不匀； (2)泵机停歇时间长； (3)输浆管内有残留砂浆凝结物块； (4)没有用白灰膏润滑管道	(1)砂浆按级配比要求；稠度合适，搅拌均匀；必要时可加入适量的添加剂； (2)泵机停歇时间应符合有关规定； (3)打开回流卸载阀，吸回管内砂浆，清洗管道； (4)泵浆前，必须先加入白灰膏浆润滑管道
压力表突然上升或下降	(1)表压上升，输浆管道堵塞； (2)表压下降： 1)离合器打滑； 2)输浆管连接松脱，密封失效，泄漏严重或胶管损坏	(1)停机，打开回流卸载阀，按输浆管堵塞的排除方法处理； (2)表压下降处理方法： 1)检查摩擦片磨损情况。 2)检查输浆管道密封圈，拧紧松脱管接，损坏更换
喷枪无气	(1)气管、气嘴管堵塞； (2)泵送超载安全阀打开	(1)清理疏通。气管距离超过40m长，双气阀压力提高0.03～0.05MPa； (2)超载安全阀打开，按输浆管堵塞排除方法处理
气嘴喷气，喷枪突然停止喷浆	料斗料用完	按“泵吸不上砂浆或出浆不足”中(5)的方法处理
喷枪喷浆断断续续不平稳	泵体阀门球或阀座磨损	拆下泵头，检查阀座和阀门球磨损情况，损坏更换

第八节　一般抹灰工程质量检验标准

一般抹灰工程质量验收标准适用于石灰砂浆、水泥砂浆、水泥混合砂浆、聚合物水泥砂浆和麻刀石灰、纸筋石灰、石膏灰等一般抹灰工程。一般抹灰工程分为普通抹灰和高级抹灰，当设计无要求时，按普通抹灰验收。

一、一般抹灰工程主控项目验收标准

一般抹灰工程主控项目验收标准，见表 3-10。

表 3-10　　主控项目内容及验收要求

项次	项目内容	规范编号	质量要求	检查方法
1	基层表面	第 4.2.2 条	抹灰前基层表面的尘土、污垢、油清等应清除干净，并应洒水润湿	检查施工记录
2	材料品种和性能	第 4.2.3 条	一般抹灰所用材料的品种和性能应符合设计要求。水泥的凝结时间和安定性复验应合格。砂浆的配合比应符合设计要求	检查产品合格证书、进场验收记录、复验报告和施工记录
3	操作要求	第 4.2.4 条	抹灰工程应分层进行。当抹灰总厚度大于或等于 35mm 时，应采取加强措施。不同材料基体交接处表面的抹灰，应采取防止开裂的加强措施，当采用加强网时，加强网与各基体的搭接宽度不应小于 100mm	检查隐蔽工程验收记录和施工记录
4	各抹灰层间粘结及面层质量	第 4.2.5 条	抹灰层与基层之间及各抹灰层之间必须粘结牢固，抹灰层应无脱层、空鼓，面层应无爆灰和裂缝	观察；用小锤轻击检查；检查施工记录

注：表中规范指《建筑装饰装修工程质量验收规范》(GB 50210－2001)。

二、一般抹灰工程一般项目验收标准

一般抹灰一般项目，见表 3-11。

表 3-11 一般项目内容及验收要求

项次	项目内容	规范编号	质 量 要 求	检 查 方 法
1	表面质量	第4.2.6条	一般抹灰工程的表面质量应符合以下要求：普通抹灰表面应光滑、洁净、接茬平整，分格缝清晰；高级抹灰表面应光滑、洁净、颜色均匀、无抹纹，分格缝和灰线应清晰美观	观察；手摸检查
2	细部质量	第4.2.7条	护角、孔洞、槽、盒周围的抹灰表面应整齐、光滑；管道后面的抹灰表面应平整	观察
3	分层处理要求	第4.2.8条	抹灰层的总厚度应符合设计要求；水泥砂浆不得抹在石灰砂浆上；罩面石膏灰不得抹在水泥砂浆层上	检查施工记录
4	分格缝	第4.2.9条	抹灰分格缝的设置应符合设计要求，宽度和深度应均匀，表面应光滑，棱角应整齐	观察；尺量检查
5	滴水线(槽)	第4.2.10条	有排水要求的部位应做滴水线(槽)，滴水线(槽)应整齐顺直，滴水线应内高外低，滴水槽的宽度和深度均不应小于10mm	观察；尺量检查

注：表中规范指《建筑装饰装修工程质量验收规范》(GB 50210－2001)。

关键细节31 一般抹灰工程质量检验方法

一般抹灰工程允许偏差及检验方法，见表3-12。

表 3-12 一般抹灰工程允许偏差及检验方法

项次	项 目	允许偏差(mm)		检验方法
		普通抹灰	高级抹灰	
1	立面垂直度	4	3	用2m垂直检测尺检查
2	表面平整度	4	3	用2m靠尺和塞尺检查
3	阴阳角方正	4	3	用直角检测尺检查
4	分格条(缝)直线度	4	3	拉5m线，不足5m拉通线，用钢直尺检查
5	墙裙、勒脚上口直线度	4	3	拉5m线，不足5m拉通线，用钢直尺检查

注：1. 普通抹灰，本表第3项阴角方正可不检查；

2. 顶棚抹灰，本表第2项表面平整度可不检查，但应平顺。

第四章　装饰抹灰工程

第一节　装饰抹灰工程概述

一、装饰抹灰的概念及分类

装饰抹灰一般是指采用水泥、石灰砂浆等抹灰的基本材料，除对墙面作一般抹灰之外，还利用不同的施工操作方法将其直接做成饰面层。如拉毛灰、拉条灰、洒毛灰、假面砖、仿石、水刷石、干粘石、水磨石，以及喷砂、喷涂、弹涂、滚涂和彩色抹灰等多种抹灰装饰做法。其面层的厚度，色彩和图案形式，应符合设计要求，并应施于已经硬化和粗糙而平整的中层砂浆面上，操作之前应洒水湿润。当装饰抹灰面层有分格要求时，其分格条的宽窄厚薄必须一致，粘贴于中层砂浆面上应横平竖直，交接严密，饰面完工后适时取出。装饰抹灰面层的施工缝，应留在分格缝、墙阴角、水落管背后或独立装饰组成部分的边缘处。

装饰抹灰的分类装饰抹灰分类方法很多，主要分类如下：

(1)按用料可分为：石粒类装饰抹灰和水泥、石灰类装饰抹灰。

(2)按施工工艺方法可分为：水刷石、水磨石、斩假石、干粘石、假面砖、拉条灰、拉毛灰、搓毛、洒毛灰、喷涂、滚涂、弹涂、仿石和彩色抹灰等。

(3)按施工部位分：主要为室内外建筑结构基层上的装饰抹灰。

关键细节1　装饰抹灰施工基本要求

(1)从事装饰抹灰的施工单位应具有相应的资质，并应建立质量管理体系。从事装饰抹灰施工的人员应有相应岗位的资格证书。

(2)装饰抹灰的施工质量应符合设计要求和装饰装修规范的规定，施工前应编制施工组织设计并应经过审查批准。施工时应按有关的施工工艺标准或经审定的施工技术方案施工，并应对施工全过程实行质量控制。

(3)装饰抹灰时应遵守有关环境保护、施工安全、劳动保护、防火和防毒的法律法规，并应采取有效措施控制施工现场的各种粉尘、废气、废弃物、噪声、振动等对周围环境造成的污染和危害。建立相应管理制度，并应配备必要的设备、器具和标识。

(4)装饰抹灰应在基体或基层的质量验收合格后施工。对既有建筑，工前应对基层进行处理。

(5)管道、设备等的安装及调试应在一般抹灰施工前完成。严禁不经穿管直接埋设电线。当必须同步进行时，应在面层施工前完成。

(6)装饰抹灰施工环境温度不应低于5℃，当必须在低于5℃气温下施工时，应采取保证工程质量的有效措施。

(7)装饰抹灰使用的水泥应试验合格后方可使用。使用的石灰膏的熟化期不应少于15d；罩面用的磨细石灰粉的熟化期不应少于3d。砂子、麻刀、纸筋、石膏等原材料也应进行质量检查。当要求抹灰层具有防水、防潮功能时，应采用防水砂浆。

(8)装饰抹灰应对总厚度大于或等于35mm时的加强措施、不同材料基体交接处的加强措施进行隐蔽验收。

(9)外墙抹灰工程施工前应先对安装钢木门窗框、护拦的缝隙，以及墙上的施工孔洞堵塞密实。水泥砂浆抹灰层、石子浆面层均应在湿润条件下养护。外墙的抹灰层与基层之间及各抹灰层之间必须粘结牢固。

(10)各种砂浆抹灰层、石子浆面层，在凝结前应采取措施防止快干、水冲、撞击、振动和受冻，在凝结后应采取措施防止玷污和损坏。整个施工过程中，应做好半成品、成品的保护工作。

关键细节2 装饰抹灰施工材料要求

(1)水泥。宜采用普通硅酸盐水泥或硅酸盐水泥，也可采用矿渣水泥、火山灰水泥、粉煤灰水泥及复合水泥，彩色抹灰宜采用白色硅酸盐水泥。水泥强度等级宜采用42.5级，颜色一致、同一批号、同一品种、同一强度等级、同一厂家生产的产品。水泥进厂需对产品名称、代号、净含量、强度等级、生产许可证编号、生产地址、出厂编号、执行标准、日期等进行外观检查，同时验收合格证。

(2)砂子。宜采用粒径0.35～0.5mm的中砂。要求颗粒坚硬、洁净。含泥量小于3%，使用前应过筛，除去杂质和泥块等。

(3) 石渣。要求颗粒坚实、整齐、均匀、颜色一致，不含黏土及有机、有害物质。所使用的石渣规格、级配应符合规范和设计要求。一般中八厘为6mm，小八厘为4mm，使用前应用清水洗净，按不同规格、颜色分堆晾干后，用苫布苫盖或装袋堆放，施工采用彩色石渣时，要求采用同一品种，同一产地的产品，宜一次进货备足。

(4) 小豆石。用小豆石做水刷石墙面材料时，其粒径5～8mm为宜。其含泥量不大于1%，粒径要求坚硬、均匀。使用前宜过筛，筛去粉末，清除僵块，用清水洗净，晾干备用。

(5)石灰膏。宜采用熟化后的石灰膏。

(6)生石灰粉。石灰粉使用前要将其焖透熟化，时间应不少于7d，使其充分熟化，使用时不得含有未熟化的颗粒和杂质。

(7)颜料。应采用耐碱性和耐光性较好的矿物质颜料，使用时应采用同一配比与水泥干拌均匀，装袋备用。

(8)胶粘剂。应符合国家规范标准要求，掺加量应通过试验。

二、施工技术准备

装饰抹灰主要在室外，抹灰的施工顺序通常是先上后下，即先檐口，再墙柱，最后墙裙、明沟或散水。装饰抹灰的施工操作工序均基本相同。以墙面为例，先进行基层处理，挂线作灰饼，作样筋，然后进行装档、刮杠完成底层和中层，最后进行装饰面层的施工。

装饰抹灰的施工准备主要包括材料、机具、施工作业条件等。

(1)材料准备应根据设计材料品种要求、材料耗用定额、工程量大小、施工进度要求提前计划准备，特别是面层材料为保证装饰效果，宜一次性组织材料进场。进场所有材料重量必须合格。

(2)按工艺要求进行机具准备，数量应满足工艺要求。

(3)按工艺要求在现场创造施工作业条件，主要内容为工序交接、基层处理、架子搭设等。

关键细节3　装饰抹灰基层处理要求

抹灰前应根据具体情况对基体表面进行必要的处理。

(1)墙上的脚手眼、各种管道穿越过的墙洞和楼板洞、剔槽等应用1∶3水泥砂浆填嵌密实或堵砌好。散热器和密集管道等背后的墙面抹灰，应在散热器和管道安装前进行，抹灰面接茬应顺平。

(2)门窗框与立墙交接处应用水泥砂浆或水泥混合砂浆(加少量麻刀)分层嵌塞密实。基体表面的灰尘、污垢、油渍、碱膜、沥青渍、粘结砂浆等均应清除干净，并用水喷洒湿润。

(3)混凝土墙、混凝土梁头、砖墙或加气混凝土墙等基体表面的凹凸处，要剔平或用1∶3水泥砂浆分层补齐；模板钢丝应剪除。

(4)板条墙或顶棚，板条留缝间隙过窄处，应进行处理，一般要求达到7～10mm(单层板条)。

(5)金属网应铺钉牢固、平整，不得有翘曲、松动现象。

(6)在木结构与砖石结构、木结构与钢筋混凝土结构相接处的基体表面抹灰，应先铺设金属网，并绷紧牢固。金属网与各基体的搭接宽度从缝边起每边不小于100mm，并应铺钉牢固，不翘曲，如图4-1所示。

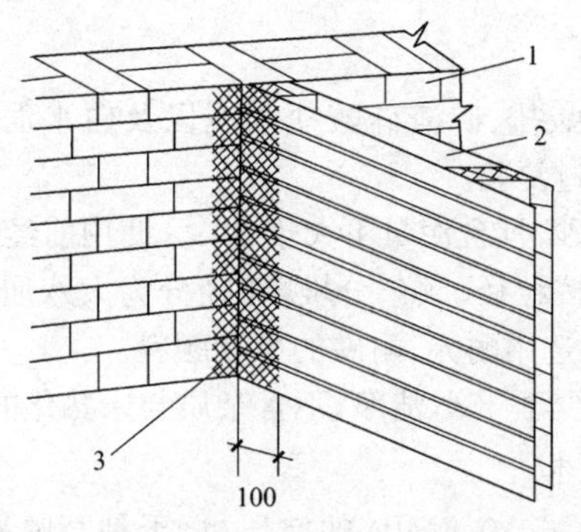

图4-1　砖结构与木结构相交处基体处理

1—砖墙；2—木板条墙；3—金属网

(7)平整光滑的混凝土表面，如设计无要求，可不抹灰，而用刮腻子处理。如设计有要求或混凝土表面不平，应进行凿毛后方可抹灰。

(8)预制钢筋混凝土楼板顶棚，在抹灰前需用1∶0.3∶3水泥石灰砂浆将板缝勾实。

第二节　干粘石抹灰

一、干粘石抹灰简介

干粘石面层粉刷，也称干撒石或干喷石。它是在水泥纸筋灰、纯水泥浆或水泥白灰砂浆粘结层的表面，用人工或机械喷枪均匀地撒喷一层石子，用钢板拍平板实。此种面层，适用于建筑物外部装饰。这种做法与水刷石比较，既节约水泥、石粒等原材料，减少湿作业，又能明显提高工效。

关键细节4　干粘石抹灰施工要求

(1)干粘石所用材料的产地、品种、批号应力求一致。同一墙面所用色调的砂浆，要做到统一配料以求色泽一致。施工前一次将水泥和颜料拌均匀，并于纸袋中储存，随时备用。

(2)干粘石面层应做在干硬、平整而又粗糙的中层砂浆面层上。

(3)在粘或喷石碴前，中层砂浆表面应先用水湿润，并刷水灰比为0.40～0.50的水泥浆一遍。随即涂抹水泥石灰膏或水泥石灰混合砂浆粘结层。粘结层砂浆的厚度宜为石碴粒径的1～1.2倍，一般是4～6mm。砂浆稠度不大于8cm，石粒嵌入砂浆的深度不应小于石粒粒径的1/2，以保证石粒粘结牢固。

(4)干粘石粘贴在中层砂浆面上，并应做到横平竖直，接头严密。分格应宽窄一致，厚薄均匀。

(5)建筑物底层或墙裙以下不宜采用干粘石，以免碰撞损坏和遭受污染。

二、干粘石抹灰施工准备

1. 材料

(1)水泥：选用普通硅酸盐、矿渣硅酸盐水泥以及白水泥，强度等级在32.5级以上。要求同批号、同厂家，并经过复验。

(2)砂：质地坚硬的中砂，且含泥量不大于3%。使用前经过5mm筛子过筛。

(3)石渣：洁净、坚实，按粒径、颜色分堆，粒径分为大八厘8(mm)，中八厘6(mm)，小八厘4(mm)。如需颜料应选用耐光、耐碱的矿物颜料。

(4)石灰膏：熟化期不少于30d，洁净，不含杂质与未熟化的颗粒。

2. 干粘石抹灰施工技术

除常用机具外，还有0.6～0.8MPa的空压机、干粘石喷枪(喷石机)、木制托盘、塑料滚子、小木拍、接石筛及抹灰手工工具等。

三、施工工艺

干粘石施工工艺顺序为：基层处理→抹底、中层砂浆→粘分隔条→抹粘接层→甩石粒粘贴→拍压平整→养护。

1. 基层处理

基层处理方法与一般抹灰基本相同。

2. 抹底中层砂浆

当建筑物为高层时，可用经纬仪利用墙大角、门窗两边打直线找垂直。建筑为多层时，应从顶层开始用特制大线坠吊垂直，绷铁丝找规矩，横向水平线可按楼层标高或施工+50cm线为水平基准交圈控制。

根据垂直线在墙面的阴阳角、窗台两侧、柱、垛等部位做灰饼，并在窗口上下弹水平线，灰饼要横竖垂直交圈，然后根据灰饼充筋。用1∶3水泥砂浆抹底灰，分层抹至与充筋平，用木杠刮平，木抹子压实、搓毛。待终凝后浇水养护。

3. 弹线分格、粘分格条

根据设计图纸要求弹出分格线，然后粘分格条，分格条使用前要用水浸透，粘时在条两侧用素水泥浆抹成45°八字坡形，粘分格条应注意粘在所弹立线的同一侧，防止左右乱粘，出现分格不均匀。弹线、分格应设专人负责，以保证分格符合设计要求。

4. 抹粘结层

粘结层多采用聚合物水泥砂浆，配合比为水泥∶石灰膏∶砂∶胶粘剂=1∶1∶2∶0.2，其厚度根据石子粒径用分格条薄厚控制，一般抹石粒粘结层应低于分格条1～2mm，粘结层要抹平，按分格大小一次抹一块，避免在分块内留接槎缝。

5. 甩石子

抹好粘结层之后，待干湿情况适宜时即可用手甩石粒。一手拿40cm×35cm×6cm底部钉有16目筛网的木框，内盛洗净晾干的石粒（干粘石一般多采用小八厘石碴，过4mm筛子，去掉粉末杂质），一手拿木拍，用拍子铲起石粒，并使石粒均匀分布在拍子上，然后反手往墙上甩。甩射面要大，用力要平稳有劲，使石粒均匀地嵌入粘结层砂浆中。如发现有不匀或过稀现象时，应用抹子和手直接补贴，否则会使墙面出现死坑或裂缝。在粘结砂浆表面均匀地粘上一层石粒后，用抹子或油印橡胶滚轻轻压一下，使石粒嵌入砂浆的深度不小于1/2粒径，拍压后石粒表面应平整坚实。拍压时用力不宜过大，否则容易翻浆糊面，出现抹子或滚子轴的印迹。阳角处应在角的两侧同时操作，否则当一侧石粒粘上去后，在角边口的砂浆收水，另一侧的石粒就不易粘上去，出现明显的接茬黑边，如图4-2(a)所示。如采取反贴八字尺也会因45°处砂浆过薄而产生石粒脱落的现象，如图4-2(b)所示。

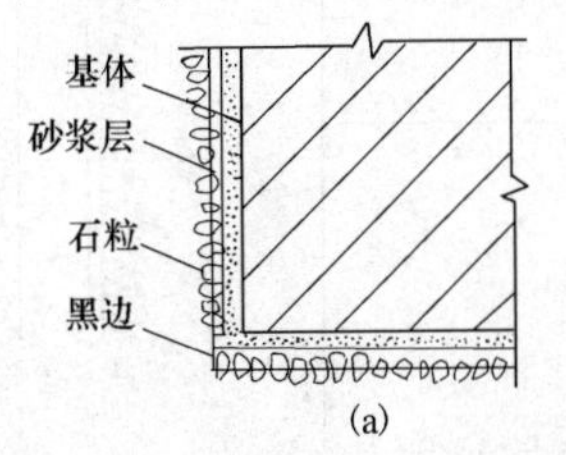

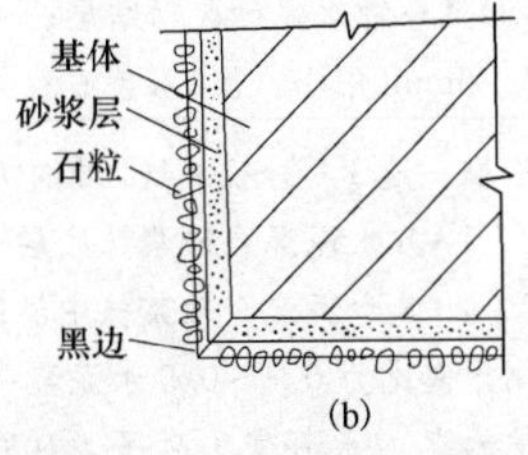

图4-2　黑边示意图

(a)盖缝黑边；(b)45°缝黑边

甩石粒时，未粘上墙的石粒到处飞溅，易造成浪费。操作时，可用1000mm×500mm×100mm木板框下钉16目筛网的接料盘，放在操作面下承接散落的石粒。也可用$\phi 6$钢筋弯成4000mm×500mm长方形框，装上粗布作为盛料盘，直接将石粒装入，紧靠墙边，边甩边接。

6. 拍压

在粘结砂浆表面均匀地粘上一层石子后用铁抹子或橡胶滚轻轻压一下，使石子嵌入砂浆的深度不少于1/2粒径。拍压后石粒表面应平整密实。拍压时用力不宜过大，否则容易翻浆糊面，表面颜色、石子显露不均匀。

7. 养护

干粘石的面层施工后应加强养护，在24d后应洒水养护2～3d。夏季日照强，气温高，要求有适当的遮阳条件，避免阳光直射，使干粘石凝结有一段养生时间，以提高强度。砂浆强度未达到足以抵抗外力时，应注意防止脚手架、工具等撞击、触动，以免石子脱落，还要注意防止油漆或砂浆等污染墙面。

关键细节5　干粘石抹灰一般做法

干粘石装饰抹灰一般做法，见表4-1。

表4-1　干粘石装饰抹灰一般做法

基体	分层做法	示意图
砖墙	①1∶3水泥砂浆抹底层； ②1∶3水泥砂浆抹中层； ③刷水灰比为0.40～0.50水泥浆一遍； ④抹水泥∶石膏∶砂子∶108胶＝100∶50∶200∶(5～15)聚合物水泥砂浆粘结层； ⑤4～6mm(中小八厘)彩色石粒	①②③④⑤
混凝土墙	①刮水灰比为0.37～0.40水泥浆或洒水泥砂浆； ②1∶0.5∶3水泥混合砂浆抹底层； ③1∶3水泥砂浆抹中层； ④刷水灰比为0.40～0.50水泥浆一遍； ⑤抹水泥∶石灰膏∶砂子∶108胶＝100∶50∶200∶(5～15)聚合物水泥砂浆粘结层； ⑥4～6mm(中小八厘)彩色石粒	①②③④⑤⑥
加气混凝土	①涂刷一遍1∶3～1∶4(108胶∶水溶液)； ②2∶1∶8水泥混合砂浆抹底层； ③2∶1∶8水泥混合砂浆抹中层； ④刷水灰比为0.4～0.5水泥浆一遍； ⑤抹水泥∶水石膏∶砂子∶108胶＝100∶50∶200∶(5～15)聚合物水泥砂浆粘结层； ⑥4～6mm(中小八厘)彩色石粒	

第三节 水刷石抹灰

一、水刷石抹灰简介

水刷石是石粒类材料饰面的传统做法，其特点是采取适当的艺术处理，如分格分色、线条凹凸等，使饰面达到自然、明快和庄重的艺术效果。水刷石一般多用于建筑物墙面、檐口、腰线、窗楣、窗套、门套、柱子、阳台、雨篷、勒脚、花台等部位。

关键细节6 *水刷石抹灰施工要求*

(1)水刷石面层应做在已经硬化、平整而又粗糙的找平层上，涂抹前应洒水湿润。

(2)分格条粘贴在找平层上，应保证做到横平竖直，交接严密，待水泥终凝后即可取出。

(3)涂抹水泥石碴前，应在已浇水湿润的找平层砂浆面上刮一遍水泥浆，其水灰比为0.37～0.40，以加强面层与找平层的粘结。

(4)水刷石面层必须分遍拍平压实，石子应分布均匀、紧密。凝固前，应用清水自上而下洗刷，注意勿将面层冲坏。

(5)因为水刷时形成的混浊雾被风刮后污染已刷完的水刷石表面，易造成大面积花斑，所以，刮大风天气不宜进行水刷石施工。

(6)在施工中，如发现水刷石墙面的表面水泥浆已经结硬，洗刷困难时，可先采用5%稀盐酸溶液洗刷，然后仍用清水冲洗，以免发黄。

二、水刷石抹灰施工准备

1. 材料

(1)水泥：选用普通硅酸盐、矿渣硅酸盐水泥以及白水泥，强度等级在32.5级以上。要求同批号、同厂家，并经过复验。

(2)砂：质地坚硬的中砂，且含泥量不大于3%。使用前经过5mm筛子过筛。

(3)石渣：洁净、坚实，按粒径、颜色分堆，粒径分为大八厘8(mm)，中八厘6(mm)，小八厘4(mm)。如需颜料应选用耐光、耐碱的矿物颜料。

(4)石灰膏：熟化期不少于30d，洁净，不含杂质与未熟化的颗粒。

2. 工具和机具

砂浆搅拌机、手压泵、灰桶灰勺、小车、铁(木)抹子、木杠、靠尺、方尺、毛刷、分格条等。

三、水刷石抹灰施工技术

干粘石施工工艺顺序为：基层处理→找规矩做灰饼→抹底层砂浆→弹线粘分格条→抹水泥石子浆→修整压实→喷刷清洗→养护。

1. 基层处理

水刷石装饰抹灰的基层处理方法与一般抹灰基本相同。

2. 找规矩、做灰饼

根据建筑高度确定放线方法，高层建筑可利用墙大角、门窗口两边，用经纬仪打直线找垂直。多层建筑时，可从顶层用大线坠吊垂直，绷铁丝找规矩，横向水平线可依据楼层标高或施工＋50cm 线为水平基准线交圈控制，然后按抹灰操作层抹灰饼。做灰饼时应注意横竖交圈，以便操作。每层抹灰时则以灰饼做基准充筋，使其保证横平竖直。

3. 抹底层砂浆

(1)混凝土墙：先刷一道胶粘性素水泥浆，然后用 1∶3 水泥砂浆分层装档抹至与筋平，然后用木杠刮平，木抹子搓毛或花纹。

(2)砖墙：抹 1∶3 水泥砂浆，在常温时可用 1∶0.5∶4 混合砂浆打底，抹灰时以充筋为准，控制抹灰层厚度，分层分遍装档与充筋抹平，用木杠刮平，然后木抹子搓毛或花纹。底层灰完成 24h 后应浇水养护。抹头遍灰时，应用力将砂浆挤入砖缝内使其粘结牢固。

4. 弹线分格、粘分格条

根据图纸要求弹线分格、粘分格条，分格条宜采用红松制作，粘前应用水充分浸透，粘时在条两侧用素水泥浆抹成 45°八字坡形，粘分格条时注意竖条应粘在所弹立线的同一侧，防止左右乱粘，出现分格不均匀，条粘好后待底层灰呈七八成干后可抹面层灰。

5. 抹水泥石粒浆

待中层砂浆六七成干时，按设计要求弹线分格并粘贴分格条(木分格条事先在水中浸透)，然后根据中层抹灰的干燥程度浇水湿润。紧接着用钢抹子满刮水灰比为 0.37～0.40 的水泥浆一道，随即抹面层水泥石粒浆。面层厚度视石粒粒径而定，通常为石粒粒径的 2.5 倍。水泥石粒浆(或水泥石灰膏石粒浆)的稠度应为 5～7cm。要用钢抹子一次抹平，随抹随用钢抹子压紧、揉平，但不把石粒压得过于紧固。每一块分格内应从下边抹起，每抹完一格，即用直尺检查其平整度，凹凸处应及时修理，并将露出平面的石粒轻轻拍平。同一平面的面层要求一次完成，不宜留施工缝。如必须留施工缝时，应留在分格条的位置上。抹阳角时，先抹的一侧不宜使用八字靠尺，应将石粒浆抹过转角，然后再抹另一侧。抹另一侧时，用八字靠尺将角靠直找齐。这样可以避免因两侧都用八字靠尺而在阳角处出现明显接茬。

6. 修整

罩面后水分稍干，墙面无水光时，先用钢抹子溜一遍，将小孔洞压实、挤严。分格条边的石粒要略高 1～2mm。然后用软毛刷蘸水刷去表面灰浆，阳角部位要往外刷。并用抹子轻轻拍平石粒，再刷一遍，然后再压。水刷石罩面应分遍拍平压实，石粒应分布均匀而紧密。

7. 喷刷

冲洗是确保水刷石质量的重要环节之一，如冲洗不净，会使水刷石表面色泽灰暗或明暗不一致而影响美观。罩面灰浆凝结后(表面略发黑，手指按上去不显指痕)，用刷子刷石粒不掉时，即可开始喷刷。喷刷分两遍进行，第一遍先用软毛刷子蘸水刷掉面层水泥浆，露出石粒;第二遍随即用手压喷浆机(采用大八厘或中八厘石粒浆时)或喷雾器(采用小八厘石粒浆时)将四周相邻部位喷湿,然后由上往下顺序喷水。喷射要均匀,喷头离墙10~20cm,将面层表面及石粒间的水泥浆冲出,使石粒露出表面1/2粒径,达到清晰可见、均匀密布。然后用清水(用3/4in自来水管或小水壶)从上往下全部冲净。喷水要快慢适度,喷水速度过快会冲不净浑水浆,表面易呈现花斑;过慢则会出现塌坠现象。喷水时,要及时用软毛刷将水吸去,以防止石粒脱落。分格缝处也要及时吸去滴挂的浮水,以使分格缝保持干净清晰。如果水刷石面层过了喷刷时间而开始硬结,可用3%~5%盐酸稀释溶液洗刷,然后须用清水冲净,否则,会将面层腐蚀成黄色斑点。冲刷时应做好排水工作,不要让水直接顺墙面往下流淌。一般是将罩面分成几段,每段都抹上阻水的水泥浆挡水,在水泥浆上粘贴油毡或牛皮纸将水外排,使水不直接往下淌。冲洗大面积墙面时,应采取先罩面先冲洗,后罩面后冲洗,罩面时由上往下,这样既保证上部罩面洗刷方便,也可避免下部罩面受到损坏。

8. 养护

水刷石抹完第二天起要经常洒水养护,养护时间不少于7d,在夏季酷热天施工时,应考虑搭设临时遮阳棚,防止阳光直接辐射,导致水泥早期脱水影响强度,削弱粘结力。

关键细节7 水刷石抹灰施工注意事项

(1)水刷石施工应按设计要求弹分格线,并用水泥膏按弹线位置粘贴分格条。弹线分格要确保平直,不露接槎。分格条的材料宜选质地较软的松、杉木制作。分格条粘贴前要先在水中浸泡1d,取出风干后才准使用,这样做可以增加分格条的韧性,也便于粘贴。粘分格条用水泥素浆或用聚合物水泥浆。

(2)水泥石子浆的配比应正确。为了减轻普通水泥的灰色调,可在水泥石子浆中掺入不大于水泥用量20%的石灰膏,湿度大的地区不得大于水泥用量的12%。用彩色石子时,可用白水泥配制水泥石子浆。

(3)水泥石碴浆罩面层需待找平层七成干后进行。太干,易使面层产生假凝而不易压实抹干,石碴不易转动,喷刷、冲洗后效果不明显,石粒稀疏不均、不平。

(4)抹水泥石子浆时,厚同分格条,应用铁抹子反复拍子压实,使石子密实、均匀。

(5)罩面层喷刷时间要适宜,过早,石碴易脱落;过晚,水泥浆不易冲净。

(6)喷刷阳角时,喷头要骑角自上而下地进行,在一定宽度内一喷到底。

(7)4级以上的风天不宜进行水刷石施工。

第四节 斩假石抹灰

一、斩假石抹灰简介

斩假石又称剁斧石,是仿制天然石料的一种建筑饰面。用不同的骨料或掺入不同的颜料,可以制成仿花岗石、玄武石、青条石等斩假石。斩假石在我国有悠久的历史,其特点是通过细致的加工使其表面石纹逼真、规整，形态丰富，给人一种类似天然岩石的美感效果。

关键细节8 斩假石抹灰施工要求

(1)抹完面层后须采取防晒措施，浇水养护2～3d；在冬期施工时，要考虑防冻。抹面层不得有脱壳、裂缝、高低不平等弊病。

(2)应弹线剁斩，相距10cm按线操作，以免剁纹跑斜。

(3)在水泥石碴浆达到一定强度时，可进行试剁，以石子不脱落为准。

(4)斩剁时必须保持墙面湿润，如墙面过于干燥，应予蘸水，但剁完部分不得蘸水，以免影响外观。

(5)斩剁小面积时，应用单刀剁齐；剁大面积时，应用多刀剁齐。斧刃厚度根据剁纹宽窄要求确定。

(6)为了美观，棱角及分格缝周边可留15～20mm不剁。

(7)斩剁的顺序应由上到下，由左到右进行。先剁转角和四周边缘，后剁中间墙面。转角和四周剁水平纹，中间剁垂直纹。若墙面有分格条时，每剁一行应随时将上面和竖向分格条取出，并及时用水泥浆将分块内的缝隙、小孔修补平整。

(8)斩剁时，先轻剁一遍，再盖着前一遍的斧纹剁深痕，用力必须均匀，移动速度一致，不得有漏剁。

(9)墙角、柱子边棱，宜横剁出边缘横斩纹或留出窄小边条(从边口进30～40mm)不剁。剁边缘时应用锐利小斧轻剁，防止掉角掉边。

(10)用细斧剁斩一般墙面时，各格块体的中间部分均剁成垂直纹，纹路应相应平行，上下各行之间均匀一致。

(11)用细斧剁斩墙面雕花饰时，剁纹应随花纹走势而变化，不允许留下横平竖直的斧纹、花饰周围的平面上应剁成垂直纹。

二、斩假石抹灰施工准备

1. 材料

(1)水泥：选用普通硅酸盐水泥或白水泥，强度等级在42.5级以上。要求同批号、同厂家，并经过复验。

(2)砂：质地坚硬的中砂，过筛。含泥量不得大于3%。

(3)石渣：坚硬岩石(白云石、大理石)制成，粒径采用小八厘(4mm以下)。

(4)颜料：耐光耐碱的矿物颜料，其掺入量一般不大于水泥重量的5%。

2. 工具与机具

除一般抹灰常用工具外，还有斩假石专用工具：单刃斧、多刃斧、棱点锤、錾子、线条模板、钢丝刷、偏凿等。

三、斩假石抹灰施工技术

斩假石的施工工艺顺序：基层处理→找规矩、抹灰饼→抹底层、中层砂浆→弹线贴分格条→抹水泥石屑浆面层→剁石。

1. 基层处理

斩假石的基层处理做法与一般抹灰基本相同。

2. 找规矩、抹灰饼

根据设计要求，在需要做斩假石的墙面、柱面中心线或建筑物的大角、门窗口等部位用线坠从上到下吊通线作为垂直线，水平横线可利用楼层水平线或施工＋50cm 标高线为基线作为水平交圈控制。为便于操作，做整体灰饼时要注意横竖交圈。然后每层打底时以此灰饼为基准，进行层间套方、找规矩、做灰饼、充筋，以便控制各层间抹灰与整体平直。施工时要特别注意保证檐口、腰线、窗口、雨篷等部位的流水坡度。

3. 抹底层、中层砂浆

抹灰前基层要均匀浇水湿润，先刷一道水溶性胶粘剂水泥素浆（配合比根据要求或实验确定），然后依据充筋分层分遍抹 1∶3 水泥砂浆，分两遍抹与充筋平，然后用抹子压实，木杠刮平，再用木抹子搓毛或划纹。打底时要注意阴阳角的方正垂直，待抹灰层终凝后设专人浇水养护。

4. 弹线贴分隔条

根据图纸要求弹线分格、粘分格条，分格条宜采用红松制作，粘前应用水充分浸透，粘时在条两侧用素水泥浆抹成 45°八字坡形，粘分格条时注意竖条应粘在所弹立线的同一侧，防止左右乱粘，出现分格不均匀，条粘好后待底层呈七八成干后方可抹面层灰。

5. 抹水泥石屑浆面层

在基层处理之后，即涂抹底层、中层砂浆。砖墙基体底层、中层砂浆用 1∶2 水泥砂浆。底层和中层表面均应划毛。涂抹面层砂浆前，要认真浇水湿润中层抹灰，并满刮水灰比为 0.37～0.40 的素水泥浆一道，按设计要求弹线分格，粘分格条。面层砂浆一般用 2mm 的白色米粒石内掺 30％粒径为 0.15～1mm 的石屑。材料应统一备料，干拌均匀后备用。罩面操作一般分两次进行。先薄薄抹一层砂浆，稍收水后再抹一遍砂浆与分格条平。用刮尺赶平，待收水后再用木抹子打磨压实，上下顺势溜直，最后用软质扫帚顺着剁纹方向清扫一遍，面层完成后不能受烈日曝晒或遭冰冻，且须进行养护。养护时间根据气候情况而定，常温下（15～30℃）一般为 2～3d，其强度应控制在 5MPa，即水泥强度还不大，容易剁得动而石粒又剁不掉的程度为宜。在气温较低时（5～15℃），宜养护 4～5d。

6. 剁石

抹完石屑浆一天后开始浇水养护，使强度达到 5MPa，试剁时能剁得动且石屑不掉即可剁石。斩剁前按设计要求的留边宽度进行弹线，作为镜边不剁。斩剁的纹路依设计而定。为保证剁纹垂直和平行，可在分格内划垂直线控制。剁石时，马步而立，双手胸前握紧剁斧，用力均匀一致，顺着一个方向剁，以保证剁纹均匀。剁石的深度以石粒剁掉 1/3 为宜。

斩剁的顺序是先上后下，由左到右进行。先剁转角和四周边缘，后剁中间墙面。转角和四周宜剁成水平纹理，中间墙剁成垂直纹理。每剁一行随时将分格条取出，并及时用水泥浆将分块内的缝隙和小孔嵌修平整颜色一致。斩剁完成后，应用扫帚清扫表面，显出剁后本色。

关键细节9 斩假石抹灰施工注意事项

(1)面层养护达到一定强度后,经试剁不掉粒即可剁。

(2)剁纹应方向一致,深浅均匀,排列紧密,不得有漏剁、掉角、条纹宽窄不一致等缺陷。

(3)在分格缝周边及阴阳角处宜留出15～20mm不剁,既能显示较强的琢石感,又具有似用石料砌拼成的装饰面。

第五节 假面砖抹灰

一、假面砖抹灰简介

假面砖抹灰饰面是近年来通过反复实践比较成功的新工艺。这种饰面操作简单,美观大方,在经济效果上低于水刷石造价的50%,提高工效达40%。它适用于各种基层墙面。

关键细节10 假面砖抹灰施工要求

(1)假面砖饰面是在墙体表面的基层上先抹一层1∶3水泥砂浆打底,其厚度为10～12mm,如图4-3所示。

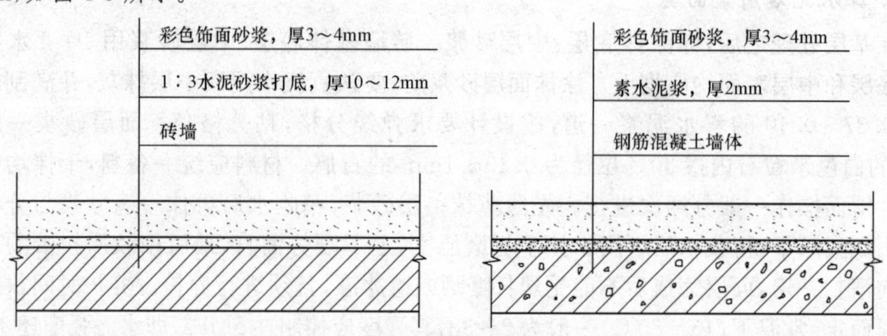

图4-3 假面砖构造

(2)如果是混凝土基层,应先刮一道素水泥浆,厚度为2mm。抹底层之前,对基层的处理同水刷石、干粘石,操作前检查墙面的平整、垂直程度、贴饼、挂线、确定抹灰厚度。

(3)底子灰抹完后,用木抹子搓平,然后抹彩色饰面砂浆3～4mm厚,再仿瓷面砖划纹。

(4)彩色砂浆根据设计要求配出各种颜色,常用彩色饰面砂浆见表4-2。

表4-2 彩色砂浆的配合比

设计颜色	水泥	白灰	色料(按水泥量%)	细砂
土黄色	(青)5	1	氧化铁红∶氧化铁黄=(0.3～0.4)∶0.006	9
咖啡色	(青)5	1	氧化铁红0.5	9

（续）

设计颜色	水泥	白灰	色料(按水泥量%)	细砂
淡黄色	(白)5		铬黄 0.9	9
浅桃色	(白)5		铬黄：红珠＝0.5：0.4	白细砂 9
淡绿色	(白)5		氧化铬绿 2	白细砂 9
灰绿色	(青)5	1	氧化铬绿 2	白细砂 9
白色	(白)5			白细砂 9

二、假面砖抹灰施工准备

1. 材料

(1)水泥:选用普通硅酸盐水泥,强度等级 42.5 级以上。要求同批号、同厂家,并经过复验。

(2)砂:中粗砂。含泥量不得大于 3%。

(3)石渣:坚硬岩石(白云石、大理石)制成,粒径采用小八厘(4mm 以下)。

(4)彩色砂浆:一般按设计要求的色调和理调配,并先做出样板,确定标准配合比。

2. 工具与机具

除一般抹灰常用的常规机具和手工机具外还应使用:铁梳子、铁钩子等。

三、假面砖抹灰施工技术

假面砖抹灰的施工工艺顺序:基层处理→找规矩、作灰饼→抹底层、中层砂浆→弹线→抹面层灰→划缝、做面砖。

1. 基层处理

基层处理与一般抹灰基本相同。

2. 找规矩、做灰饼

根据建筑高度确定放线方法,高层建筑可利用墙大角、门窗口两边,用经纬仪打直线找垂直。多层建筑可从顶层用大线坠吊垂直,绷铁丝找规矩,横向水平线可依据楼层标高或施工＋50cm 线为水平基准线进行交圈控制,然后按抹灰操作层抹灰饼,做灰饼时应注意横竖交圈,以便操作。每层抹灰时则以灰饼做基准充筋,使其保证横平竖直。

3. 抹底层、中层砂浆

根据不同的基体,抹底层灰前可刷一道胶粘性水泥浆,然后抹 1：3 水泥砂浆,每层厚度控制在 5～7mm 为宜。分层抹灰抹至与充筋平时,用木杠刮平找直,木抹搓毛,每层抹灰不宜跟得太紧,以防收缩影响质量。

4. 弹线

主要弹水平线,按每步架为一水平工作段,弹上、中、下三条水平通线,以便控制面层勾缝的平直度。

5. 抹面层灰

在中层面上,洒水湿润,抹面层灰,砂浆比为水泥：石灰：砂＝5：1：9,也可按颜色需要掺入适量矿物颜料，成为彩色砂浆，抹灰厚度分格条控制一般为3～4mm，并要压实抹平。

6. 划缝、做面砖

在面层灰收水后，先用专用铁梳子沿木靠尺由上向下划出竖向纹，竖向纹划完后，再按假面砖尺寸，弹出水平线，将靠尺固定在水平线上，用铁钩顺着靠尺横向划沟。操作时要求，划沟要水平成线，沟的间距、深浅要一致。竖向划纹，也要垂直成线，深浅一致。划沟缝要横平竖直，均匀一致。

关键细节11　假面砖抹灰成品保护

(1)根据现场和施工情况，按要求应制订成品保护措施，成品保护可采用看护、隔离、封闭等形式。

(2)施工过程中翻脚手板及施工完成后拆除架子时要对操作人员进行施工交底，要轻拆轻放，严禁乱拆和抛扔架杆、架板等，以免造成碰损假面砖墙面，棱角处应采取隔离保护措施，以防撞损。

(3)抹灰前应对木门窗口用铁皮或木板进行保护。铝门窗口应贴膜保护，假面砖完成后应将门窗口及架子上的灰浆及时清理干净。

(4)其他工种作业时严禁蹬踩已完成假面砖墙面，油漆工作业时严防碰倒油桶或滴甩刷子油漆，以防污染墙面。

(5)不同面层材料交叉作业时，应将先做好的面层采取保护措施后再施工。

第六节　清水砌体勾缝抹灰

清水砌体也称清水墙，即用砖与砂浆砌好后，墙面不做任何处理。勾缝是在清水墙的砖缝处用水泥浆封闭，一是更加美观，二是增加强度。非清水墙对砌墙的砂浆可以不必处理，清水墙则必须把多余的砂浆及时清理掉，如要勾缝还要在勾缝面在砂浆未凝固前用钢筋划掉砂灰，留出勾缝的空间。

一、清水砌体勾缝抹灰

1. 材料准备

(1)水泥：选用42.5级普通水泥或矿渣水泥。为了使灰缝颜色一致，要选用同品种、同等级和同批进场的水泥。

(2)砂：选用洁净的细砂，并要过窗纱筛。

(3)掺合料要求：粉煤灰细度过4900孔/cm^{2}筛，余量11%～29%，在拌合砂浆时按比例掺入；颜料，应是耐碱、耐光的矿物颜料。

(4)砖：堵砌脚手眼、施工洞用砖，应与墙面用砖是同品种、同规格、同批进场，使墙面颜色一致。

(5)水：要求洁净。

2. 机具

(1)灰浆搅拌机。灰浆搅拌机是砂浆的用料(砂、水、水泥或石灰膏等)均匀搅拌成为灰浆的机械,其搅拌方式是强制式的。

(2)常用的抹灰工具。扁凿子、锤子、粉线袋、托灰板、筛子、长溜子、短溜子、喷壶。

二、清水砌体勾缝抹灰施工技术

清水砌体勾缝抹灰的施工工艺顺序:基层处理→弹线找规矩→开缝补缝→勾缝→细部处理→扫缝→找补漏缝→清扫墙面。

1. 基层处理

如采用单排外脚手架时,应随落架子,随堵脚手眼,首先应将脚手眼内的砂浆、污物清理干净,并洒水湿润,再用与原砖墙相同颜色的砖,补砌脚手眼。

2. 弹线、找规矩

从上往下顺其立缝吊垂直,并用粉线将垂直线弹在墙上,作为垂直线的规矩,水平缝则以砖的上下楞弹线控制,凡在线外的砖棱,均用扁凿子剔去,对偏差较大的剔凿后应抹灰补齐。然后用砖面磨成的细粉加108胶拌合成浆,刷在修补的灰层上,使其颜色一致。

3. 开缝补缝

在勾缝之前,先检查墙面的灰缝宽窄、水平和垂直是否符合要求,如果有缺陷,就应进行开缝和补缝。

开缝时,先用粉线弹出立缝垂直线,把游丁偏大的开补找齐;水平缝不平和瞎缝,也要弹线开缝,达到缝宽10mm左右,宽窄一致。如果砌墙时划缝太浅,必须将缝划深,深度控制在10～12mm以内,并将缝内的残灰、杂质等清除干净。

对缺棱掉角的砖和游丁的立缝,应进行修补,修补前要浇水润湿,补缝砂浆的颜色必须与墙上砖面颜色近似。

4. 勾缝

为了防止砂浆早期脱水,在勾缝前一天应将砖墙浇水润湿,勾缝时再适量浇水,但不宜太湿。勾缝时用溜子把灰挑起来填嵌,俗称“叼缝”,防止托灰板污染墙面。外墙一般勾成平缝,凹进墙面3～5mm,从上而下,自右向左进行,先勾水平缝,后勾立缝。使阳角方正;阴角处不能上下直通和瞎缝;水平缝和竖缝要深浅一致,密实光滑,搭接处平顺。喂缝方法是将托灰板顶在要勾的灰口下沿,用溜子将灰浆压入缝内,在喂缝的过程中,靠近墙面要铺板子或采用其他措施接灰,落下的砂浆及时捡起拌合再用。这种方法容易污染墙面,因此,待缝勾完稍干,用笤帚清扫墙面。扫缝时注意不断抖掉笤帚夹带的灰浆粉粒,减少对墙面的污染。天气干燥,注意浇水养护。勾完缝加强自检,检查有无丢缝现象。特别是勒脚、腰线,过梁上第一皮砖及门窗膀侧面,如发现漏勾的,应及时补勾好。

5. 细部处理

清水砖墙建筑的勒脚、檐口、门套、窗台的处理,可以用粉刷或天然石板进行装饰。但在门窗过梁的外表也可以用砖拱形式来装饰,问题在于某些建筑用的是钢筋混凝土过梁,这就需要将过梁往里收1/4砖左右,外表再镶砖饰。

6. 扫缝

每一操作段勾缝完成后，用笤帚顺缝清扫，先扫平缝，后扫立缝，并不断抖弹笤帚上的砂浆，减少墙面污染。

7. 找补漏缝

扫缝完成后，要认真检查一遍有无漏勾的墙缝，尤其检查易忽略、挡视线和不易操作的地方，发现漏勾的缝及时补勾。

8. 清扫墙面

勾缝工作全部完成后，应将墙面全面清扫，对施工中污染墙面的残留灰痕应用力扫净，如难以扫掉时用毛刷蘸水轻刷，然后仔细将灰痕擦洗掉，使墙面干净整洁。

关键细节12　清水砌体勾缝抹灰成品保护

(1) 抹灰前必须全面检查门窗框安装是否固定牢固，是否方正平整，使其符合设计及验收规范的要求。抹灰前必须把窗框与墙连接处的缝隙用1：3水泥砂浆嵌塞密实或用1：1：6混合砂浆分层嵌密实，门口要设置铁皮、木板或木架保护。

(2) 应合理安排水、电、设备安装等工序，及时配合施工，不应在抹灰工程完成后开凿孔洞。对施工中可能发生碰损的入口、通道、阳角等部位，应采取临时保护措施。

(3) 抹灰时应注意保护墙上预埋件、窗帘钩、通风篦子等，同时要注意墙上的电线盒、水暖设备预留洞及空调线的穿墙孔洞等，不要随意堵死。

(4) 拆除脚手架、跳板和高马凳时，要轻拆轻放，并堆放整齐，以免撞坏门窗框，碰坏墙壁面和棱角。

(5)抹灰后随即清擦干净粘在门窗框上的残余砂浆。对铝合金、塑钢门窗框一定要粘贴保护膜，并一直保持到竣工前需清擦玻璃时为止。

第七节　聚合物水泥砂浆抹灰

一、喷涂墙面施工

喷涂是用挤压式砂浆泵和喷头将聚合物水泥砂浆喷涂于外墙的装饰抹灰。其构造如图4-4所示，喷涂样子很多，有白水泥喷涂、普通水泥掺石灰膏喷涂、波纹状的波面喷涂和表面布满点状粒状喷涂。

1. 施工准备

(1)材料。

1)水泥：选用普通硅酸盐水泥，强度等级42.5级以上。要求同批号、同厂家，并经过复验。

2)砂：中粗砂。含泥量不得大于3%。

3)颜料：耐光耐碱的矿物颜料，其掺入量一般是水泥重量的1%～5%。

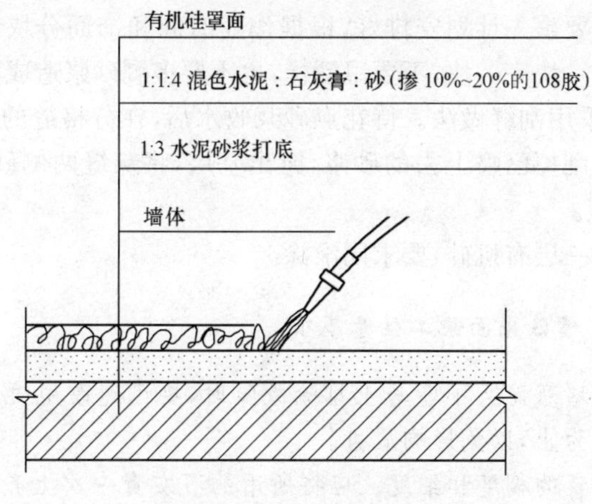

图 4-4 喷涂墙面的构造

4)108 胶:掺入量一般是水泥重量的 10%～20%。

5)聚乙烯醇缩丁醛:外观白色或微黄色粉末,使用时须溶解于酒精(9%酒精：聚乙烯醇缩丁醛＝17：1)中即可使用。

(2)工具与机具。除一般抹灰常用的常规机具和手工机具外还应使用喷枪、喷斗。

2. 施工技术

喷涂墙面施工工艺顺序:基层处理→找规矩、做灰饼→抹底层、中层砂浆→喷涂面层。

(1)基层处理。喷涂墙面施工的基层处理与一般抹灰基本相似。

(2)找规矩、做灰饼。喷涂墙面施工的找规矩、做灰饼与一般抹灰相同。

(3)抹底层、中层砂浆。砖墙用 1：3 水泥砂浆打底;混凝土墙板,一般只做局部处理,做好窗口腰线,将现浇时流淌鼓出的水泥砂浆凿去,凹凸不平的表面用 1：3 水泥砂浆找平,将棱角找顺直,不甩活槎。喷涂时要掌握墙面的干湿度,因为喷涂的砂浆较稀,如果墙面太湿,会产生砂浆流淌,不吸水,不易成活;太干燥,也会造成粘结力差,影响质量。

(4)喷涂面层。单色底层喷涂的方法,是先将清水装入加压罐,加压后清洗输送系统。然后将搅拌好的砂浆通过 3mm 孔的振动筛,装满加压罐或加入柱塞泵料斗,加压输运充满喷枪腔;砂浆压力达到要求后,打开空气阀门及喷枪气管扳机,这时压缩空气带动砂浆由喷嘴喷出。喷涂时喷嘴应垂直墙面,根据气压大小和墙面的干湿度,决定喷嘴与墙面的距离,一般为 15～30cm。要直视直喷,喷涂遍数要以喷到与样板颜色相同,并均匀一致为止。

在各遍喷涂时,如有局部流淌,要用木抹子抹平,或刮去重喷。只能一次喷成,不能补喷。喷涂成活厚度一般在 3mm 左右。喷完后要将输运系统全部用水压冲洗干净。如果中途停工时间超过了水泥的凝结时间,要将输送系统中的砂浆全部放净。

喷花点时,直接将砂浆倒入喷斗就可开气喷涂。根据花点粗细疏密要求的不同,砂浆稠度和空气压力也应有所区别。喷粗疏大点时,砂浆要稠,气压要小;喷细密小点时,砂浆要稀,气压要大。如空气压缩机的气压保持不变,可用喷气阀和开关大小来调节。同时要注意直视直喷,随时与样板对照,喷到均匀一致为止。

涂层的接茬分块，要事先计划安排好，根据作业时间和饰面分块情况，事先计算好作业面积和砂浆用量，做一块完一块，不要甩活槎，也不要多剩砂浆造成浪费。

饰面的分格缝可采用刮缝做法。待花点砂浆收水后，在分格缝的一侧用手压紧靠尺，另一手拿铁皮做刮子，刮掉已喷上去的砂浆，露出基层，将灰缝两侧砂浆略加修饰就成分格缝，宽度以 2cm 为宜。

成活 24h 后，可喷一层有机硅，要求同滚涂。

关键细节 13　喷涂墙面施工注意事项

(1)灰浆管道产生堵塞而又不能马上排除故障时，要迅速改用喷斗上料继续喷涂，不留接茬，直到喷完一块为止，以免影响质量。

(2)要掌握好石灰膏的稠度和细度。应将所用的石灰膏一次上齐，储存在不漏水的池子里和匀，做样板和做大面均用含水率一样的石膏，否则会产生颜色不一的现象，使得装饰效果不够理想。

(3)基层干湿程度不一致，表面不平整。因此造成喷涂干的部分吸收色浆多，湿的部分吸收色浆少；凸出部分附着色浆少，凹陷的部分附着色浆多，故墙面颜色不一。

(4)喷涂时要注意把门窗遮挡好，以免沾污。

(5)注意打开加压罐时，应先放气，以免灰浆喷出造成伤人事故。

(6)拌料的数量不要一次拌得太多，若用不完变稠后又加水重拌，这样不仅使喷料强度降低，且影响涂层颜色的深浅。

(7)操作时，要注意风向、气候、喷射条件等。在大风天或下雨天施工，易喷涂不匀。喷射条件、操作工艺掌握不好，如粒状喷涂，喷斗内最后剩的砂浆喷出时，速度太快，会形成局部出浆，颜色即变浅，出现波面、花点。

二、滚涂墙面施工

滚涂是将聚合物水泥砂浆抹在基层表面，用滚子滚出花纹，其构造如图 4-5 所示。滚涂可用于建筑物外墙装修，对于局部装饰极为适用。滚涂操作工艺的特点是：手工工效低，操作简单，不污染墙面及门窗，用来装饰小面积墙面效果好。

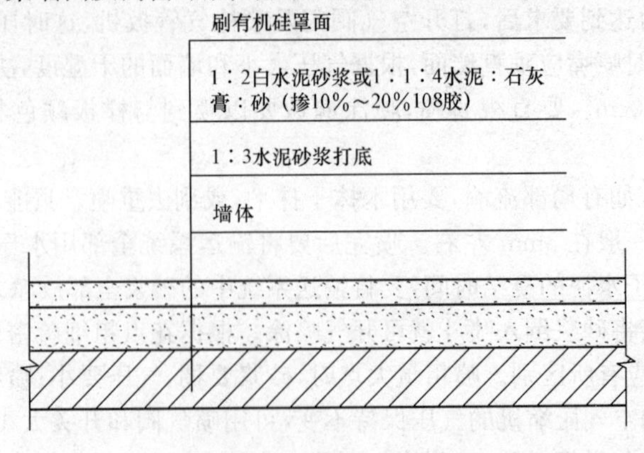

图 4-5　滚涂墙面构造

1. 施工准备

(1)材料。

1)水泥:选用普通硅酸盐水泥,强度等级 42.5 级以上。要求同批号、同厂家,并经过复验。

2)砂:中粗砂。含泥量不得大于 3%。

3)颜料:彩耐光耐碱的矿物颜料,其掺入量一般是水泥重量的 1%~5%。

4)108 胶:掺入量一般是水泥重量的 10%~20%。

(2)工具与机具。除一般抹灰常用的常规机具和手工机具外还应使用滚子。

2. 施工技术

滚涂墙面施工工艺顺序:基层处理→找规矩、做灰饼→抹底层、中层砂浆→弹线→抹面层灰滚涂。

滚涂的基层处理、找规矩做灰饼、抹底层、中层砂浆机弹线都与喷涂相同,不同的地方只是面层的施工方法。滚涂有垂直滚涂和水平滚涂两种操作方法。

(1)垂直滚涂。滚涂时要掌握底层的干湿度,吸水较快时,要适当浇水湿润,浇水量以涂抹时不流为宜。操作时需两人合作。一人在前面涂抹砂浆,抹子紧压刮一遍,再用抹子顺平;另一人拿辊子滚拉,要紧跟涂抹人,否则吸水快时会拉不出毛来。操作时,辊子运行不要过快,手势用力一致,上下左右滚匀,要随时对照样板调整花纹,使花纹一致。并要求最后成活时,滚动的方向一定要由上往下拉,使滚出的花纹,有一自然向下的流水坡度,以免日后积尘污染墙面。滚完后起下分格条,如果要求做阳角,一般在大面成活时再进行捋角。

为了提高滚涂层的耐久性和减缓污染变色,一般在滚完面层 24h 后喷有机硅水溶液(憎水剂),喷量看其表面均匀湿润为原则,但不要雨天喷,如果喷完 24h 内遇有小雨,会将喷在表面的有机硅冲掉,达不到应有的效果,须重喷一遍。

(2)水平滚涂。水平滚涂基本上与垂直滚涂操作相同,由于楼板是平的,辊子把短,不便操作。可将辊子把接长一些进行滚拉,在连续两次滚拉中间位置滚拉一遍,即可防止滚空或有棱埂等现象。

关键细节 14　滚涂墙面施工注意事项

(1)面层厚为 2~3mm,因此要求底面顺直平正,以保证面层取得应有的效果。

(2)滚涂时若发现砂浆过干,不得在滚面上洒水,应在灰桶内加水将灰浆拌合,并考虑灰浆稠度一致。

(3)使用时发现砂浆沉淀要拌匀再用,否则会产生"花脸"现象。

(4)每日应按分格分段做,不能留活槎,不得事后修补,否则会产生花纹和颜色不一致现象。

(5)配料必须专人掌握,严格按配合比配料,控制用水量,使用时砂浆应拌匀。尤其是带色砂浆,应对配合比、基层湿度、砂子粒径、含水率、砂浆稠度、滚拉次数等方面严格掌握。

三、弹涂墙面施工

弹涂饰面是在墙体表面刷一道聚合物水泥色浆后，用弹涂器分几遍将不同色彩的聚合物水泥浆弹在已涂刷的涂层上，形成直径约1～3mm大小不同的圆粒状色点。这些色点相互交错，并用深色、浅色及中间色的色点互为衬托，使其直观效果与水刷石、干粘石相似。弹涂可用于建筑物内外墙面及顶棚饰面。

1. 施工准备

(1)材料。

1)水泥：选用普通硅酸盐水泥，强度等级42.5级以上。要求同批号、同厂家，并经过复验。

2)砂：中粗砂。含泥量不得大于3%。

3)颜料：彩耐光耐碱的矿物颜料，其掺入量一般是水泥重量的1%～5%。

4)108胶：掺入量一般是水泥重量的10%～20%。

5)聚乙烯醇缩丁醛：外观白色或微黄色粉末，使用时须溶解于酒精(9%酒精：聚乙烯醇缩丁醛＝17：1)中即可使用。

6)甲基硅树脂：用乙醇作稀释剂，常温下固化须加入0.3%乙醇胺作固化剂。成膜后经人工老化1000h无变化，可施工。

(2)工具与机具。除一般抹灰常用的常规机具和手工机具外还应使用弹涂器。

2. 施工技术

弹涂墙面施工工艺顺序：基层处理→打底、涂底色浆→弹色点面层→修正、补弹→喷刷聚乙烯醇缩丁醛或甲基硅树脂罩面。

(1)基层处理与一般抹灰相同。

(2)打底涂底色浆。用1：3水泥砂浆打底，操作方法与一般墙面一样，表面用木抹子搓平。预制外墙板、加气板等墙面，表面较平整的，将边角找直，局部偏差较大处用1：2.5水泥砂浆局部找平，然后粘贴分格条。

将色浆配好后，用长木把毛刷在底层刷涂一遍，大面积墙面施工时，可采用喷浆器喷涂。

(3)弹色点面层。把色浆放在筒形弹力器内(不宜太多)，弹点时按色浆分色每人操作一种色浆，流水作业，即一人弹第一种色浆后，另一人紧跟弹另一种色浆。弹点时几种色点要弹得均匀，相互衬托一致，弹出的色浆应为近似圆粒状。弹点时若出现色浆下流、拉丝现象，应停止操作，调整胶浆水灰比。一般出现拉丝现象是由于胶液过多，应加水调制；出现下流时，应加适量水泥，以增加色浆的稠度。若已出现上述结果，可在弹第二道色点时遮盖分解。随着自然气候温度的变化，须随时将色浆的水灰比进行相应调整。可事先找一块墙面进行试弹，调至弹出圆状粒点为止。

(4)修正、补弹。饰面局部位置修正、补弹均匀。

(5)罩面。色点面层干燥后，随即喷一道甲基硅树脂溶液罩面。配制甲基硅树脂溶液，是先将甲基硅树脂中加入1/1000(质量比)的乙醇胺搅拌均匀。再加入密闭容器中贮存，操作时要加入一倍酒精，搅拌均匀后即可喷涂。

关键细节 15　弹涂墙面施工注意事项

(1)水泥中不能加颜料太多,因颜料是很细的颗粒,过多会缺乏足够厚的水泥浆薄膜包裹颜料颗粒,影响水泥色浆的强度,易出现起粉、掉色等缺陷。

(2)基层太干燥,色浆弹上后,水分被基层吸收,基层在吸水时,色浆与基层之间的水缓缓移动,色浆和基层粘结不牢;色浆中的水被基层吸收快,水泥水化时缺乏足够的水,会影响强度的发展。

(3)弹涂时的色点未干,就用108胶或甲基硅树脂罩面,会将湿气封闭在内,诱发水泥水化时析出白色的氢氧化钙,即为析白。而析白是不规则的,所以,弹涂的局部会变色发白。

第八节　其他装饰抹灰

一、拉毛

拉毛根据所用工具的不同可分为小拉毛和大拉毛两种。

(1)大拉毛是用铁(木)抹子拉毛,一人在前抹好罩面砂浆后,一人紧接着用抹子(不蘸砂浆)平稳地压在罩面灰上,顺势轻轻拉起,形成毛头。待毛头稍干,再用抹子将毛尖轻压下去。

(2)小拉毛是用棕刷两人配合操作,一人抹罩面砂浆,一人紧跟在后面用硬毛棕刷蘸罩面砂浆垂直搭在墙面上随手均匀用力起拉,即形成毛面。

1. 施工要求

施工前先将中层隔夜浇水湿透,然后进行拉毛面层施工。面层砂浆配比一般为水泥∶石灰膏∶砂=1∶0.5∶0.5,也可不掺砂子,此时拉毛强度较高,但易龟裂。罩面时要掌握好砂浆的干湿度,以能拉出毛头为宜。太湿易产生砂浆垂流,太干不易做到毛头均匀一致,也不利于操作。

2. 施工准备

(1)材料。

1)水泥:选用普通硅酸盐水泥,强度等级42.5级以上。要求同批号、同厂家,并经过复验。

2)砂:质地坚硬的中砂,且含泥量不大于3%。使用前经过5mm筛子。

3)石灰膏:熟化期不少于30d,洁净不含杂质与未熟化的颗粒。

(2)工具与机具。除一般抹灰常用的常规机具和手工机具外,还应使用铁抹子、硬毛棕刷等。

3. 施工技术

拉毛施工工艺顺序:基层处理→找规矩、做灰饼→抹底层、中层砂浆→罩面拉毛。

(1)基层处理。拉毛的基层处理与一般抹灰相同。

(2)找规矩、做灰饼。拉毛的找规矩、做灰饼与一般抹灰相同。

(3)抹底层、中层灰。打底灰用1∶0.5∶4水泥石灰砂浆，分别完成底层、中层抹灰，每层厚度均为6～7mm左右。

(4)罩面拉毛。当底子灰六成至七成干时，抹纸筋灰罩面，随即进行拉毛。操作时，两人一组，一人在前面抹灰并保持薄厚一致，一人紧跟在后，用硬毛棕刷往墙面垂直拍拉，要拉得均匀一致。拉毛长度决定于纸筋灰罩面的厚度，一般为4～20mm。拉细毛时用棕刷粘着砂浆拉成花纹。拉粗毛时，在基层抹4～5mm厚的砂浆，用铁抹子轻触表面用力拉回，要做到快慢一致。在一个平面上，应避免中断留槎，以便做到色泽一致，不露底。

关键细节16　拉毛施工技术要求

(1)先清理基层浮灰、砂浆、油污并湿润，再用1∶3水泥砂浆抹底、中层灰，做法同一般抹灰。拉毛罩面用的水泥石灰浆系1份水泥根据拉毛粗细按如下比例分别掺入石灰膏、纸筋和砂子：拉粗花时，掺石灰膏5%和石灰膏重量的3%的纸筋；拉中花时，掺10%～20%石灰膏和石灰膏重量的3%的纸筋；拉细花时，掺25%～30%石灰膏和适量的砂子。

(2)拉细花。两人同时操作，在湿润的基层上，一人抹罩面砂浆，另一人紧跟后面用硬毛棕刷往墙上垂直拍拉，拉出毛头。如个别地方不符合样板要求，可补拉一两次，直到符合要求为止。

(3)拉粗花。一般为两人同时操作，一人在前面抹面层，另一人在后面进行面层拉毛。拉毛用白麻缠成的圆形麻刷子(麻刷子的直径依拉毛疙瘩的大小而定)把砂浆向墙面一点一带，带出毛疙瘩来。

(4)条筋拉毛。当中层砂浆六七成干时，刮水灰比为0.37～0.40的水泥浆，然后抹水泥石灰砂浆面层，随即用硬毛鬃刷拉细毛面，刷条筋。刷条筋前，先在墙面弹垂直线，线与线的距离以40cm左右为宜，作为刷筋的依据。条筋的宽度为20mm，间距约30mm。刷条筋，宽窄不要太一致，应自然带点毛边，条筋之间的拉毛应保持整洁、清晰。

二、甩毛

甩毛又称洒毛，是指用茅草、竹扫帚扎成20cm左右的小扫帚，沾罩面砂浆往中层抹灰面上洒，形成大小不一、有规律的装饰毛面。

1. 施工准备

(1)材料。

1)水泥：选用普通硅酸盐水泥，强度等级42.5级以上。要求同批号、同厂家，并经过复验。

2)砂：质地坚硬的中砂，且含泥量不大于3%。使用前经过5mm筛子。

3)石灰膏：熟化期不少于30d，洁净，不含杂质与未熟化的颗粒。

(2)工具与机具。除一般抹灰常用的常规机具和手工机具外，还应使用铁抹子、小炊帚(可用茅草、高粱穗、竹扫帚扎成长度为20cm)等。

2. 施工技术

甩毛的施工工艺顺序：基层处理→找规矩、做灰饼→抹底层、中层砂浆→洒甩毛面。

(1)基层处理。基层处理与一般抹灰相同。

(2)找规矩、做灰饼。找规矩、做灰饼与一般抹灰相同。

(3)抹底层、中层砂浆。墙面洒水湿润后,用1∶3水泥砂浆作为底层灰,底层灰厚度控制在10～12mm。灰层表面应搓平。底层灰干后,洒水湿润,刷彩色水泥浆一遍,颜色由设计而定。

(4)洒毛。涂刷水泥色浆后,随即用竹丝刷浸在1∶1水泥砂浆内,使砂浆黏附在刷子上,然后提起刷子向墙面上洒浆,洒成云朵状毛头,再用铁抹轻轻压平,洒时云朵毛头必须大小相称,纵横相间,既不能杂乱无章,也不能排列得很整齐。云朵毛头不宜洒满,部分间隙露出底色,使云朵颜色与底色相互衬托。洒灰所用水泥砂浆要掌握好稠度,以能黏附在刷子上,洒在墙面上不流淌度为宜,砂宜用细砂。

三、拉条

拉条抹灰是用专用模具把面层砂浆做出竖线条的装饰抹灰做法。利用条形模具上下拉动,使墙面抹灰呈规则的细条、粗条、半圆条、波形条、梯形条和长方形条等。它可代替拉毛等传统的吸声墙面,具有美观大方、不易积尘及成本较低等优点,可应用于要求较高的室内装饰抹灰。

1. 施工准备

(1)材料。

1)水泥:应使用42.5级以上的普通水泥,过期水泥不能使用。

2)砂:中粗砂,过筛。

3)细纸筋灰:石灰膏必须熟化一个月,应细腻洁白,不得有未熟化颗粒,已经冻结风化或干硬的石灰膏不得使用,用100kg灰膏配3.8kg细纸筋搅拌均匀后方能使用。

(2)机具。

1)模具:用杉木板制作,长度为500～600mm,厚度为20mm,宽为70mm,外包锌铁皮,其中一端锯有缺口,以便嵌靠在木轨道上定位,保证垂直度,如图4-6所示。

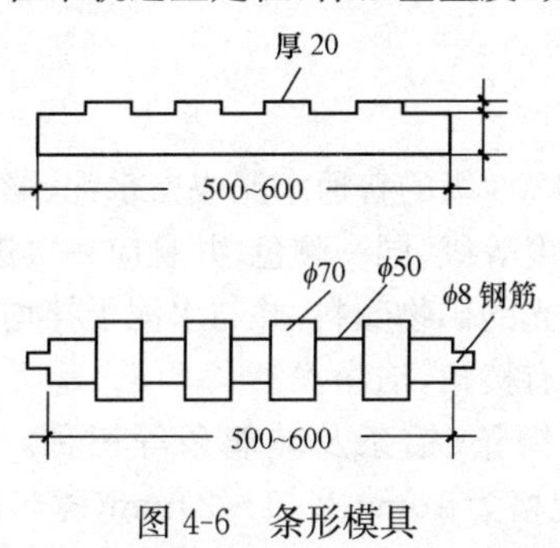

图4-6　条形模具

2)木轨道:通常用8mm×20mm(高×宽)的杉木条,两侧刨成斜面。

3)其他工具:墨斗线、木抹子、木灰托板、毛刷、小线模等。

2. 施工技术

拉条抹灰的施工工艺顺序：基层处理→挂线→弹墨线→拉条抹灰。

(1)基层处理。清理基层表面砂浆、浮灰及杂物。

(2)挂线。找规矩、做灰饼，抹中底层灰。

(3)弹墨线。根据线模长度，在中层上弹竖直墨线，并用素水泥浆粘贴木轨道，浸水后粘贴，用靠尺靠平找直，轨道安装要求平直，间隔一致。

(4)拉条抹灰。先将底面上略湿润，即可抹细纸筋混合砂浆面层(从上到下涂抹)，厚为8～10 mm，将拉条模具放在轨道上，从上到下接拉，拉出凹凸一致的条来。拉完一竖格后，紧接着在上面用毛刷将1：0.5的水泥细纸筋浆甩在墙上，再用拉条模具上下拉动，使表面又平又光。待拉条全部完成干燥后，按设计涂刷上各种颜色的涂料。

抹灰前若有上口线、下口线时(即不是上顶天棚、下抵地面)，抹灰时应超出线外，然后弹线刮除，不可压至线内再补长，否则接槎处不平。

关键细节17 拉条抹灰施工技术要求

(1)拉条灰不能过稠，以涂抹后拉条模具能拉塑出线条为宜。拉条时，同一竖格不能停留，应上下衔接，一次从上到下拉成。

(2)拉条抹灰一次不准抹得过厚，抹底灰前要先找平，面层抹灰应待底层灰进入终凝后进行，且厚度不准超过10mm。

(3)墙面弹线应从上到下为一条垂线，各垂线间的间距应以线模宽度为准，每条弹线经检查确实垂直后，方准粘贴木轨道。

(4)抹灰及拉模应从上到下一做到底，不准停顿、留槎，保持上下衔接。

四、水磨石面层施工

水磨石面层是指在1：3水泥砂浆上抹水泥石子浆，待其硬化后磨光即成水磨石面层。

1. 施工准备

(1)材料。

1)水泥：宜采用不低于42.5级的普通水泥或白水泥、彩色水泥等；所用的水泥必须是同一厂家、同一批号、同一强度等级、同一颜色，并且应一次进足。

2)颜料：应选用耐碱、耐光的矿物颜料，并与水泥干拌均匀后过筛装袋备用。

3)石子：要求颗粒坚韧，有棱角，洁净。

4)镶嵌条：常用嵌条有铜条、铝条及玻璃条等三种。铜嵌条规格为10mm×(1～1.2)mm(宽×厚)，铝嵌条规格为10mm×(1～2)mm(宽×厚)，玻璃条的规格为10mm×3mm(宽×厚)。

5)草酸：用沸水溶解草酸，其浓度为5%～10%。在草酸溶液里加入1%～2%的氧化铝；能使水磨石表面呈现一层光泽膜。

6)上光蜡：上光蜡的配比为川蜡：煤油：松香水：鱼油＝1：4：0.6：0.1。配制时先将川蜡与煤油放入器具内加温至130℃(冒白烟)，搅拌均匀后冷却备用，使用时再加入松香水、鱼油搅拌均匀。

(2)机具。主要机具有水磨石机、滚筒(直径一般为200～250mm,长约600～700mm,混凝土或铁制)、木抹子、毛刷子、铁簸箕、靠尺、手推车、平锹、5mm孔径筛子、油石(规格按粗、中、细)、胶皮水管、大小水桶、扫帚、钢丝刷、铁器等。

2. 施工技术

水磨石施工工艺顺序:基层处理→找标高→弹水平线→铺抹找平层砂浆→养护→分格线→镶分格条→拌制水磨石拌合料→涂刷水泥浆结合层→铺水磨石拌合料→滚压、抹平→试磨→粗磨→细磨→磨光→草酸清洗→打蜡上光。

(1)基层处理:将混凝土基层上的杂物清净,不得有油污、浮土。用钢錾子和钢丝刷将沾在基层上的水泥浆皮剔掉铲净。

(2)找标高弹水平线:根据墙面上的+50cm标高线,往下量测出磨石面层的标高,弹在四周墙上,并考虑其他房间和通道面层的标高,要相一致。

(3)抹找平层砂浆:根据墙上弹出的水平线,留出面层厚度(约10～15mm厚),抹1∶3水泥砂浆找平层,为了保证找平层的平整度,先抹灰饼(纵横方向间距1.5m左右),大小约8～10cm。灰饼砂浆硬结后,以灰饼高度为标准,抹宽度为8～10cm的纵横标筋。在基层上洒水湿润,刷一道水灰比为0.4～0.5的水泥浆,面积不得过大,随刷浆随铺抹1∶3找平层砂浆,并用2m长刮杠以标筋为标准进行刮平,再用木抹子搓平。

(4)养护:抹好找平层砂浆后养护24h,待抗压强度达到1.2MPa,方可进行下道工序施工。

(5)弹分格线:根据设计要求的分格尺寸,一般采用1m×1m。在房间中部弹十字线,计算好周边的镶边宽度后,以十字线为准可弹分格线。如果设计有图案要求时,应按设计要求弹出清晰的线条。

(6)镶分格条:用小铁抹子抹稠水泥浆将分格条固定住(分格条安在分格线上),抹成30°八字形,高度应低于分格条条顶4～6mm,分格条应平直(上平必须一致)、牢固、接头严密,不得有缝隙,作为铺设面层的标志。另外在粘贴分格条时,在分格条十字交叉接头处,为了使拌合料填塞饱满,在距交点40～50mm内不抹水泥浆。

(7)试磨:一般根据气温情况确定养护天数,温度在20～30℃时2～3d即可开始机磨,过早开磨石粒易松动;过迟造成磨光困难。所以需进行试磨,以面层不掉石粒为准。

(8)粗磨:第一遍用60～90号粗金刚石磨,使磨石机机头在地面上走横“8”字形,边磨边加水(如磨石面层养护时间太长,可加细砂,加快机磨速度),随时清扫水泥浆,并用靠尺检查平整度,直至表面磨平、磨匀,分格条和石粒全部露出(边角处用人工磨成同样效果),用水清洗晾干,然后用较浓的水泥浆(如掺有颜料的面层,应用同样掺有颜料配合比的水泥浆)擦一遍,特别是面层的洞眼小孔隙要填实抹平,脱落的石粒应补齐。浇水养护2～3d。

(9)细磨:第二遍用90～120号金刚石磨,要求磨至表面光滑为止。然后用清水冲净,满擦第二遍水泥浆,仍注意小孔隙要细致擦严密,然后养护2～3d。

(10)磨光:第三遍用200号细金刚石磨,磨至表面石子显露均匀,无缺石粒现象,平整、光滑,无孔隙为度。普通水磨石面层磨光遍数不应少于三遍,高级水磨石面层的厚度和磨光遍数及油石规格应根据设计确定。

(11)草酸擦洗：为了取得打蜡后显著的效果，在打蜡前磨石面层要进行一次适量限度的酸洗，一般均用草酸进行擦洗，使用时，先用水加草酸化成约10%浓度的溶液，用扫帚蘸后洒在地面上，再用油石轻轻磨一遍；磨出水泥及石粒本色，再用水冲洗软布擦干。此道操作必须在各工种完工后才能进行，经酸洗后的面层不得再受污染。

(12)打蜡上光：将蜡包在薄布内，在面层上薄薄涂一层，待干后用钉有帆布或麻布的木块代替油石，装在磨石机上研磨，用同样方法再打第二遍蜡，直到光滑洁亮为止。

关键细节18 水磨石面层成品保护

(1)铺抹水泥砂浆找平层时，注意不得碰坏水、电管路及其他设备。

(2)运输材料时注意保护好门框。

(3)进行机磨水磨石面层时，研磨的水泥废浆应及时清除，不得流入下水口及地漏内，以防堵塞。

(4)磨石机应设罩板，防止研磨时溅污墙面及设施等，重要部位及设备应加覆盖。

第九节 特殊抹灰工程施工

一、防水砂浆抹灰

防水砂浆是在水泥砂浆中掺入各种防水剂配制而成。防水剂是一种由各种无机或有机化学原料组成的外加剂，掺入砂浆中可提高砂浆不透水性。

1. 施工准备

(1)材料准备。

1)水泥：普通硅酸盐、矿渣硅酸盐水泥，强度等级要求42.5级以上，有侵蚀介质作用部位应按设计要求选用。

2)砂：中砂含泥量小于3%，使用前过3～5mm孔径的筛子。

3)防水剂：按水泥重量的1.5%～5%掺量。

(2)机具准备。主要机具设备有砂浆搅拌机和抹灰常用工具。

2. 施工技术

本书仅以混凝土墙为例，简单介绍防水砂浆抹灰的施工工艺如下：

(1)基层处理。混凝土墙面凡蜂窝及松散处全部剔掉，水冲刷干净后，用1∶3水泥砂浆抹平，表面油渍等用10%的火碱水溶液刷洗，光滑表面应凿毛，并用水湿润。

(2)刷水泥素浆。配合比为水泥∶水∶防水油＝1∶0.8∶0.025(重量比)，先将水泥与水拌合，然后再加入防水油搅拌均匀，再用软毛刷在基层表面涂刷均匀，随即抹底层防水砂浆。

(3)抹底层砂浆。用1∶2.5水泥砂浆，加水泥重3%～5%的防水粉，水灰比为0.6～0.65，稠度为7～8cm。先将防水粉和水泥、砂子拌匀后，再加水拌合。搅拌均匀后进行抹灰操作，底灰抹灰厚度为5～10mm，在灰末凝固之前用扫帚扫毛。砂浆要随拌随用。拌合及使用砂浆时间不宜超过60min，严禁使用过夜砂浆。

(4)刷水泥素浆。在底灰抹完后，常温时隔1d，再刷水泥素浆，配合比及做法与第一层相同。

(5)抹面层砂浆。刷过素浆后，紧接着抹面层，配合比同底层砂浆，抹灰厚度在5～10mm左右，凝固前要用木抹子搓平，用铁抹子压光。

(6)刷水泥素浆。面层抹完后1d刷水泥素浆一道，配合比为水泥∶水∶防水油＝1∶1∶0.03(重量比)，做法和第一层相同。

(7)养护。养护必须掌握好水泥砂浆的凝结时间，才能保证防水层不出现裂缝，使水泥砂浆充分水化，增加强度，提高不透水性。浇水养护过早，砂浆表面的胶结层会遭破坏，造成起砂，减弱砂浆的封闭性。养护时间应在抹水泥砂浆层终凝后，在表面呈灰白时进行。开始时要洒水养护，使水能被砂浆吸收。待砂浆达到一定强度后方可浇水养护。养护时间不少于7d，如采用矿渣水泥，应不少于14d。其养护温度不低于15℃。

关键细节19　*防水砂浆的搅拌方法*

(1)首先将水放置在耐腐蚀的容器内30～60min，待水中可能有的氯气挥发后，再将称量好的氯化物金属类防水剂加入到定量的拌合水中用木棒充分搅拌直至全部溶解为止。

(2)用机械搅拌，并严格掌握水灰比。水灰比过大，砂浆产生离析，水灰比过小，则不易操作。拌制时先将水泥、砂加入搅拌机干拌均匀，再加入防水剂溶液，搅拌1～2min即可。

二、膨胀珍珠岩抹灰

膨胀珍珠岩是以水泥为胶结材料，以膨胀珍珠岩为集料拌制而成。它具有密度小，热导率小的特点。膨胀珍珠岩抹灰常用于保温隔热要求较高的墙面，如高层混凝土外墙面、屋面、热力管道等表面抹灰。

1. 施工准备

(1)材料准备。

1)水泥：42.5级以上普通硅酸盐水泥或矿渣硅酸盐水泥。

2)膨胀珍珠岩：宜用Ⅰ级(小于80kg/m^3)或Ⅱ级(80～120kg/m^3)。

3)石灰膏：质量合格的石灰膏。

4)泡沫剂：掺量为1%～3%，能提高砂浆的和易性。其配制方法如下：按1∶4.5(氢氧化钠∶水)配成氢氧化钠溶液；将氢氧化钠溶液加热至沸点，然后按1∶0.36(氢氧化钠溶液∶松香粉，松香粉需过3mm筛)缓慢加入松香粉，随加随搅拌，并继续熬煮1～1.5h，至松香完全溶化、颜色均匀、没有颗粒沉淀为止，冷却备用(在熬煮过程中蒸发掉的水分应补充)。为了使加气剂用量准确，在使用前可另加9倍水进行稀释后再用。

5)聚醋酸乙烯：要求质量合格。

(2)主要机具设备。主要机具设备有砂浆搅拌机、粉碎淋灰机、木抹子、铁皮抹子、钢皮抹子、塑料抹子、阴角抹子、阳角抹子、捋角器、木杠、托线板、靠尺、方尺、卷尺、水平尺、粉线包、筛子、刷子、灰槽、灰桶、大水桶、小水桶和工具袋等。

(3)膨胀珍珠岩砂浆的配合比见表4-3。

表4-3　　膨胀珍珠岩砂浆配合比

做　法	水泥	石灰膏	膨胀珍珠岩	聚醋酸乙烯	纸筋	泡沫剂
用于纸筋灰罩面的底层灰(体积比)	—	1	4～5	—	—	适量
用于纸筋灰罩面的中层灰(体积比)	—	1	4	—	—	
	1	1	6	—	—	
用于罩面灰(松散体积比)	—	1	0.1	0.003	0.1	
(质量比)	1	0.1～0.2	0.03～0.05	—		

2. 施工技术

膨胀珍珠岩抹灰操作,基本上同一般石灰砂浆或石灰膏罩面,不同点是:

(1)采取分底、中、面层抹灰时,基层需适当润湿,但不宜过湿,因为膨胀珍珠岩灰浆有良好的保水性;采用直接抹罩面灰时(一般用于加气混凝土条板、大模板混凝土墙面),基层涂刷1∶(5～6)的108胶或聚醋酸乙烯乳液水(如基层表面有油迹,应先用5%～10%火碱水溶液清洗两、三遍,再用浅水冲刷干净)。

(2)抹底层灰浆厚度宜在1.5～2.0cm,分层操作;中层灰厚度宜在0.5～0.8cm。为避免干缩裂缝,在底层灰抹完后,须隔夜方可抹中层灰。灰浆稠度宜在10cm左右,不宜太稀。待中层灰稍干时用木抹子搓平,待六七成干时,方可罩纸筋灰面层。

(3)采用直接抹罩面灰时,要随抹随压,至表面平整光滑为止,厚度越薄越好,一般以2mm左右为宜。

关键细节20　膨胀珍珠岩抹灰成品保护

(1)膨胀珍珠岩保温砂浆抹灰,应随抹随即将粘在门窗框上的残余灰浆清擦干净。对铝合金门窗框一定要用塑料薄膜缠好保护,并一直保持到竣工前需清擦玻璃时为止。

(2)在施工中,推小车或搬运材料、跳板、高马凳时,一定要注意不得碰坏口角和划破墙面。抹灰用的木杠、铁锹把、跳板等不得靠在墙面放着,以免碰破墙面或将墙面划成一道道印痕。同时禁止施工人员蹬踩门窗框及窗台,防止损坏棱角。

(3)内墙抹膨胀珍珠岩保温砂浆,应随抹随注意保护墙面上的预埋件、窗帘钩、通风篦子等,同时要注意墙面上的电线盒、电开关、家电插座、水暖、设备等的预留洞及空调线的穿墙孔洞等不得随意堵死。

(4)拆除脚手架、跳板、高马凳时,要轻拆轻放,小心搬运,前后照应,以免撞坏门窗框或碰坏墙面和棱角。

(5)抹完膨胀珍珠岩保温砂浆灰,在凝结硬化前,应防止快干、水冲、撞击、振动和挤压,以保证灰浆层不受损坏和有足够强度。

(6)注意保护楼地面、楼梯踏步、休息平台及安装好的门窗玻璃。不得直接在已施工完的楼地面和休息平台上拌合砂浆。从楼梯上下搬运各种施工材料及机具时，不得撞击楼梯踏步，不得碰撞玻璃。并派专人负责看护和管理成品。

三、膨胀蛭石砂浆抹灰

水泥膨胀蛭石砂浆具有密度小、导热系数小、强度高、不易膨胀裂变、脱层、工料经济等特点。当用于平层面时，可减轻层面荷重，节约水用量，降低造价，缩短施工工期。也可用于墙面抹灰。

1. 施工准备

(1)材料准备。

1)水泥：42.5 级以上普通硅酸盐水泥或矿渣硅酸盐水泥。

2)膨胀蛭石：颗粒粒径应在 10mm 以下，并应以 1.2～5mm 为主，1.2mm 占 15%左右，小于 1.2mm 不得超过 10%。

3)石灰膏：符合质量要求。

4)塑化剂稀释溶液：掺量 1%～3%，以提高灰浆的和易性。

(2)配合比要求。膨胀蛭石灰浆配合比，见表 4-4。

表 4-4　膨胀蛭石灰浆配合比

做法	水泥	石灰膏	蛭石	塑化剂	备　注
底层	1		4～8	适量	(1)砂浆质量密度74～105kg/m³。(2)导热系数 0.152～0.194W/(m·K)
底层	1	1	5～8		
面层		1	2.5～4		

2. 施工技术

(1)先清洗基层，然后喷刷石灰水一道或喷厚度为 2～3mm 水泥细砂砂浆[1∶(1.5～3)]一道。

(2)抹灰分两层操作，底层厚度宜在 15～20mm，面层灰厚度宜在 10mm。

(3)为避免蛭石灰浆会因厚度过厚而发生裂缝，在底层灰抹完后，须经一昼夜方可抹面层。

(4)抹灰时，用力应适当。用力过大易将水泥浆由蛭石缝中挤出，影响灰浆强度；过小则非但使灰浆与基层结合不牢，也影响灰浆本身质量。

(5)蛭石灰浆配好后，应在 2h 内用完，并须边用边拌，使浆液保持均匀，否则将影响灰浆质量。

关键细节 21　膨胀蛭石拌合要求

机械搅拌会使蛭石颗粒破损，故宜采用人工拌合。人工拌合应是先将水与水泥均匀地调成水泥浆，然后将水泥浆均匀地倒在定量的蛭石上，随泼随拌直至均匀。

膨胀蛭石的吸水率较大，吸水速度快。水灰比过大，会造成施工水分排出时间过长，影响砂浆强度增长；水灰比过小，会造成抹灰层开裂，影响保温效果。水灰比一般控制在

2.4～2.6为宜。

现场检验方法：以拌好的水泥膨胀蛭石砂浆用手握成团不散，并稍有水泥浆滴下为宜。

四、耐酸砂浆抹灰

耐酸砂浆是以水玻璃为胶结料，氟硫酸钠为固化料，耐酸粉为填充料，耐酸砂子为集料拌制而成的砂浆。常在有酸性物质侵蚀的部位使用。

1. 施工准备

(1)材料准备。

1)耐酸砂：一般采用石英砂、安山岩石屑等。

2)耐酸粉：一般采用石英粉、辉绿石粉、瓷料等。

3)水玻璃、氟硫酸钠：根据设计要求模数及品种质量要求。

(2)配合比。耐酸砂浆的配合比按设计要求选取，无设计要求时，可用以下配合比(质量比)：

1)耐酸胶泥拌制。先把耐酸粉和氟硫酸钠拌均匀，颜色一致，再加入水玻璃，边加边拌合达到均匀。每次拌制控制好拌合总量，随拌随用，时间不能超过30min。

2)耐酸砂浆拌制。先将耐酸粉、耐酸砂浆和氟硫酸钠拌均匀，颜色一致，再加入水玻璃，边加边拌合达到均匀。

每次拌制控制好拌合总量，随拌随用，时间不能超过30min。

2. 施工技术

(1)基层处理。基层表面的杂物清除干净，凹凸处提前用1∶3水泥砂浆分层找平，用錾子凿平。不能湿润基层，含水率要小于8%。呈碱性的水泥砂浆或混凝土基层上抹灰时，应做沥青基类等隔离层。金属基层表面先进行除锈、除油、除尘，再把耐酸胶泥直接刷涂在金属基层上。

(2)抹涂耐酸胶泥。耐酸胶泥是用作涂底的材料，在基层一般涂抹两层，涂抹方向相互垂直。第二遍涂层与第一遍涂层间隔时间不少于12h。涂抹操作来回反复进行，使涂层封闭严密连续，要薄厚均匀，不得产生气泡。

(3)抹耐酸砂面层。涂抹第二遍耐酸胶泥后，即抹第一遍耐酸砂浆，厚度均匀，控制在3～4mm，每个施工单元要连续一次完成。动作要轻快，同方向一次抹压成活，并扫毛。一般面层抹7～8遍成活，第二遍与第一遍要相互垂直，间隔时间为12～24h。最后一遍面层要压出光面。阴阳角处要抹成圆弧形，不能有裂纹，各遍留槎长度不小于250mm。涂抹过程中，房间应适当封闭，不可过于通风，防止干裂，影响耐酸效果。

(4)养护。全部各层耐酸砂浆抹完后，应自然干燥养护，适当封闭，控制在+15℃以上温度，养护时间不少于20d。

(5)酸洗。养护过后，在使用前进行酸洗处理。方法是用30%含量的硫酸溶液多次清刷表面，每次清刷要把表面白色析出物清擦干净。酸洗次数及间隔时间依白色析出物的多少而确定，直到上表面再无白色析出物为止。

关键细节 22　耐酸砂浆操作要求

操作人员要穿好工作服，戴口罩、眼镜等；搅拌宜用瓷类、橡胶类容器。酸洗时要穿胶鞋、带胶手套等。

五、重晶石砂浆抹灰

重晶石也叫钡砂，主要成分是硫酸钡，用它作为掺料制成砂浆，涂抹灰层对X射线有阻隔作用，因此，X射线探伤室、X治疗室、同位素实验室等地方的墙面常采用重晶石砂浆抹灰面。

1. 施工准备

(1)材料准备。

1)水泥：42.5级以上普通硅酸盐水泥(不宜用其他掺混合材料的水泥)。

2)砂子：一般洁净中砂，不宜用细砂。

3)钡砂：粒径0.6～1.2mm无杂质。

4)钡粉：细度全部通过0.3mm筛孔。

(2)配合比要求。重晶石砂浆的拌制应按配合比重量严格过秤，配合比见表4-5。

表4-5　钡砂(重晶)砂浆配合比

材料名称	水	水泥	砂子	钡砂	钡粉
配合比(重量比)	0.48	1	1	1.8	0.4
每立方米用量(kg)	252.5	526	526	947	210.4

关键细节 23　重晶石砂浆拌合步骤

(1)按比例将重晶石粉与水泥拌合均匀(干拌)。

(2)再加入砂和重晶石拌合均匀，颜色一致。

(3)再加入水搅拌均匀使用。

(4)人工拌合，随拌随用，每次拌料要在1h内用完。

2. 施工技术

(1)基层处理。清理墙尘污垢，对凹凸不平处理用1∶3水泥砂浆分层找平或用錾子凿平，洒水湿润。

(2)抹重晶石砂浆。抹灰时根据设计厚度要求和每层抹灰厚度(一般3～4层)确定抹灰遍数，以保证总厚度达到设计要求。抹灰各层间竖向与横向交替进行。每遍连续进行，不得留施工缝。抹灰过程中，如果发现有裂缝时，必须铲除重抹，每层抹完后30min要再用抹子揉压一遍，增加密实性，表面划毛，最后的面层待收水后用铁抹子压光。

(3)养护。每天抹灰后，喷水养护，保证面层湿润。全部抹灰完成后，使室内有足够的湿度，达到90%以上为佳，室温保持在18℃左右，养护时间一般不少于14d。

第十节 装饰抹灰工程质量验收标准

装饰抹灰工程质量验收标准适用于水刷石、斩假石、干粘石、假面砖等装饰抹灰工程。

一、装饰抹灰工程主控项目验收标准

装饰抹灰主控项目及验收要求，见表4-6。

表4-6 主控项目内容及验收要求

项次	项目内容	规范编号	质量要求	检查方法
1	基层表面	第4.3.2条	抹灰前基层表面的尘土、污垢、油渍等应清除干净，并应洒水润湿	检查施工记录
2	材料品种和性能	第4.3.3条	装饰抹灰工程所用材料的品种和性能应符合设计要求。水泥的凝结时间和安定性复验应合格。砂浆的配合比应符合设计要求	检查产品合格证书、进场验收记录、复验报告和施工记录
3	操作要求	第4.3.4条	抹灰工程应分层进行。当抹灰总厚度大于或等于35mm时，应采取加强措施。不同材料基体交接处表面的抹灰，应采取防止开裂的加强措施，当采用加强网时，加强网与各基体的搭接宽度不应小于100mm	检查隐蔽工程验收记录和施工记录
4	层粘结及面层质量	第4.3.5条	各抹灰层之间及抹灰层与基层之间必须粘结牢固，抹灰层应无脱层、空鼓和裂缝	观察；用小锤轻击检查；检查施工记录

注：表中规范指《建筑装饰装修工程质量验收规范》(GB 50210－2001)。

装饰抹灰一般项目内容及验收要求，见表4-7。

二、装饰抹灰工程一般项目验收标准

表4-7 一般项目内容及验收要求

项次	项目内容	规范编号	质量要求	检查方法
1	表面质量	第4.3.6条	水刷石表面应石粒清晰、分布均匀、紧密平整、色泽一致，应无掉粒和接茬痕迹。斩假石表面剁纹应均匀顺直、深浅一致，应无漏剁处；阳角处应横剁并留出宽窄一致的不剁边条，棱角应无损坏。干粘石表面应色泽一致、不露浆、不漏粘，石粒应粘结牢固、分布均匀，阳角处应无明显黑边。假面砖表面应平整、沟纹清晰、留缝整齐、色泽一致，应无掉角、脱皮、起砂等缺陷	观察；手摸检查

（续）

项次	项目内容	规范编号	质　量　要　求	检查方法
2	分格条(缝)	第4.3.7条	装饰抹灰的分格条(缝)的设置应符合设计要求，宽度和深度应均匀，表面应平整光滑，棱角应整齐	观察
3	滴水线(槽)	第4.3.8条	有排水要求的部位应做滴水线(槽)，滴水线(槽)应整齐顺直，滴水线应内高外低，滴水槽的宽度和深度均不应小于10mm	观察；尺量检查

注：表中规范指《建筑装饰装修工程质量验收规范》(GB 50210—2001)。

关键细节24　装饰抹灰工程质量检验方法

装饰抹灰工程的允许偏差及检验方法，见表4-8。

表4-8　装饰抹灰工程允许偏差和检验方法

项次	项　目	允许偏差(mm)				检验方法
		水刷石	斩假石	干粘石	假面砖	
1	立面垂直度	5	4	5	5	用2m垂直检测尺检查
2	表面平整度	3	3	5	4	用2m靠尺和塞尺检查
3	阳角方正	3	3	4	4	用直角检测尺检查
4	分格条(缝)直线度	3	3	3	3	拉5m线，不足5m拉通线，用钢直尺检查
5	墙裙、勒脚上口直线度	3	3	—	—	拉5m线，不足5m拉通线，用钢直尺检查

第五章　饰面板(砖)装饰工程

第一节　饰面板(砖)工程概述

一、饰面板(砖)装饰的概念

饰面板(砖)装饰是指将各种饰面板(块)的装饰块材通过镶贴、干挂固定、粘贴等各种方法装饰在建筑结构表面,达到美化环境、保护结构和满足使用功能的作用。常用饰面材料有天然石材、人造石面板、饰面砖、陶瓷锦砖等。

关键细节1　饰面板(砖)材料特点

(1)天然石饰面板。常用的天然石饰面板有大理石和花岗石饰面板。要求棱角方正、表面平整、石质细密、光泽度好,不得有裂纹、色斑、风化等隐伤。选材时应使饰面色调和谐,纹理自然、对称、均匀,做到浑然一体;且要把纹理、色彩最好的饰面板用于主要的部位,以提高装饰效果。

(2)人造石饰面板。人造石饰面板主要是预制水磨石、人造大理石饰面板,要求几何尺寸准确,表面平整光滑,石料均匀,色彩协调,无气孔、裂纹、刻痕和露筋等现象。

(3)金属饰面板。金属饰面板有铝合金板、镀塑板、镀锌板、彩色压型钢板和不锈钢等多种。金属板饰面具有典雅庄重、质感丰富的特点,尤其是铝合金板墙面是一种高档次的建筑装饰,装饰效果别具一格,应用较广。究其原因,主要是价格便宜,易于加工成型,具有高强、轻质、经久耐用、便于运输和施工,表面光亮,可反射太阳光及防火、防潮、耐腐蚀的特点。同时,当表面经阳极氧化或喷漆处理后,便可获得所需要的各种不同色彩,更可达到"蓬荜生辉"的装饰效果。

(4)塑料饰面板。塑料板饰面,新颖美观,品种繁多,常用的有聚氯乙烯塑料板(PVC)、三聚氰胺塑料板、塑料贴面复合板、有机玻璃饰面板等。其特点是:板面光滑、色彩鲜艳,有多种花纹图案,质轻、耐磨、防水、耐腐蚀,硬度大,吸水性小,应用范围广。

(5)饰面墙板。随着建筑工业化的发展,结构与装饰合一也是装饰工程的发展方向。饰面墙板就是将墙板制作与饰面结合,一次成型,从而进一步扩大了装饰工程的内容,加速了施工进度。饰面墙板按生产方式有以下四种。

1)露石混凝土饰面板。当墙板采用平模生产时,在混凝土浇筑后,尚未凝固前,可采用水冲法和酸洗法除去表面的水泥浆,使骨料外露而形成饰面层。为了获得色彩丰富、多样化的饰面层,可选择具有不同颜色的骨料,亦可在未凝固的混凝土表面直接嵌卵石或用带色彩的石子嵌成各种花纹图案。

2)正打印花或压花混凝土饰面板。墙板的正打印花饰面,是将带有图案的模型铺在欲做的砂浆层上,然后用抹子拍打、抹压,使砂浆从模型板花饰的孔洞中挤出,抹光后揭模即成。压花饰面,则是先在墙板上铺上模型板,随即倒上砂浆,摊开抹匀,砂浆即从花孔处漏下,抹光揭去模型板即成。

3)模塑混凝土饰面板。这是采取"反打"工艺的一种饰面做法,即将墙板的外表利用衬模塑造成平滑面、花纹面、浮雕面等质感很强的、具有不同图案的饰面层。

4)饰面板(砖)预制墙板。墙板预制时,根据建筑装饰的要求,可将天然大理石、人造美术石、陶瓷锦砖、瓷板、面砖等饰面材料直接粘贴在混凝土墙板表面。粘结方式可采取"正打"或"反打"工艺,但无论采用何种方法,均应防止饰面板(砖)位置错动,粘贴不牢,并应保证外表的整洁。

关键细节 2　饰面砖的分类

常用的饰面砖有釉面瓷砖、面砖和陶瓷砖等。要求表面光洁、色彩一致,不得有暗痕和裂纹,吸水率不得大于18%。

(1)釉面瓷砖有白色、彩色、印花图案等多样品种,常用于卫生间、厨房、游泳池等饰面。

面砖有毛面和釉面两种,颜色有米黄、深黄、乳白、淡蓝等多种。广泛用于外墙、柱、窗间墙和门窗套等饰面。

(2)陶瓷锦砖(马赛克)的形状有正方形、长方形、六角形等多种,由于尺寸小,产品系先按各种图案组合反贴在纸上,每张大小约 $300mm^2$ 见方,称为一联;每 40 联为一箱,约 $3.7m^2$。常用于室内浴厕、地坪和外墙装饰。

二、饰面板(砖)施工基本要求

(1)从事饰面板(砖)的施工单位应具有相应的资质,施工的人员应有相应岗位的资格证书并应建立质量管理体系。施工前应编制施工组织设计并应经过审查批准。施工时应按有关的施工工艺标准或经审定的施工技术方案施工,并应对施工全过程实行质量控制。

(2)饰面板(砖)的施工质量应符合设计要求和装饰装修规范的规定。还应遵守有关环境保护施工安全、劳动保护、防火和防毒的法律法规,并应采取有效措施控制施工现场的各种粉尘、废气、废弃物、噪声、振动等对周围环境造成的污染和危害,应建立相应的管理制度,并应配备必要的设备、器具和标识。

(3)饰面板(砖)应在基体或基层的质量验收合格后施工。对既有建筑,施工前应对基层进行处理。

(4)饰面板(砖)严禁不经穿管直接埋设电线,管道、设备等的安装及调试应在饰面板(砖)施工前完成。当必须同步进行时,应在面层施工前完成。

(5)饰面板(砖)施工环境温度不应低于 5℃。当必须在低于 5℃气温下施工时,应采取保证工程质量的有效措施。

(6)饰面板(砖)使用的材料应经过试验合格后方可使用。

(7)饰面板(砖)应对预埋件、连接点、防水层进行隐蔽验收。

(8)外墙饰面板(砖)应进行粘贴强度检验。

(9)饰面板(砖)的抗震缝、伸缩缝、沉降缝等部位的处理应保证缝的使用功能和饰面的完整性。

(10)饰面板(砖)工程验收时应按规范要求内容填写文件和记录,完工后按质量验收规范检验批划分进行质量检查并记录。

关键细节3 饰面板(砖)主要施工方法

(1)饰面板的安装。饰面板有天然石材的大理石、花岗岩和青石板以及人造石材等。饰面板的安装一般有"粘贴"和"干挂"两种。小规格的饰面板一般都采用粘贴的方法安装;大规格的饰面板一般采用干挂的方法安装。

(2)饰面砖镶贴。饰面砖主要用于室内墙、台面,一般叫瓷砖,又称瓷片。釉面砖,是指上釉的薄片状粗陶制品。用于外墙饰面工程的陶瓷砖、玻璃马赛克等材料,统称外墙饰面砖。干压陶瓷砖和陶瓷劈离砖简称面砖,分为有釉和无釉两种,一般为长方形,主要用于外墙面。

(3)锦砖镶贴。按构成材料的不同,锦砖也分为陶瓷锦砖和玻璃锦砖。锦砖具有色泽稳定、多样和耐污染等特点,因此,大量地应用在外墙装饰上。与面砖相比,它具有造价低、面层薄、自重较轻、装饰质量好的特点。

在饰面板(砖)施工时,应根据材料、使用部位、设计、施工方案等条件的不同分别选取适合的施工方法。

第二节 饰面板施工

一、大理石饰面板

大理石饰面板是一种高级装饰材料,用于高级建筑物的装饰面。大理石的花纹色彩丰富、绚丽美观,用大理石装饰的工程,更显得富丽堂皇。大理石适用范围较广,可作为高级建筑中的墙面、柱面、窗台板、楼地板、卫生间梳妆台、楼梯踏步等贴面。

1. 施工准备

(1)材料准备。

1)水泥:42.5级普通硅酸盐水泥,应有出厂证明、试验单,若出厂超过三个月应按试验结果使用。

2)砂子:粗砂或中砂,用前过筛,其他应符合规范的质量标准。

3)大理石:按照设计图纸要求的规格、颜色等备料。但表面不得有隐伤、风化等缺陷。不宜用易褪色的材料包装。

4)其他材料:如熟石膏、铜丝或镀锌铅丝、铅皮、硬塑料板条、配套挂件;尚应配备适量与大理石或磨光花岗石等颜色接近的各种石渣和矿物颜料;胶和填塞饰面板缝隙的专用塑料软管等。

(2)主要机具。主要机具有石材切割机、手提石材切割机、角磨机、电锤、手电钻、小型台式砂轮、裁改大理石用砂轮、全套裁割机、开刀、灰板、木抹子、铁抹子、细钢丝刷、笤帚、大小锤子、小白线、铅丝、擦布或棉丝、老虎钳子、小铲、盒尺、钉子、红铅笔、毛刷、工具袋等。

2. 一般安装方法

(1)绑扎钢筋网。按施工大样图要求的横竖距离,焊接或绑扎安装用的钢筋骨架。方法是按找规矩的线,在水平与垂直范围内根据立面要求画出水平方向及竖直方向的饰面板分块尺寸,并核对一下墙或柱预留的洞、槽的位置。剔凿出墙面或柱面结构施工时预埋钢筋或贴模筋,使其外露于墙、柱面,连接绑扎 $\phi8$ 的竖向钢筋(竖向钢筋的间距,如设计无规定,可按饰面板宽度距离设置),随后绑扎横向钢筋,其间距要比饰面板竖向尺寸低 2~3cm 为宜。

如基体未预埋钢筋,可使用电锤钻孔,孔径为 25mm,孔深 90mm,用 M16 胀杆螺栓固定预埋铁,如图 5-1 所示,然后再按前述方法进行绑扎或焊竖筋和横筋。

(2)预排。为使大理石安装时能上下左右颜色花纹一致,纹理通顺,接缝严密吻合,安装前必须按大样图预拼排号。预拼好的大理石应编号,编号一般由下向上编排,然后分类竖向堆好备用。对于有裂缝暗痕等缺陷以及经修补过的大理石,应用在阴角或靠近地面不显眼部位。凡阳角处相邻两块板应磨边卡角,如图 5-2 所示。

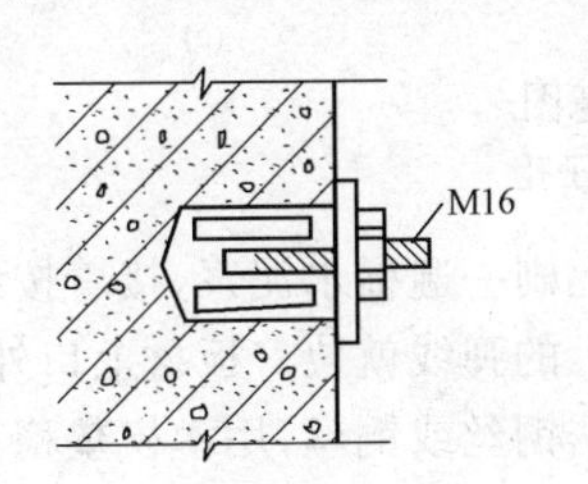

图 5-1　膨胀螺栓固定预埋螺栓

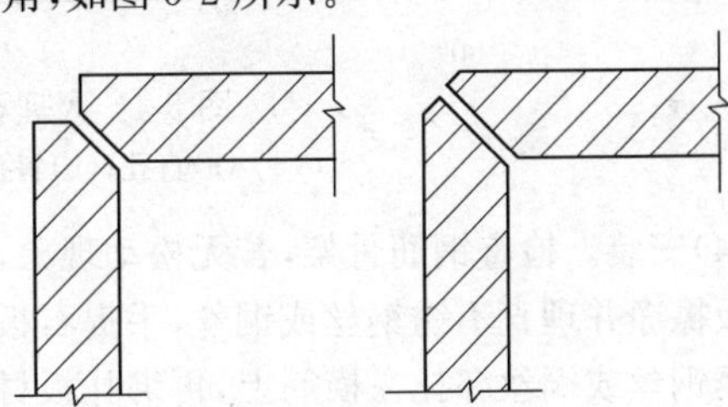

图 5-2　阳角磨边卡角

(3)钻孔、剔凿及固定不锈钢丝。按排号顺序将石板侧面钻孔打眼。操作时应钉木架,如图 5-3 所示。直孔的打法是用手电钻直对板材上端面钻孔两个,孔位距板材两端1/4处,孔径为 5mm,深 15mm,孔位距板背面约 8mm 为宜。板的宽度较大(板宽大于 60cm),中间应再增钻一孔。钻孔后用合金钢錾子朝石板背面的孔壁轻打剔凿,剔出深 4mm 的槽,以便固定不锈钢丝或铜丝,如图 5-4(a)所示。然后将石板下端翻转过来,同样方法再钻孔两个(或三个)并剔凿 4mm 槽,这叫打直孔。另一种打孔法是钻斜孔,孔眼与板面成 35°,如图 5-4(b)所示,钻孔时调整木架木楔,使石板成 35°,便于手电钻操作。斜孔也要在石板上下端面靠背面的孔壁轻打剔凿,剔出深 4mm 的槽,孔内穿入不锈钢丝或铜丝,并从孔两头伸出,压入板端槽内备用。还有一种是钻成牛鼻子孔,方法是将石板直立于木架上,使手电钻直对板上端钻孔两个,孔眼居中,深度 15mm 左右,然后将石板平放,背面朝上,垂直于直孔打眼与直孔贯通成鼻子孔,如图 5-4(c)所示。牛鼻子孔适合于碹脸饰面安装用。板孔钻好后,把备好的 16 号镀锌铁丝或铜丝剪成 20cm 长,一端深入孔底顺孔槽埋卧，并用铅皮将不锈钢丝或铜丝塞牢，另一端侧伸出板外备用。

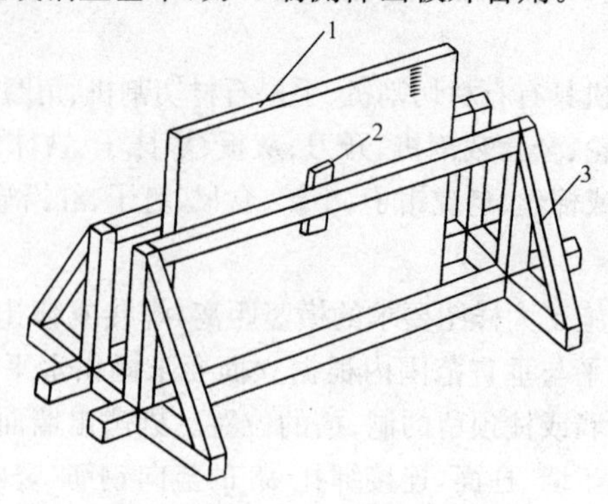

图 5-3 木架

1—饰面板；2—木头木楔；3—木架；

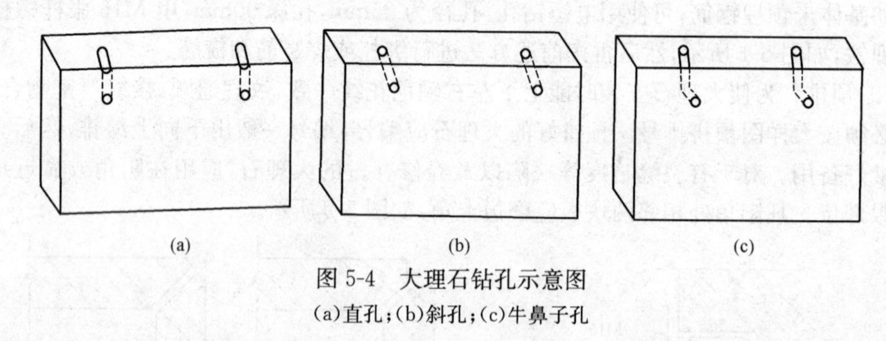

图 5-4 大理石钻孔示意图

(a)直孔；(b)斜孔；(c)牛鼻子孔

(4)安装。检查钢筋骨架，若无松动现象，在基体上刷一遍稀水泥浆，接着按编号将大理石板擦净并理直不锈钢丝或铜丝，手提石板按基体上的弹线就位。板材上口外仰，把下口不锈钢丝或铜丝绑扎在横筋上，再绑扎板材上口不锈钢丝或铜丝，用木楔垫稳。并用靠尺板检查调整后，再系紧不锈钢丝或铜丝。如此顺序进行。柱面可顺时针安装，一般先从正面开始。第一层安装完毕，要用靠尺板找垂直，用水平尺找平整，用方尺找好阴阳角。如发现板材规格不准确或板材间隙不匀，应用铅皮加垫，使板材间缝隙均匀一致，以保持每一层板材上口平直，为上一层板材安装打下基础，如图 5-5 所示。

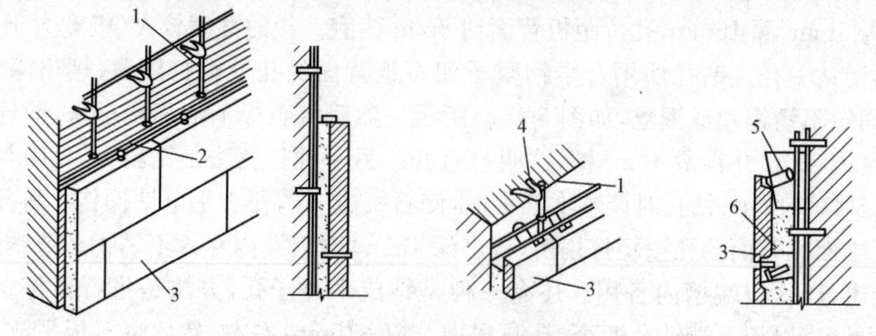

图 5-5 大理石安装固定示意图

1—钢筋；2—钻孔；3—石板；4—预埋筋；5—木楔；6—灌浆

(5)临时固定。板材安装后,用纸或熟石膏将两侧缝隙堵严,上、下口临时固定,较大的块材以及门窗碹脸饰面板应另加支撑。需要注意的是调制石膏时,可掺加20%水泥,以增加强度,防止石膏裂缝。但白色大理石容易污染,不要掺水泥。为了矫正视觉误差,安装门窗碹脸时应按1%起拱。然后,及时用靠尺板、水平尺检查板面是否平直,以保证板与板的交接处四角平直。发现问题,立即校正,待石膏硬固后即可进行灌浆。

(6)灌浆。用1∶(2.5～3)水泥砂浆(稠度8～12cm)分层灌入石板内侧。第一层浇灌高度为15cm,即不得超过板材高度的1/3。由于第一层浇灌要锚固下铜丝及板材,所以应轻轻操作,防止碰撞和猛灌。一旦发生板材外移错动,应拆除重新安装。第二层浇筑是待第一层稍停1～2h,检查板材无移动后才可以进行,浇筑高度为10cm左右,即板材的1/2高度。第三层灌浆灌到低于板材上口5cm处,余量作为上层板材灌浆的接缝。如板材高度为50cm,每一层灌浆为15cm,留下5～10cm余量作为上层石板灌浆的接缝。采用浅色的大理石饰面板时,灌浆应用白水泥和白石屑,以防透底,影响美观。注意灌注时不要碰动板材,也不要只从一处灌注,同时要检查板材是否因灌浆而外移。

(7)清理。第三次灌浆完毕,砂浆初凝后可清理石板上口余浆,并用棉丝擦干净。隔天再清理板材上口木楔和有碍安装上层板材的石膏。清理干净后,可用上述程序安装另一层石板,周而复始,依次进行安装。墙面、柱面、门窗套等饰面板安装与地面块材铺设的关系,一般采取先做立面后做地面的方法,这种方法要求地面分块尺寸准确,边部块材须切割整齐。亦可采用先做地面后做立面的方法,这样可以解决边部块材不齐的问题,但地面应加以保护,防止损坏。

(8)嵌缝。全部安装完毕、清除所有的石膏及余浆残迹,然后用与石板颜色相同的色浆嵌缝,边嵌边擦干净,使缝隙密实,颜色一致。

(9)抛光。磨光的大理石,表面在工厂已经进行抛光打蜡,但由于施工过程中的污染,表面失去部分光泽。所以,安装完后要进行擦拭与抛光、打蜡,并采取临时措施保护棱角。

关键细节4　大理石饰面板挂贴法

(1)在结构中留钢筋头,或在砌墙时预埋镀锌铁钩。

(2)安装时,在铁钩内先绑扎主筋,间距500～1000mm,然后按板材高度在主筋上绑扎横筋,构成钢筋网,钢筋为$\phi6$～$\phi9$。板材上端两边钻有小孔,选用铜丝或镀锌铁丝穿孔将大理石板绑扎在横筋上。大理石与墙身之间留30mm缝隙灌浆。

(3)施工时,要用活动木楔插入缝中,来控制缝宽,并将石板临时固定,然后再在石板背面与墙面之间,灌浇水泥砂浆。

(4)灌浆宜分层灌入,每次不宜超过200mm,离上口80mm即停止,以便上下连成整体,如图5-6所示。

(5)安装白色或浅色大理石饰面板时,灌浆应用白水泥和白石屑,以防透底,影响美观。

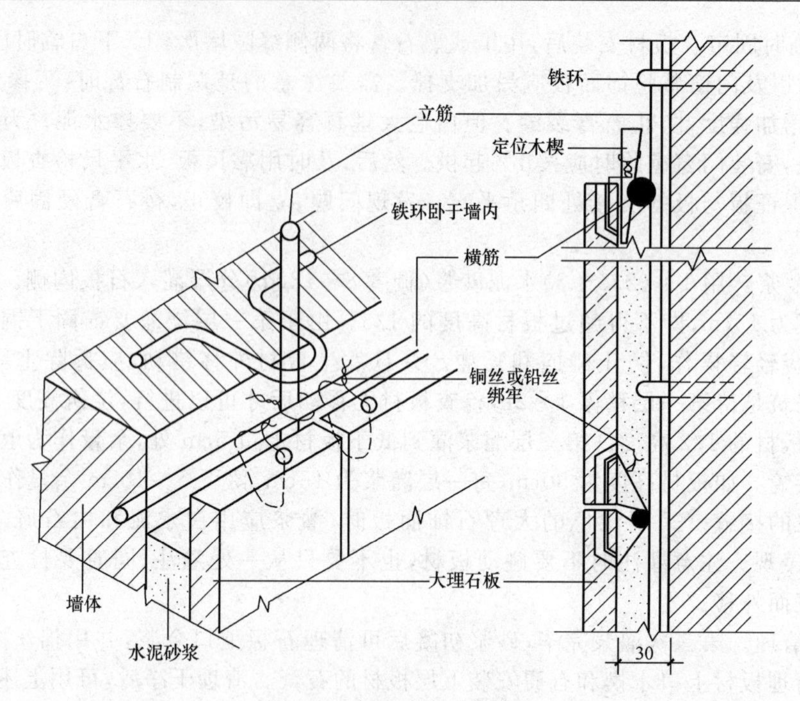

图5-6　大理石墙面挂贴法

关键细节5　大理石饰面板木楔固定法

木楔固定法与挂贴法的区别是墙面上不安钢筋网，将铜丝的一端连同木楔打入墙身，另一端穿入大理石孔内扎实，其余做法与前法相同，如图5-7所示。

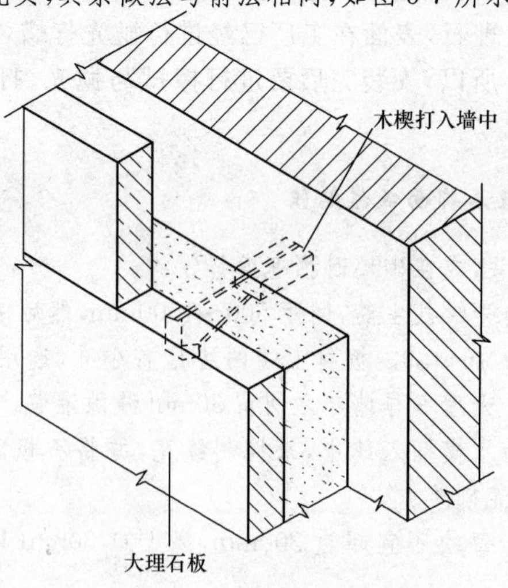

图5-7　木楔固定法(一)

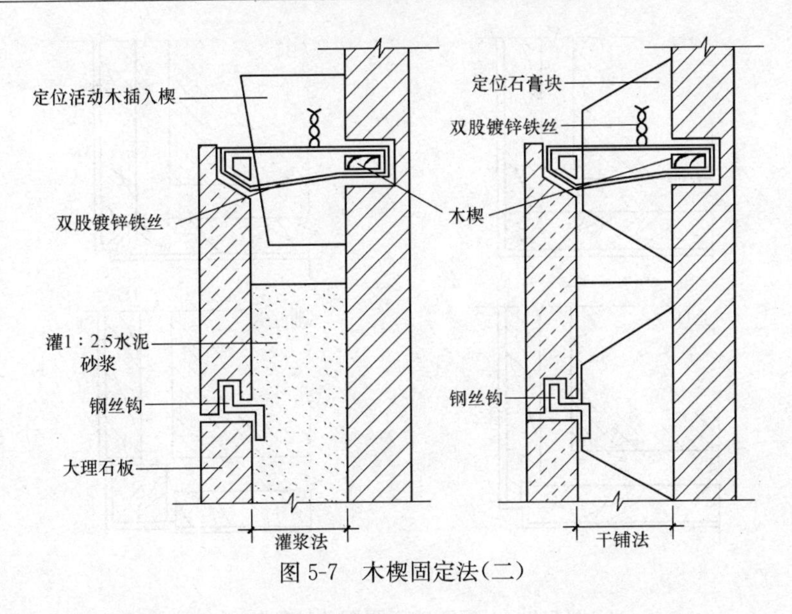

图 5-7　木楔固定法(二)

木楔固定法分灌浆和干铺两种处理方法。

(1)灌浆法是一般常用的方法,即用 1∶2.5 的水泥砂浆灌缝,但是要注意不能掺入酸碱盐的化学品,以免腐蚀大理石。石板的接缝常用对接、分块、有规则、不规则、冰纹等。除了破碎大理石面,一般大理石接缝在 1～2mm 左右。大理石板的阴角、阳角的拼接方法,如图 5-8 所示。

(2)干铺时,先以石膏块或粉刷块定位找平,留出缝隙,然后用铜丝或镀锌铁丝将木楔和大理石拴牢。其优点是:在大理石背面形成空气层,不受墙体析出的水分、盐分的影响而出现风化和表面失光的现象,但不如灌浆法牢固,一般用于墙体可能经常潮湿的情况。

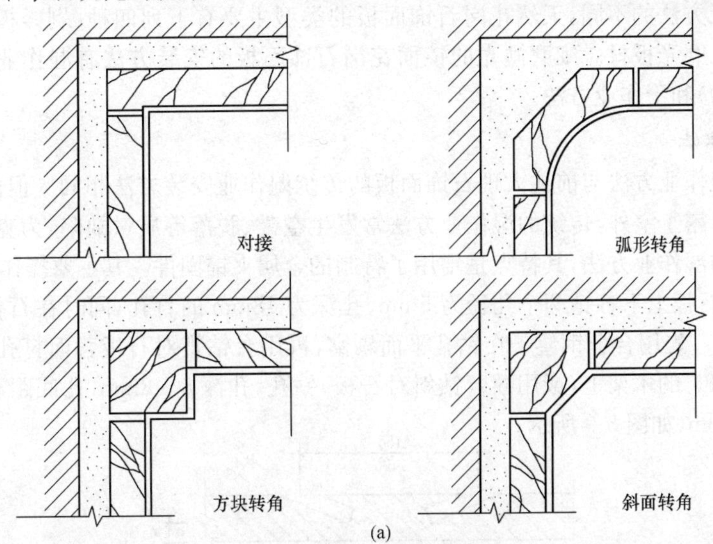

图 5-8　大理石墙面阴阳角处理(一)

(a)阴角处理

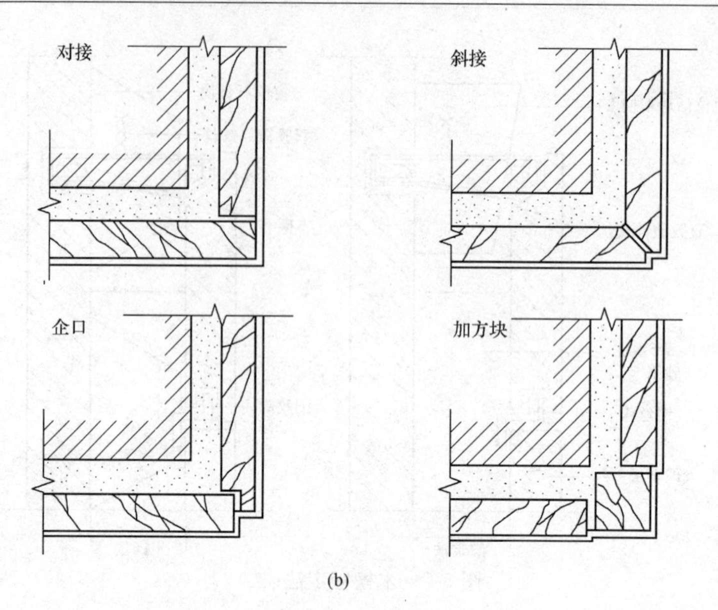

图5-8 大理石墙面阴阳角处理(二)
(b)阳角处理

二、花岗石饰面板

天然花岗石是一种火成岩，主要由长石、石英和云母等组成，花岗石岩质坚硬密实、强度高，有深青、紫红、粉红、浅灰、纯黑等多种颜色，并有均匀的黑白点。其具有耐久性好、坚固不易风化、色泽经久不变、装饰效果好等优点，是一种高级装饰材料，用它作装饰层显得庄重大方，高贵豪华。多用于室内外墙面、墙裙和楼地面等的装饰。

根据加工方法的不同，天然花岗石饰面板的类型主要有下列四种：剁斧板材、机刨板材、粗磨板材、磨光板材。细磨抛光的镜面花岗石饰面板的安装方法有湿作业方法(分传统的与改进的)和干作业方法。

1. 湿作业法

传统的湿作业方法与前述大理石饰面板的传统湿作业安装方法相同。但由于花岗石饰面板长期暴露于室外，传统的湿作业方法常发生空鼓、脱落等质量缺陷，为克服此缺点，提出了改进的湿作业方法，其特点是增用了特制的金属夹锚固件。其主要操作要点如下：

(1)先在石板上下各钻两个孔径为5mm、孔深为18mm的直孔，同时在石板背面再钻135°斜孔两个。先用合金钢錾子在钻孔平面剔窝，再用台钻直对石板背面打孔，打孔时将石板固定在135°的木架上(或用摇臂钻斜对石板)钻孔，孔深5～8mm，孔底距石板磨光面9mm，孔径8mm，如图5-9所示。

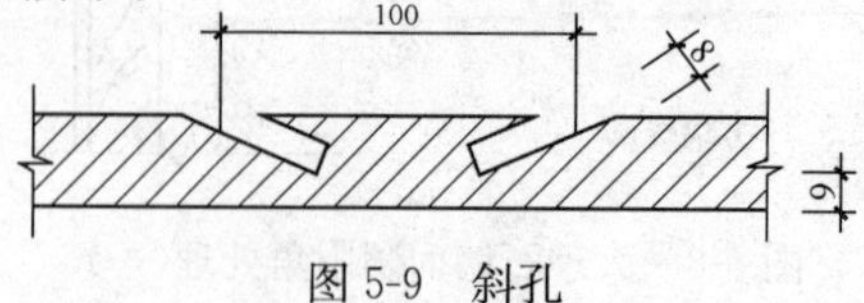

图5-9 斜孔

(2)把金属夹安装在 135°孔内,用 JGN 型胶固定,并与钢筋网连接牢固,如图 5-10 所示。

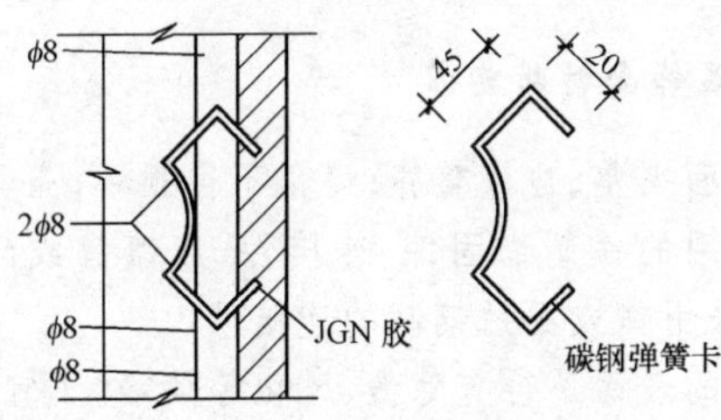

图 5-10　金属夹安装示意图

(3)花岗石饰面板就位后用石膏固定,浇灌豆石混凝土。浇灌时把豆石混凝土用铁簸箕均匀倒入,不得碰动石板及木楔。轻捣豆石混凝土,每层石板分三次浇灌,每次浇灌间隔 1h 左右,待初凝后经检查无松动、变形,可继续浇灌豆石混凝土。第三次浇灌时上口留 5cm,作为上层石板浇灌豆石混凝土的结合层。

(4)石板安装完毕后,清除所有石膏和余浆痕迹并擦洗干净,并按花岗石饰面板颜色调制水泥浆嵌缝,随嵌随擦干净,最后上蜡抛光。

2. 干作业法

干作业方法又称干挂法。它利用高强、耐腐蚀的连接固定件把饰面板挂在建筑物结构的外表面上,中间留出适量空隙。在风荷载或地震作用下,允许产生适量变位,而不致使饰面板出现裂缝或发生脱落,当风荷载或地震消失后,饰面板又能随结构复位。

干挂法解决了传统的灌浆湿作业法安装饰面板存在的施工周期长、粘结强度低、自重大、不利于抗震、砂浆易污染外饰面等缺点,具有安装精度高、墙面平整、取消砂浆粘结层、减轻建筑用自重、提高施工效率等特点。且板材与结构层之间留有的空腔,具有保温和隔热作用,节能效果显著。

干挂石的支撑方式分为在石材上下边支撑和侧边支撑两种,前者易于施工时临时固定,故国内多采用之。干挂法工艺流程及主要工艺要求如下:

(1)外墙基体表面应坚实、平整,凸出物应凿去,清扫干净。

(2)对石材要进行挑选,几何尺寸必须准确,颜色均匀一致,石粒均匀,背面平整,不准有缺棱、掉角、裂缝、隐伤等缺陷。

(3)石材必须用模具进行钻孔,以保证钻孔位置的准确。

(4)石材背面刷不饱和树脂,贴玻璃丝布做增强处理时应在作业棚内进行,环境要清洁,通风良好,无易燃物,温度不宜低于 10℃。

(5)作为防水处理,底层板安装好后,将其竖缝用橡胶条嵌缝 250mm 高,板材与混凝土基体间的空腔底部用聚苯板填塞,然后在空腔内灌入 1∶2.5 的白水泥砂浆,高度为 200mm,待砂浆凝固后,将板缝中的橡胶条取出,在每块板材间接缝处的白水泥砂浆上表面设置直径为 6mm 的排水管,使上部渗下的雨水能顺利排出。

(6)板材的安装由下而上分层沿一个方向依次顺序进行,同一层板材安装完毕后,应检查其表面平整度及水平度,经检查合格后,方可进行嵌缝。

(7)嵌缝前,饰面板周边应粘贴防污条,防止嵌缝时污染饰面板。密封胶要嵌填饱满密实,光滑平顺,其颜色要与石材颜色一致。

关键细节6　花岗石饰面材料要求

(1)花岗石饰面板应表面平整、边缘整齐;棱角不得损坏;应具有产品合格证。

(2)安装花岗石饰面板用的铁制锚固件、连接件,应镀锌或经防锈处理。镜面和光面的天然石板、石饰面板,应采用铜或不锈钢制的连接件。

(3)天然花岗石装饰板的表面不得有隐伤、风化等缺陷,不宜采用褪色的材料包装。

(4)施工时所用胶结材料的品种、掺和比例应符合设计要求,并具有产品合格证和性能检测报告。

三、人造大理石饰面

人造大理石饰面板有天然大理石的花纹和质感,自身质量仅为天然大理石的1/2,强度高,厚度薄,具有耐酸碱、抗污染等优点,其色彩和花纹均可根据设计意图制作,还可制作弧形、曲面等天然大理石难以加工的几何形状。

1. 人造大理石的分类

人造大理石重量轻、强度高、耐腐蚀、耐污染、施工方便、花纹图案丰富,是比较理想的装饰材料。一般的人造大理石主要有四大类。

(1)水泥材料人造大理石。这类人造大理石是以水泥作为粘结剂,以砂为细骨料,碎大理石、花岗岩、工业废渣等为粗骨料,经配制、搅拌、成型、加压蒸养、磨光、抛光而制成,俗称水磨石。

(2)聚酯材料人造大理石。这类人造大理石是以不饱和聚酯为粘结剂,与石英砂、大理石、方解石粉等搅拌混合,浇铸成型,在固化剂作用下产生固化作用,经脱模、烘干、抛光等工序而制成。不饱和聚酯光泽好、颜色浅,可调制成不同的鲜明颜色。

(3)复合材料人造大理石。这类人造大理石是以无机材料和有机高分子材料复合组成,以无机材料将填料粘结成型后,再将坯体浸渍于有机单体中,使其在一定条件下聚合。其板材,底层用低廉而性能稳定的无机材料,面层用聚酯和大理石粉制作。

(4)烧结工艺人造大理石。这类人造大理石是将长石、石英、辉石、方解石粉和赤铁矿粉及少量高岭土等混合,用泥浆法制作坯料,用半干压法成型,在窑炉中以1000℃左右的高温烧结而成。

在四种人造大理石中,以聚酯材料为最常用,其物理、化学性能最好,花纹设计简便,用途广泛,但其价格相对较高。

2. 人造大理石的安装

树脂型人造大理石饰面板是以不饱和聚酯树脂为胶粘剂,掺以石粉、石渣制成,然后切割成所需规格的板材,最大尺寸可达180mm×900mm,厚度有6mm、8mm、10mm、15mm、20mm等。以8～10mm的板材为例,成本仅为天然大理石的30%～50%,天然花岗石的10%～15%,是建筑、家具及卫生洁具等的理想饰面材料。

人造大理石的安装方法主要有以下两种:

(1)胶粘法。

1)镶贴前应进行画线,横竖预排,使接缝均匀。

2)胶粘面用1∶3水泥砂浆打底,找平划毛。

3)用清水充分浇湿要施工的基层面。

4)用1∶2水泥砂浆粘贴。

5)背面抹一层水泥净浆或水泥砂浆,进行对位,由下往上逐一胶粘在基层上。

6)待水泥砂浆凝固后,板缝或阴阳角部分用建筑密封胶掺入与板材颜色相同的颜料进行处理。

(2)灌浆法。灌浆法施工与安装天然大理石和天然花岗石相同。

关键细节7　人造大理石饰面施工注意事项

(1)饰面板在施工中不得有歪斜、翘曲、空鼓(用敲击法检查)现象。

(2)饰面板材的品种、颜色必须符合设计要求,不得有裂缝、缺棱和掉角等缺陷。

(3)灌浆饱满,配合比准确,嵌缝严密,颜色深浅一致。

(4)制品表面去污用软布沾水或沾洗衣粉液轻擦,不得用去污粉擦洗。

(5)若饰面有轻度变形,可适当烘干,压烤。

(6)人造大理石饰面板用于室内装饰为宜。

四、碎拼大理石饰面

碎拼大理石一般用于庭院、凉廊以及有天然格调的室内墙面。其石材大部分是生产规格石材中经磨光后裁下的边角余料,按其形状可分为非规格矩形块料、冰裂状块料(多边形、大小不一)和毛边碎块。

1. 材料要求

碎拼彩色大理石墙面,其石材应选用经过大理石厂磨光后裁下的边角余料(块材边长不宜超过30cm,厚度基本一致),按块料形状可分为:

(1)非规格矩形块料:长方形或正方形,尺寸不一,每边切割整齐。

(2)冰裂状块料:成几何状多边形,大小不一,每边均切割整齐。

(3)毛边碎块:不定型的碎块、毛边,不规则。

2. 操作方法

(1)基层处理。

1)将墙面清扫干净,预先浸透水湿润。

2)出筋吊线,用1∶3水泥砂浆打底,并养护1～2d。

3)再用1∶2.5水泥砂浆找平。

(2)选料预拼。

由于碎拼大理石的块料形状不规则,且大小不一、颜色各异,因此镶贴前要预先选料和预拼。这样方能使完工后的碎拼大理石饰面在不对称中有均衡;局部颜色虽然变化,但总体都是均匀,做到乱中有序,自然雅致。

同一墙面的碎拼大理石装饰面,大小块应搭配使用,亦可配成图案。颜色要注意搭配协调，对颜色特殊的碎块，要分布均匀以增加艺术美。

(3)镶贴。

1)碎拼大理石块料镶贴前应用水浸透，用1：2水泥砂浆镶贴平稳，用木锤或皮锤轻轻击实，用直尺找平。

2)镶贴时，应先贴大块，然后根据间隙形状，选用合适的小块补入，应做到缝隙大小基本一致。

(4)拼缝与嵌缝。碎拼大理石的拼缝要求如下：

1)采用非规格块料时，可用干缝，缝宽为1～1.5mm，镶贴完后用同色水泥浆嵌缝，可嵌平缝或凸缝，并将块料面擦刷干净，待镶贴砂浆具有一定强度后，再打蜡出亮。

2)镶贴冰裂状块料时，既可做成凹凸缝，也可做成平缝，凹凸缝的间隙为10～20mm，缝凹或凸为3～4mm，大体上和虎皮墙嵌缝相仿。平缝的间隙可以稍小。

3)镶贴毛边碎块时，因其不能密切吻合，故接缝应比非规格块料和冰裂状块料大，拼时应注意大小搭配，做到格调多变，自然优美。

碎拼大理石的嵌缝应用白水泥和耐碱颜料。颜色以调成水泥浆后与多数大理石碎块相近为宜。

关键细节8 碎拼大理石分层做法

(1)第一层：用10～12mm厚1：3水泥砂浆找平层，分遍打底找平。

(2)第二层：用10～15mm厚1：2水泥砂浆结合层。

(3)第三层：镶贴碎拼大理石。

(4)第四层：勾缝。

第三节 瓷砖镶贴

在室内装饰中瓷砖常作为地面和墙面装饰饰面材料。在洗手间、卫生间、厨房间常用彩色和白色瓷砖装饰墙面，其构造如图5-11所示。

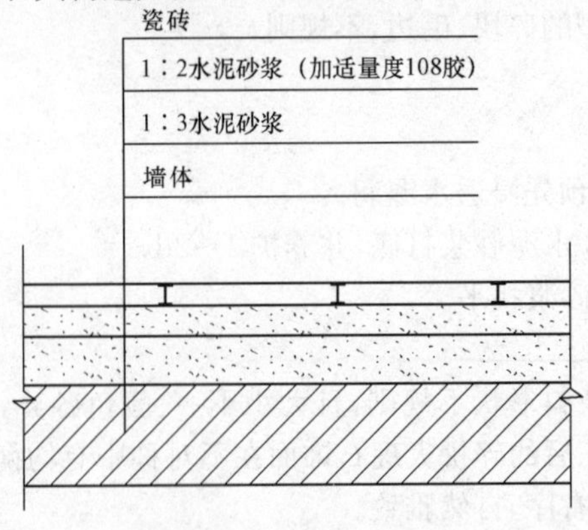

图5-11 瓷砖墙面构造

瓷砖装饰墙面和地面,使房间显得干净整洁,同时不易积垢,做清洁卫生工作方便。瓷砖粘贴主要采用水泥砂浆。

一、施工准备

1. 材料准备

(1)水泥:42.5级普通水泥或矿渣水泥。

(2)白水泥:32.5级白水泥,用于调制素水泥浆擦缝用。

(3)砂:选用中砂,应用窗纱过筛,含泥量不大于3%。

(4)底层用1∶3水泥砂浆。贴砖用1∶2水泥砂浆。

(5)瓷砖:对瓷砖进行严格挑选,要求砖角方正、平整,规格尺寸符合设计要求,无隐裂,颜色均匀;无凹凸、扭曲和裂纹夹心现象。挑出不合要求的砖块,放在一边留作割砖时用,然后把符合要求的砖浸入水内,在施工作业的前一夜取出并沥干水分待用。

(6)其他材料:根据需要可备108胶适量掺入砂浆中提高砂浆的和易性和粘结能力。白灰膏必须充分熟化。

2. 工具及器具

瓷砖镶贴的工具有水平尺、靠尺若干、方尺、开刀、钢錾子、木工锤、粉线包、合金小錾子、钢丝钳、托线板、饰面板材切割机、小铲刀、备用若干抹布与其他常用抹灰工具。

3. 基层处理

(1)地面处理:铺贴地面瓷砖通常是在混凝土楼面或地面上施工。如基层表面较光滑应进行凿毛处理,凿毛痕迹度应为5~10mm,凿毛痕迹的间距为30mm左右。对地面基体表面应进行清理,表面残留的浆砂、尘土和油渍等应用钢丝刷刷洗干净,并用水冲洗地面。

(2)混凝土墙面处理:对模板制作的混凝土墙面,应用火碱水或其他洗涤剂清洗面上的模板隔离剂,然后用清水刷洗,再甩上1∶1水泥砂浆,待凝结后,用108胶30%+水泥70%拌合水泥浆,并在墙面上甩成小拉毛,两天后抹以1∶3水泥砂浆底层。

(3)砖墙处理:先剔除砖墙面上多余灰浆并清扫浮土,然后用清水打湿墙面,抹1∶3水泥砂浆底层。

(4)旧建筑物厨房、浴厕墙面的处理:彻底铲除并清洗油渍等污垢后,应进行凿毛处理,凿毛痕迹的深度在5~8mm左右。然后用清水冲洗墙面,抹1∶3水泥砂浆底层。

4. 面砖湿润备用

釉面砖在铺贴前应在水中充分浸泡,陶瓷无釉砖和陶瓷磨光砖应浇水湿润,以保证铺贴后不致因吸走灰浆中水分而粘贴不牢。浸水后的瓷砖瓷片应阴干备用,阴干的时间视气温和环境温度而定,一般为3~5h,即以饰面砖表面有潮湿感,但手按无水迹为准。

5. 弹线、分格、定位

(1)地面弹线、分格、定位:地面铺贴常有两种方式,一种是瓷砖接缝与墙面成45°角,称为对角定位法;另一种是接缝与墙面平行,称为直角定位法。

弹线时以房间中心点为中心,弹出相互垂直的两条定位线。在定位线上按瓷砖的尺寸进行分格,如整个房间可排偶数块瓷砖,则中心线就是瓷砖的对接缝。如排奇数块,则中心线在瓷砖的中心位置上。分格、定位时，应距墙边留出200～300mm作为调整区间。另外应注意，若房间内外的铺地材料不同，其交接线应设在门板下的中间位置。同时，地面铺贴的收边位置不应在门口处，也就说不要使门口处出现不完整的瓷砖块。地面铺贴的收边位置应安排在不显眼的墙边。

(2)墙面弹线：墙面铺贴瓷片的弹线主要有地面标高线、瓷片高度位置线、水平控制线和垂直控制线。瓷片在墙面的排列有“直缝”和“错缝”两种方法，对直缝铺贴的瓷片，需要在墙面弹出水平控制线和垂直控制线。而错缝铺贴的瓷片只需弹出水平控制线。

6. 预排

瓷砖在镶贴前应预排，以便使接缝均匀。预排时，要注意同一墙面的横竖排列，不得有一行以上的非整砖。非整砖行应排在次要部位的阴角处，方法是预排时要注意用接缝处宽度调整砖行。瓷砖排列主要有两种方法，一种是同缝排列，使瓷砖竖向横向砖缝跟通；另一种是错缝排列，使瓷砖横向砖缝跟通，竖向交叉、上下两皮砖相互错开1/2。排列要求在考虑饰面协调的情况下，尽量减少非整砖的使用，对不可避免出现的非整砖要排在阴角处或不能直视到的部位。室内镶贴如无设计要求时，接缝宽度可在1～1.5mm之间，外墙可根据设计要求的接缝宽度适当调整。在突出的管线、灯具设备的部位，应整砖套割吻合，不能用非整砖拼凑镶贴，以保证饰面的美观。对采用阴阳角条等配件砖的饰面，要考虑留出阴阳角的位置。墙中装有水池、镜箱的，应按水池、镜箱的中心线向两边排砖。

排砖要从上至下，非整砖排在下面墙根处。

关键细节9　内墙面瓷砖的选择

室内外瓷片瓷砖都应先进行选择。即根据设计要求，挑选规格一致、形状平整方正、不缺边掉角、不开裂、不脱釉、无凹凸扭曲、颜色均匀的砖块和各种配件。选砖方法可采取自制的套板，即根据瓷片或面砖的标准长度尺寸，做一个“U”形木框钉在木板上，按大、中、小分类，先将釉面砖从“U”形的木框开口处塞入检查，然后转90度再塞入开口处检查，由此分出合乎标准尺寸和大于或小于标准尺寸等三类，分类堆放，同一类尺寸应用于同一层间或一面墙上，以做到接缝均匀一致。

二、瓷砖镶贴施工技术

1. 地面砖铺贴

(1)在刷干净的地面上，摊铺一层1∶3.5的水泥砂浆，厚度小于10mm。

(2)用尼龙线或棉线绳在墙面标高点上拉出地面标高线，以及垂直交叉的定位线。

(3)按定位线的位置铺贴瓷砖。用1∶2的水泥砂浆摊在瓷砖背面上，再将瓷砖与地面铺贴，并用橡皮锤敲击瓷砖面，使其与地面压实，并且高度与地面标高线吻合。铺贴8块以上时应用水平尺检查平整度，对高的部分用橡皮锤敲平，低的部分应起出瓷砖后用水泥浆垫高。瓷砖的铺贴程序，对于小房间来说(面积小于40m²)，通常是做T字形标准高度面。对于房间面积较大时通常按在房间中心十字形做出标准高度面，这样可便于多人同时施工。

(4)铺贴大面施工是以铺好的标准高度面为标基进行，铺贴时紧靠已铺好的标准高度面开始施工，并用拉出的对缝平直线来控制瓷砖对缝的平直。铺贴的水泥浆应饱满地抹于瓷砖背面，并用橡皮锤敲实，以防止空鼓现象，并且一边铺贴一边用水平尺检查校正，并即刻擦去表面的水泥浆。对于卫生间、洗手间的地面，应注意铺贴时做出1∶500的返水斜度。

(5)整幅地面铺贴完毕后，养护2d后，再进行抹缝施工。

(6)抹缝时，将白水泥调成干性团，在缝隙上擦抹，使瓷砖的对缝内填满白水泥，再将瓷砖表面擦净。

2. 内墙面铺贴施工

(1)在清理干净的找平层上，依照室内标准水平线，校核一下地面标高和分格线。

(2)所弹地平线为依据，设置支撑瓷片或瓷砖的地面木托板。加木托板的目的是防止贴瓷片时水泥浆未硬化前砖体下坠。木托板表面应加工平整，其高度为非整块瓷片的调节尺寸。整块瓷片的墙面铺贴，就从木托板开始自下而上进行。

(3)调制糊状的水泥浆，其配合比为水泥∶砂＝1∶2(体积比)，另外掺加水泥重量3%～4%的108胶水。先将108胶用两倍的水稀释，然后加在搅拌均匀的水泥砂浆中，继续搅拌至充分混合为止。镶贴时，用铲刀将聚合物水泥浆均匀涂抹在瓷片或瓷砖背面，厚度不大于5mm，四周刮成斜面，按线就位后，用手轻压，然后用橡皮锤轻轻敲击，使其与底层贴紧，并注意确保釉面砖四周砂浆饱满，并用靠尺找平。也可按水泥∶108胶水∶水＝100∶5∶26的比例配制纯水泥浆进行铺贴，这种水泥浆应随拌随用，并在收工前全部用完。它最适合底灰较平整的墙面。

(4)内瓷片或瓷砖的墙面排列方法有“直缝”和“错缝”排列两种。铺贴大面前，应先贴若干块废瓷片作为标准厚度块，用木靠尺和水平尺确定其两者间的水平度。横向每隔1.5m左右做一个标志块，如铺贴面积较大，标志块较多时，应用拉线法校正平整度。这些标准厚度块，将作为粘贴厚度的依据，以便在铺贴过程中随时检查表面的平整度。

铺贴应自下而上，自右而左进行。因为一般左手拿砖，这样既顺手又不遮挡视线。在门洞口或阳角下，如有阳三角条镶边时，则应将阳三角条尺寸留出先铺贴一侧的墙面，并用托线板校正靠直。

铺贴完一行瓷片后，再用长靠尺横向校正一次，对高于标志块的应轻轻敲击，使其平齐，若低于标志块时，应取下瓷片，重新抹满灰浆再铺贴，不得在砖口处塞灰浆，否则会产生空鼓。铺贴时应保持与相邻一行瓷片的平整，特别是对缝拼接的施工，应保持与相邻一行瓷片对缝的一致性。如因釉面砖的规格尺寸或几何形状有偏差时，应在铺贴时随时调整，使缝隙宽窄一致。当贴到最上一行时，要求上口成一直线，上口如没有压条，应铺贴一边有圆弧的釉面砖。

(5)水管等处的铺贴。

(6)勾缝应在整幅墙面贴好后进行，用清水将瓷片面擦洗干净，接缝处用干性白水泥浆或与瓷片砖相同颜色的白水泥混色浆擦嵌密实，并将瓷片表面擦净。

(7)镶阴(阳)三角条的铺贴顺序，一般按墙面→阴(阳)三角→墙面进行，即先铺贴一侧墙面瓷片，再铺贴阴(阳)三角条，然后再铺另一侧墙面瓷片，这样阴(阳)三角条比较容易与墙面吻合。

关键细节 10 特殊部位瓷砖的铺贴方法

应先铺周围的整块砖,异形块则后铺贴。水管顶部的面砖被水管占去小部分,此时应用胡桃钳逐步钳掉这一小部分。或者将瓷片先剖成两半,再钳掉圆角部分。

在有脸盆镜箱的墙面,应按脸盆下水管部位为中心,往两边排砖。肥皂盒可按预定尺寸和砖数排砖。

制作非整砖块时,可根据所需要的尺寸划痕,用专用瓷片刀切割。以裁切面砖或瓷片的北部较好,而且应对需切割的瓷片进行浸水处理。净浸透的瓷片北面向上,放大台面上,然后用瓷片刀沿木尺切割出深痕,最后将瓷片放在台面边沿处,用手将应切割的部分拗下。若断不口平或尺寸稍大,可在磨石上磨平,对墙面最下达的非整瓷片,在拆除木托板后进行补贴。

第四节 陶瓷锦砖镶贴

陶瓷锦砖是传统的墙面装饰材料。陶瓷锦砖质地坚实、经久耐用、花色繁多,耐酸、耐碱、耐磨,不渗水,易清洗,适用于建筑物室内地面厕所和浴室等内墙;作为外墙装饰材料也得到广泛应用,其构造如图 5-12 所示。

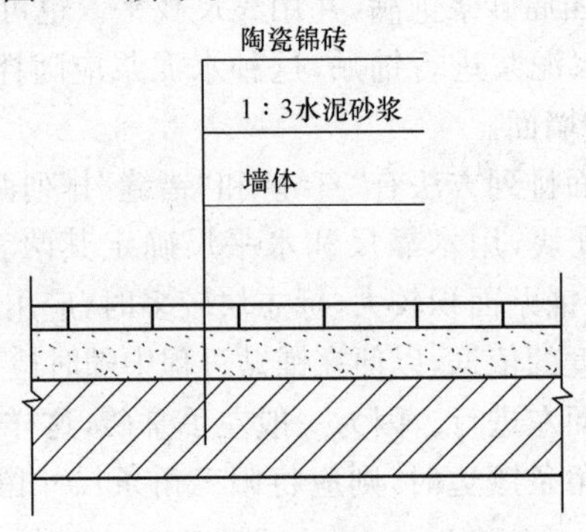

图 5-12 陶瓷锦砖墙面构造

一、陶瓷锦砖镶贴施工准备

1. 材料准备

(1)水泥:42.5 级普通硅酸盐水泥或矿渣硅酸盐水泥。并有出产证明或复试单,若出厂超过三个月,应按试验结果使用。

(2)白水泥:32.5 级白水泥。

(3)砂子:粗砂或中砂,用前过筛,其他应符合规范的质量标准。

(4)陶瓷锦砖(马赛克):应表面半整,颜色一致,尺寸正确,边棱整齐,一次进场。锦砖脱纸时间不得大于 40min。

(5)石灰膏:应用块状生石灰淋制,淋制时必须用孔径不大于 3mm×3mm 的筛过滤,并贮存在沉淀池中。

(6)生石灰粉:抹灰用的石灰膏可用磨细生石灰粉代替,其细度应通过4900孔/cm^2筛。用于罩面时,熟化时间不应小于3d。

(7)纸筋:用白纸筋或草纸筋,使用前三周应用水浸透捣烂。使用时宜用小钢磨磨细。

2. 主要机具

除了常用的抹灰工具外,还应有水平尺、靠尺、硬木拍板、棉纺擦布、刷子、拨缝刀。

二、陶瓷锦砖镶贴施工技术

1. 混凝土墙面镶贴

(1)基层处理。首先将凸出墙面的混凝土剔平,对大钢模施工的混凝土墙面应凿毛,并用钢丝刷满刷一遍,再浇水湿润,并用水泥∶砂∶界面剂=1∶0.5∶0.5的水泥砂浆对混凝土墙面进行拉毛处理。

(2)找规矩、贴灰饼,根据墙面结构平整度找出贴陶瓷锦砖的规矩,如果是高层建筑物在外墙全部贴陶瓷锦砖时,应在四周大角和门窗口边用经纬仪打垂直线找直;如果是多层建筑时,可从顶层开始用特制的大线坠绷低碳钢丝吊垂直,然后根据陶瓷锦砖的规格、尺寸分层设点、做灰饼。横线则以楼层为水平基线交圈控制,竖向线则以四周大角和层间贯通柱、垛子为基线控制。每层打底时则以此灰饼为基准点进行冲筋,使其底层灰做到横平竖直、方正。同时要注意找好突出檐口、腰线、窗台、雨篷等饰面的流水坡度和滴水线,坡度应小于3%。其深宽不小于10mm,并整齐一致,而且必须是整砖。

(3)抹底子灰。底子灰一般分两次操作,抹头遍水泥砂浆,其配合比为1∶2.5或1∶3,并掺20%水重的界面剂胶,薄薄地抹一层,用抹子压实。第二次用相同配合比的砂浆按冲筋抹平,用短杠刮平,低凹处事先填平补齐,最后用木抹子搓出麻面。底子灰抹完后,隔天浇水养护。找平层厚度不应大于20mm,若超过此值必须采取加强措施。

(4)弹控制线。贴陶瓷锦砖前应放出施工大样,根据具体高度弹出若干条水平控制线,在弹水平线时,应计算陶瓷锦砖的块数,使两线之间保持整砖数。如分格需按总高度均分,可根据设计与陶瓷锦砖的品种、规格定出缝子宽度,再加工分格条。但要注意同一墙面不得有一排以上的非整砖,并应将其镶贴在较隐蔽的部位。

(5)贴陶瓷锦砖。镶贴应自上而下进行。高层建筑采取措施后,可分段进行。在每一分段或分块内的陶瓷锦砖,均为自下向上镶贴。贴陶瓷锦砖时底灰要浇水润湿,并在弹好水平线的下口上,支上一根垫尺,一般三人为一组进行操作。一人浇水润湿墙面,先刷上一道素水泥浆,再抹2～3mm厚的混合灰粘结层,其配合比为纸筋∶石灰膏∶水泥=1∶1∶2,亦可采用1∶0.3水泥纸筋灰,用靠尺板刮平,再用抹子抹平;另一人将陶瓷锦砖铺在木托板上,缝子里灌上1∶1水泥细砂子灰,用软毛刷子刷净麻面,再抹上薄薄一层灰浆。然后一张一张递给另一人,将四边灰刮掉,两手执住陶瓷锦砖上面,在已支好的垫尺上由下往上贴,缝子对齐,要注意按弹好的横竖线贴。如分格贴完一组,将米厘条放在上口线继续贴第二组。镶贴的高度应根据当时气温条件而定。

(6)揭纸、调缝。贴完陶瓷锦砖的墙面,要一手拿拍板,靠在贴好的墙面上,一手拿锤子对拍板满敲一遍,然后将陶瓷锦砖上的纸用刷子刷上水,约等20～30min便可开始揭纸。揭开纸后是否均匀,如出现歪斜、不正的缝子,应顺序拨正贴实,先横后竖、拨正拨直为止。

(7)擦缝。粘贴后48h,先用抹子把近似陶瓷锦砖颜色的擦缝水泥浆摊放在需擦缝的陶瓷锦砖上,然后用刮板将水泥浆往缝子里刮满、刮实、刮严。再用麻丝和擦布将表面擦净。遗留在缝子里的浮砂可用潮湿干净的软毛刷轻轻带出,如需清洗饰面时,应待勾缝材料硬化后方可进行。起出米厘条的缝子要用1∶1水泥砂浆勾严勾平,再用擦布擦净。外墙应选用抗渗性能勾缝材料。

2. 砖墙镶贴

(1)基层处理。抹灰前墙面必须清理干净,检查窗台窗套和腰线等处,对损坏和松动的部分要处理好,然后浇水润湿墙面。

(2)吊垂直、套方、找规矩。同基层为混凝土墙面作法。

(3)抹底子灰。底子灰一般分两次操作,第一次抹薄薄的一层,用抹子压实,水泥砂浆的配比为1∶3,并掺水泥重20%的界面剂胶;第二次用相同配合比的砂浆按冲筋线抹平,用短杠刮平,低凹处事先填平补齐,最后用木抹子搓处麻面。底子灰抹完后,隔天浇水养护。

(4)面层。面层作法同基层为混凝土墙面的做法。

3. 加气混凝土墙面镶贴

加气混凝土墙面镶贴的施工方法有以下两种。

(1)一种是用水湿润加气混凝土表面,修补缺楞掉角处。修补前,先刷一道聚合物水泥浆,然后用水泥∶石灰膏∶砂子=1∶3∶9混合砂浆分层补平,隔天刷聚合物水泥浆,并抹1∶1∶6混合砂浆打底,木抹子搓平,隔天浇水养护。

(2)另一种是用水湿润加气混凝土表面,在缺楞掉角处刷聚合物水泥浆一道,用1∶3∶9混合砂浆分层补平,待干燥后,钉金属网一层并绷紧。在金属网上分层抹1∶1∶6混合砂浆打底,砂浆与金属网应结合牢固,最后用木抹子轻轻搓平,隔天浇水养护。

关键细节11 陶瓷锦砖冬期施工注意事项

一般只在冬季初期施工,严寒阶段不得镶贴室外墙面陶瓷锦砖。

(1)砂浆的使用温度不得低于5℃,砂浆硬化前,应采取防冻措施。

(2)用冻结法砌筑的墙,应待解冻后方可施工。

(3)镶贴砂浆硬化初期不得受冻。气温低于5℃时,室外镶贴砂浆内可掺入能降低冻结温度的外加剂,其掺量应由试验确定。

(4)为防止灰层早期受冻,并保证操作质量,严禁使用石灰膏和界面剂胶,可采用同体积粉煤灰代替或改用水泥砂浆抹灰。

(5)冬期室内镶贴陶瓷锦砖,可采用热空气或带烟囱的火炉加速干燥。采用热空气时,应设通风设备排除湿气,并设专人进行测温控制和管理。

关键细节12 陶瓷锦砖镶贴注意事项

(1)镶贴好的陶瓷锦砖墙面,应有切实可靠的防止污染的措施;同时要及时清擦干净残留在门窗框、扇上的砂浆。特别是铝合金塑钢等门窗框、扇,事先应粘贴好保护膜,预防污染。

(2)每层抹灰层在凝结前应防止风干、暴晒、水冲、撞击和振动。

(3)少数工种的各种施工作业应做在陶瓷锦砖镶贴之前,防止损坏面砖。

(4)拆除架子时注意不要碰撞墙面。

(5)合理安排施工程序,避免相互间的污染。

第五节　花饰制作与安装

花饰是指用一定图案的足尺寸大样图,用刻花、垛花、塑花等几种形式,做出阳模,翻制阴模,浇制而成的装饰。花饰制作与安装的基本工艺流程:按设计制作花饰模型(阳模)→用阳模翻制阴模(模腔) 斗→用阴模翻浇花饰制品→按设计位置将花饰制品安装固定。

花饰的品种有石膏花饰、水泥石花饰、斩假石花饰和塑料花饰等。

一、阳模制作

花饰阳模的制作有刻花、垛花和塑花等。

1. 刻花

刻花分为木雕刻和石膏雕刻。由于木雕刻阳模成本高,工期长,因此,常用石膏雕刻制作阳模。刻花适用于精细、对称、体型小、线条多的花饰图案。常用的石膏雕刻模具有三种:

(1)以花饰的最高厚度及最大长度、宽度(或直径)浇一块石膏板,然后将花饰的图案用复写纸印在石膏板上,这样就可照此图案进行雕刻,采用这种方法的缺点是较费工料,成本高。

(2)当为对称花饰时,可用上述方法雕刻对称体的1/2,而另一半用明胶阴模翻模后,再用石膏将它们胶合成一块花饰,再稍加修整,即成为阳模。

(3)如花饰图案比较简单而且空隙又较多时,可先把复印好花纹的石膏板,用钢丝锯锯去其不需要的部分,并把它胶合在一块大小相同的底板上,再修雕成阳模(无底板的花饰只要锯好,修雕即可)。

2. 垛花

垛花一般用较稠的纸筋灰按花饰样的轮廓一层层垛起来,再用黄杨木或钢片制成的工具(塑花板)雕塑而成。通常是直接垛在假结构的所在部位上,经修整后,翻制水刷石花饰。由于纸筋灰的收缩性较大,所以在垛实样时其尺寸要按图放大2%左右。垛花制作的步骤如下:

(1)在面层的纸筋尚未干硬时,将花饰图案覆盖在花饰部位上,用相应的塑花板照样刻画,将纸上的花纹全部刻印在抹灰面上。

(2)用塑花板的纸筋灰或纸筋水垛在刻花饰表面,作为底层草坯,其厚度为花饰各部分全厚的1/2,使花饰的基本轮廓呈现出来。

(3)在草坯上用塑花板将纸筋灰填上去,进行立体加工,如要填出一棵花卉,就要塑出花饰的枝节、叶脉、花蕊等，然后经必要的修整使花饰逼真，丰满有力。

(4)用各种大小塑花板进行更精细的加工，使花饰表面光滑，达到清晰、明显的效果。

3. 塑花

塑花又称泥塑，适用于大型花饰。泥塑操作前将黏土中硬块用木锤捣碎并除去杂质，浸水泡软。在木底板上，四周用木板围住挡泥，将黏土捣成一块底板，其厚度应与施工图纸中花饰底板的厚度相同。然后将图纸上的花饰图案刻画在泥板上。根据花饰的高低、长短、厚薄、曲直，把泥土捏成泥条、泥块、泥团后塑在底板上，其厚度以超过花饰的剖面图的3/5为宜，再把小块泥慢慢添厚加宽，完成花饰的基本轮廓，最后用塑花板削添，修饰成符合要求的花饰草塑的阳模。

泥塑花饰干燥后容易裂缝，应注意保养。泥塑阳模应尽快地浇制明胶阳模，如发现阳模有裂缝时，应在翻制前认真修补一次。如认为泥塑阳模表面不够光滑平整，不宜作为石膏花饰的阳模时，可将泥塑阳模浇制成泥塑阴模，再将明胶阴模翻制成石膏阳模，并加以雕刻、修光，即成为正式的阳模。

二、翻制阴模

阴模的浇制通常有硬模和软模两种方法：硬模适用于水泥砂浆、水刷石、斩假石花饰；软模适用于石膏花饰。

1. 硬模

硬模浇制是在阳模干燥后才进行的，浇模步骤如下：

(1)在阳模上涂隔离层剂(一般涂油脂1度)，以便使阳模容易从阴模中撬出来。

(2)在阳模表面浇筑厚度为1.5～2cm素水泥浆，使阳模全部包在素水泥浆中。

(3)待收水后，再用1∶2水泥砂浆或细石混凝土灌在外面，并埋$\phi 6 \sim \phi 8$的加固钢筋或粗铅丝，砂浆或细石混凝土的厚度根据花饰面积大小而定，只要有足够的刚度即可，不必过厚，以使翻制花饰时操作轻便。大型的阴模要加铁耳环，便于搬运。

(4)养护2～3d(要视温度高低而定)，待其干硬后，才可将模中的阳模用塑花板撬出。待阳模取出后，阴模要洗刷干净，用明矾水将油脂洗干净。最后要试翻花饰，检查阴模是否障碍，尺寸形状是否符合设计要求，试翻无误后，方可正式翻制。

2. 软模

明胶软模的浇制方法如下：

(1)当实样硬件干燥后(阳模干燥后)，用木螺钉将其固定在木底板上，并将螺钉孔处补平修光，再加刷一遍泡立水(虫胶漆)2～3度(如为泥塑阳模为3度左右)，每次刷泡立水必须待前一次干燥后才能刷第二遍。

(2)泡立水干燥后，再抹上掺煤油的黄泥调和油料，然后在周围加上挡胶板，其高度一般较阳模最高面高出3cm左右，其距离与阳模的最近处不宜小于2cm，并将板缝用石膏、黏土等封住，以防浇胶时漏胶。

(3)在挡胶板上刷油，然后才能浇制明胶模。明胶可分为甲、乙、丙、丁四种，以淡黄透明的质量为最好。如花饰数量多，应用耐热度较高、可重复使用的甲种明胶，花饰数量少时可用乙种以下明胶。明胶使用时必须隔水加热炖化，在加热的同时要用棒不停地搅拌，使明胶完全融化成稀薄均匀的粘液体,同时除去表面泡沫加入甘油,以增加明胶的粘接力和粘性。

(4)明胶在30℃左右开始溶化,当温度达到70℃时应立即停止加热,从锅内取出稍微冷却,并用棒不停拌动,使容器内胶液的温度上下一致。

(5)浇模时,使胶水从阳模边缘慢慢地浇入,不能急浇下去,一般控制在每15min/m²。浇模时除注意胶水的流向是否能畅流各处外,还应注意胶水的温度。温度较高的胶浇模时要慢一点,因有热气上升容易使明胶发泡,或使泡立在粘好的阳模上;温度偏低时,胶水则沉滞而发厚,在花饰细密处不易流密实。浇模应一次完成,中间不应有接头,要注意同一模子的胶水,稠度应均匀一致,并视花饰大小、细密程度及气候确定。冬季稠度要稀一些,夏季稠度要小一些。阳模的厚度,约比花饰最厚处大5～20mm左右,浇得过厚会使翻模不便,也增加胶水的用量,造成浪费。

(6)浇模后8～12h以后才能翻模。翻模时,先把胶挡板拆去,按花饰凸凹、曲直的顺序将模翻出来。如花饰有弯钩或口小内大等情况无法翻模时,可先把胶切开来,再进行翻模。明胶剥离阳模后,即将阴模刷清理,如有残余油脂应用明矾水洗刷干净。用刷清除杂物时,往往影响阴模表面的光洁,最后改用压缩空气清除,这样能确保表面的光洁。然后在其表面刷油脂,即可翻制石膏花饰。如胶模有残缺、走样、不平或发毛等现象时,必须重新翻浇。

三、花饰浇制

1. 石膏花饰

(1)在明胶阴模花饰表面,均匀地刷上1度无色纯净的油脂隔离层,花饰细密处要特别注意,以免浇制后的花饰出现孔眼。刷好油脂后将阴模安放平稳,准备好浇花饰用的麻丝、木板条、竹片及石膏粉。

(2)用100kg石膏粉加60～80kg水,再加10%的水胶,不停地搅动,拌至桶内无块粒、薄厚均匀一致为止。

(3)将拌好石膏浆浇入胶模内,浇入模内2/3用量后,轻轻振打支木底板,使石膏浆密实。然后根据花饰大小、形状、厚薄埋设麻丝、木板条、竹片加固(不可放置钢筋或其他铁件,以免钢筋生锈使石膏花饰返黄),使花饰在运输和安装时不易断裂或脱落。麻丝须洁白柔韧,木板条及竹片须洁净、无杂物、无弯曲。埋设前应先用水浸湿,然后均匀地放入花饰中。如果是圆形及不规则花饰,放入麻丝时,不必考虑方向;有弧度的花饰,木板条可根据其形状分段安放。放时动作要快,放好后,继续浇灌石膏浆至与模口平,再用直尺刮平。待其稍硬后用尖刀背面划毛。

浇铸半圆形或有坡度的花饰时,石膏浆应拌得稍稠一些,使浇模时石膏浆不致塌下,或在最低处先盖以与坡面相同的木板;石膏浆应从两头灌入;稍等一会,拿掉盖上的木板,放入麻丝或板条,再将石膏浆浇平,并划毛,以使安装时与基层面粘贴牢固。

(4)石膏花饰浇灌后的翻模时间应控制在浇灌为5～15min左右。翻模前要考虑好顺序,从何处着手起翻比较方便,而且不致损坏花饰。起翻时应顺花纹方向操作,不可倒翻,注意用力要均匀轻巧,不可猛翻。则翻好的花饰就平放在与花饰底形相同的木底板上,如发现花饰胶模切开处有麻眼和花纹不整齐现象，必须用工具进行修嵌或用毛笔沾上石膏浆修补，直到花饰清晰、完整为止。

(5)花饰翻出后要用排笔或毛排进行轻刷，使其表面光洁，然后编号及按安装位置将花饰形状放平整，面积大的可以侧放，但不准堆放。每块花饰中间用木板或麻袋等垫平。贮藏的地方要干燥，通风良好，在冬季要防止花饰受冻。

2. 水泥砂浆花饰

(1)将配好的钢筋放入硬模内，再将拌合好的1∶2的水泥砂浆(干硬性)或1∶1水泥石粒浆倒入硬模内捣固定。

(2)待花饰干硬至用手按稍有指纹但不觉下陷时，即可脱模。脱模时将花饰底面刮平带毛，翻倒在平整处。

(3)脱模后应即时检查花纹并进行修整，再用排笔轻刷，使表面颜色均匀。

3. 水刷石花饰

水刷石花饰所用的水泥石粒浆稠度一般以5～6cm为宜，其配合比(质量比)为水泥∶石粒=1∶1.5。要求石粒的颜色一致，颗粒均匀干净，必要时要淘洗干净，过筛后才使用。

(1)浇制时要进行捣固，使水泥石粒浆内所含气体排出，能密实地填满在硬模内壁的凹纹处。

(2)抹石粒浆的厚度控制在10～12mm左右，但不宜少于8mm，然后再用1∶3干硬性水泥砂浆作填充料，抹至阴模高度平口为止。如果厚度不大的花饰，则可全用水泥石粒浇制。

(3)对于体积较重的花饰，由于安装时需用木螺钉或螺栓进行固定，因此浇制时应按设计尺寸安放木榫，待浇捣压平压实后稍有收水再将木榫拨出。此预留空洞为安装时用。

(4)待收水后用手按稍有指纹不觉下陷时就可翻模，将其放在与花饰背面但形状相同的底板上。翻模时将底板与硬模紧贴，然后翻身稍加振动，以便花饰顺利翻出。弯形翻在地板上，要立即用木条钉在底板两端将弯形下口卡住，防止塌落。刚翻出的花饰表面如有残缺不齐、孔眼、多角或裂缝等，要及时用花板修补好，并用软刷沾水轻刷一遍，使表面整齐。

(5)花饰翻出后，用手按其表面无下陷时，可以清洗表面，可用喷雾器及棕刷清洗。

(6)清洗完后的花饰，表面应平直整齐，清晰一致，不得有裂缝及残余不齐等现象。放置平稳不得振动和碰撞，达到强度后，才可轻轻敲击底板，使其松动取下。取下后视花饰形状确定侧放或平放，不得堆叠放，以免花饰碎裂。花饰未达到强度时，不得进行安装。

四、花饰安装

花饰的安装一般有粘贴法、木螺钉固定法和螺栓固定法三种。

1. 粘贴法

粘贴法适用于质量小的小型花饰安装。施工步骤如下：

(1)在基层面上刮一道厚度为2～3mm左右水泥浆。

(2)将花饰背面洒水湿润，然后涂上水泥砂浆或者聚合物水泥浆，如为石膏花饰可在背面涂石膏浆或水泥浆粘贴。

(3)与基层紧贴,并用支撑进行临时固定,然后修整和清除周边余浆。待水泥砂浆或石膏达到一定强度后,将临时支撑拆除掉。

2. 木螺钉固定法

木螺钉固定法与粘贴法基本相同,只是在安装时把花饰上的预留孔洞对准预埋木砖;然后现场拧紧铜或镀锌螺钉(不宜过紧)。如果是石膏花饰在其背面需涂石膏浆粘贴。安装后再用1∶1水泥砂浆或水泥浆把螺钉孔眼堵严,并修饰平整。若花饰安装在顶棚,应将顶棚上预埋铜丝与花饰上的铜丝连接牢,木螺钉固定法适用于质量较大、体型稍大的花饰。

3. 螺栓固定法

螺栓固定法适用于质量大的花饰,施工步骤如下:

(1)将花饰预留孔对准基层预埋螺栓。及时用螺母及垫块固定,并进行临时支撑,当螺栓与预留孔位置对不上时,应采取绑扎钢筋或用焊接的补救办法来解决。花饰临时固定后,将花饰与墙面之间的缝隙和底面用石膏堵严。

(2)用1∶2水泥砂浆分层进行灌筑捣实,每次灌筑高度10cm左右,应注意:每层水泥砂浆终凝后,才能浇上一层。待水泥砂浆有足够的强度后,再用1∶2.5水泥砂浆修补整齐。

(3)清理周边堵缝的强度后,拆除临时支撑。

关键细节13　花饰安装技术要求

(1)花饰达到一定强度后,才能进行安装,安装时应与预埋在结构中的锚固件连接牢固。薄浮雕和高凸浮雕安装时宜与镶贴面板、饰面砖同时进行。

(2)混凝土墙板上安装花饰用的锚固件,应在墙板浇筑时埋设。

(3)采用木螺钉或螺栓固定花饰的,应事先在基层上预埋木砖、铁件或预留孔洞,预留空洞时,应洞口小、里口大,并检查预埋件或预埋孔洞的位置是否正确、牢固。

(4)安装前处理好基层表面,要求表面清洁平整,无灰尘杂物及凹凸不平现象。按设计要求的位置在墙、柱或顶棚上弹出花饰位置的中心线,再将基层浇水湿润。

(5)在抹灰面层上安装花饰时,必须待抹灰层硬化后才能进行,以保证安装牢固。在安装时应防止灰浆流坠污染墙面。

(6)在钢丝网顶棚上安装花饰时,可将预埋设在花饰内的铜丝与顶棚连接牢固,铜丝粗细视花大小而定,铜丝埋设的位置应均匀分布在石膏花饰中。

(7)花饰安装好后,应立即进行检查,如有位置不正,随即进行调整,使之完全符合要求。

第六节　饰面板(砖)工程质量验收标准

一、饰面砖粘贴工程施工质量验收

饰面砖粘贴工程施工质量验收标准适用于内墙饰面砖粘贴工程和高度不大于100m、

抗震设防烈度不大于8度、采用满粘法施工的外墙饰面砖粘贴工程。

1. 主控项目

饰面砖粘贴工程主控项目及验收要求，见表5-1。

表5-1 主控项目内容及验收要求

项次	项目内容	规范编号	质量要求	检查方法
1	饰面砖质量	第8.3.2条	饰面砖的品种、规格、图案、颜色和性能应符合设计要求	观察；检查产品合格证书、进场验收记录、性能检测报告和复验报告
2	饰面砖粘贴材料	第8.3.3条	饰面砖粘贴工程的找平、防水、粘结和勾缝材料及施工方法应符合设计要求及国家现行产品标准和工程技术标准的规定	检查产品合格证书、复验报告和隐蔽工程验收记录
3	饰面砖粘贴	第8.3.4条	饰面砖粘贴必须牢固	检查样板件粘结强度检测报告和施工记录
4	满粘法施工	第8.3.5条	满粘法施工的饰面砖工程应无空鼓、裂缝	观察；用小锤轻击检查

注：表中规范指《建筑装饰装修工程质量验收规范》(GB 50210－2001)。

2. 一般项目

饰面砖粘贴工程一般项目及验收要求，见表5-2。

表5-2 一般项目内容及验收要求

项次	项目内容	规范编号	质量要求	检查方法
1	饰面砖表面质量	第8.3.6条	饰面砖表面应平整、洁净、色泽一致，无裂缝和缺损	观察
2	阴阳角及非整砖	第8.3.7条	阴阳角处搭接方式、非整砖使用部位应符合设计要求	观察
3	墙面突出物周围	第8.3.8条	墙面突出物周围的饰面砖应整砖套割吻合，边缘应整齐。墙裙、贴脸突出墙面的厚度应一致	观察；尺量检查
4	饰面砖接缝、填嵌、宽深	第8.3.9条	饰面砖接缝应平直、光滑，填嵌应连续、密实；宽度和深度应符合设计要求	观察；尺量检查
5	滴水线	第8.3.10条	有排水要求的部位应做滴水线(槽)。滴水线(槽)应顺直，流水坡向应正确，坡度应符合设计要求	观察；用水平尺检查

注：表中规范指《建筑装饰装修工程质量验收规范》(GB 50210－2001)。

关键细节 14 饰面砖粘贴工程质量检验方法

饰面砖粘贴的允许偏差和检验方法，见表 5-3。

表 5-3 饰面砖粘贴允许偏差及检验方法

项次	项 目	允许偏差(mm)		检 验 方 法
		外墙面砖	内墙面砖	
1	立面垂直度	3	2	用 2m 垂直检测尺检查
2	表面平整度	4	3	用 2m 靠尺和塞尺检查
3	阴阳角方正	3	3	用直角检测尺检查
4	接缝直线度	3	2	拉 5m 线，不足 5m 拉通线，用钢直尺检查
5	接缝高低差	1	0.5	用钢直尺和塞尺检查
6	接缝宽度	1	1	用钢直尺检查

二、饰面板安装工程施工质量验收

饰面板安装工程质量验收标准适用于内墙饰面板安装工程和高度不大于 24m、抗震设防烈度不大于 7 度的外墙饰面板安装工程。

1. 主控项目

饰面板安装工程主控项目及验收要求，见表 5-4。

表 5-4 主控项目内容及验收要求

项次	项目内容	规范编号	质量要求	检查方法
1	材料质量	第 8.2.2 条	饰面板的品种、规格、颜色和性能应符合设计要求，木龙骨、木饰面板和塑料饰面板的燃烧性能等级应符合设计要求	观察；检查产品合格证书、进场验收记录和性能检测报告
2	饰面板孔、槽	第 8.2.3 条	饰面板孔、槽的数量、位置和尺寸应符合设计要求	检查进场验收记录和施工记录
3	饰面板安装	第 8.2.4 条	饰面板安装工程的预埋件（或后置埋件）、连接件的数量、规格、位置、连接方法和防腐处理必须符合设计要求。后置埋件的现场拉拔强度必须符合设计要求。饰面板安装必须牢固	手扳检查；检查进场验收记录、现场拉拔检测报告、隐蔽工程验收记录和施工记录

注：表中规范指《建筑装饰装修工程质量验收规范》(GB 50210—2001)。

2. 一般项目

饰面板安装工程一般项目及验收要求，见表5-5。

表5-5 一般项目内容及验收要求

项次	项目内容	规范编号	质量要求	检查方法
1	饰面板表面质量	第8.2.5条	饰面板表面应平整、洁净、色泽一致，无裂痕和缺损。石材表面应无泛碱等污染	观察
2	饰面板嵌缝	第8.2.6条	饰面板嵌缝应密实、平直，宽度和深度应符合设计要求，嵌填材料色泽应一致	观察；尺量检查
3	湿作业施工	第8.2.7条	采用湿作业法施工的饰面板工程，石材应进行防碱背涂处理。饰面板与基体之间的灌注材料应饱满、密实	用小锤轻击检查；检查施工记录
4	饰面板孔洞套割	第8.2.8条	饰面板上的孔洞应套割吻合，边缘应整齐	观察

注：表中规范指《建筑装饰装修工程质量验收规范》(GB 50210—2001)。

关键细节15 饰面板安装工程质量检验方法

饰面板安装的允许偏差和检验方法，见表5-6。

表5-6 饰面板安装的允许偏差和检验方法

项次	项目	允许偏差(mm)							检验方法
		石材			瓷板	木材	塑料	金属	
		光面	剁斧石	蘑菇石					
1	立面垂直度	2	3	3	2	1.5	2	2	用2m垂直检测尺检查
2	表面平整度	2	3	—	1.5	1	3	3	用2m靠尺和塞尺检查
3	阴阳角方正	2	4	4	2	1.5	3	3	用直角检测尺检查
4	接缝直线度	2	4	4	2	1	1	1	拉5m线，不足5m拉通线，用钢直尺检查
5	墙裙、勒脚上口直线度	2	3	3	2	2	2	2	拉5m线，不足5m拉通线，用钢直尺检查
6	接缝高低差	0.5	3	—	0.5	0.5	1	1	用钢直尺和塞尺检查
7	接缝宽度	1	2	2	1	1	1	1	用钢直尺检查

第六章　古建筑装饰抹灰

第一节　墙面勾缝

一、墙面勾缝的形式

灰缝的形式主要有平缝和凹缝两种。凹缝又称洼缝，分为平洼、圆洼、燕口缝（较深的平洼缝）、风雨缝（八字缝）。

关键细节 1　*墙面勾缝统一要求*

墙面勾缝做法虽然很多，但在操作要求上有许多共同之处，要求如下：

(1)除丝缝墙、石墙外，凡砖缝有缝隙过窄、砖棱不方等明显缺陷者，要用扁子“开缝”。

(2)凡墙面较干，怕灰附着不牢者，须事先用水将墙面洇湿。

(3)灰缝勾完后，要用刷子、扫帚等将墙面清扫干净。俗话说：“三分砌七分勾（缝），三分勾七分扫”，形象地说明了清扫墙面的重要性。

(4)灰缝的质量要求：灰缝应横平竖直；深浅应一致；灰缝应光顺，接茬自然；无明显裂缝、缺灰、“嘟噜灰”、后口空虚等缺陷；卧缝与立缝接茬无搭痕。

二、常见墙面勾缝施工方法

常见墙面勾缝施工方法，见表 6-1。

表 6-1　　常见墙面勾缝施工方法

序号	名称	施工方法
1	耕缝	耕缝作法适用于丝缝及淌白缝子等灰缝很细的墙面作法。耕缝所用的工具：将前端削成扁平状的竹片或用有一定硬度的细金属丝制成“溜子”。灰缝如有空虚不齐之处，事先应经打点补齐。耕缝要安排在墁水活、冲水之后进行。耕缝时要用平尺板对齐灰缝贴在墙上，然后用溜子顺着平尺板在灰缝上耕压出缝子来。耕完卧缝以后再把立缝耕出来
2	打点缝子	砖墙一般用于普通淌白墙和琉璃砌体。用于普通淌白墙时，多用月白灰或老浆灰，有时也用白麻刀灰；用于琉璃砌体时，用红灰或深月白灰。打点缝子所用麻刀须为小麻刀灰，即不但灰内的麻刀含量较少，更主要的是，麻刀应剪短，故又称为“短麻刀灰”。用于重要的宫殿建筑，常用江米灰。用于淌白墙，常以锯末灰或纸筋灰代替小麻刀灰。打点缝子的方法：用瓦刀、小木棍或钉子等顺砖缝镂划，然后用溜子将小麻刀灰或锯末灰等“喂”进砖缝。灰可与砖墙“喂”平，也可稍低于墙面。缝子打点完毕后，要用短毛刷子沾少量清水（沾后甩一下）顺砖缝刷一下，这样既可以使灰附着得更牢，又可使砖棱保持干净

（续）

序号	名称	施工方法
3	划缝	划缝做法主要用于带刀缝墙面，也用于灰砌糙砖清水墙，有时还用于淌白墙。划缝的特点是利用砖缝内的原有灰浆，因此也称作“原浆勾缝”。划缝前要用较硬的灰将缝里空虚之处塞实，然后用前端稍尖的小木棍顺着砖缝划出圆洼缝来
4	弥缝	弥缝做法用于墙体的局部，如灰砌墀头中的梢子里侧部分、某些灰砌砖檐。弥缝的具体做法是：以小抹子或鸭嘴把与砖色相近的灰分两次把砖缝堵平，即“弥”住，然后用毛刷子沾少量清水顺砖缝刷一下，最后用与砖色相似的稀月白浆涂刷墙面。弥缝后的效果以看不出砖缝为好
5	串缝	串缝做法只用于灰缝较宽的墙面，故多用于灰砌城砖（糙砖）、清水墙，或小式石活如台明、阶条、石板墙等。串缝所用灰一般为月白麻刀灰或白麻刀灰（只用于部分砖墙）。串缝时用小抹子或小鸭嘴挑灰分两次将砖缝堵平（或稍洼）
6	描缝	用于淌白描缝墙面。描缝所用材料为烟子浆，描缝方法如下：先将缝子打点好，然后用毛笔沾烟子浆沿平尺板将灰缝描黑。为防止在描的过程中，墨色会逐渐变浅，每两笔可以相互反方向描，如第一笔从左往右描，第二笔从右往左描（两笔要适当重叠）。这样可以保证描出的墨色深浅一致，看不出接茬。描缝时应注意修改原有灰缝的不足之处，保证墨线的宽窄一致、横平竖直
7	抹灰做缝	（1）抹青灰做假砖缝。简称“做假缝”，用于混水墙抹灰。特点是远观有干摆或丝缝墙的效果。做法如下： 先抹出青灰墙面，颜色以近似砖色为好。现代施工中，也可抹水泥砂浆，再刷青浆轧光。趁灰未完全干的时候，用竹片或薄金属片（如钢锯条）沿平尺板在灰上划出细缝。 （2）抹白灰刷烟子浆镂缝。简称“镂活”，多用于廊心墙、穿插当子、山花、象眼等处。常见的形式不仅有砖缝，还可镂出图案花卉等。其方法是：先将抹面抹好白麻刀灰，然后刷上一层黑烟子浆。等浆干后，用錾子等尖硬物镂出白色线条来。根据图面的虚实关系，还可轻镂出灰色线条。 （3）抹白灰（或月白灰）描黑缝。简称“抹白描黑”，偶见于庙宇中的内檐或无梁殿的券底抹灰。作法是：先用白麻刀灰或浅月白麻刀灰抹好墙面，按砖的排列形式分出砖格，用毛笔沾烟子浆或青浆顺平尺板描出假砖缝。

第二节　墙体抹灰

一、靠骨灰施工

靠骨灰又称刮骨灰或刻骨灰，其施工工序：底层处理→打底层灰→抹罩面灰→赶轧、刷浆。

1. 底层处理

（1）墙面浇水湿润。靠骨灰的主要材料是熟石灰（氢氧化钙），氢氧化钙和空气中的二氧化碳生成碳酸钙。碳酸钙具有一定的硬度。但这种化合过程需要一定的时间，当灰干燥后，这种化合反应即自行停止。因此，湿润的墙面可为熟石灰的硬化提供充分的条件。干净湿润的墙面还有利于墙面与灰浆的附着结合。

(2)当墙面灰缝脱落严重时,应以掺灰泥或麻刀灰把缝堵严填平。当墙面局部缺砖或酥碱严重时,应以麻刀灰抹平。

(3)钉麻和压麻。钉麻做法是将麻缠绕在钉子上,然后钉入灰缝内,叫做钉"麻揪"。唐代使用木钉,明、清两代使用铁制的"镊头钉子"。也可用竹钉代替。钉子之间相距约50cm,每行钉子之间的距离也为50cm,上、下行之间应相错排列。还有一种钉麻方法是先把钉子钉入墙内,然后用麻在钉子间来回缠绕,拉成网状。压麻做法是在砌墙时就把麻横压在墙内,抹灰打底时把麻分散铺开,轧入灰内。钉麻和压麻做法可以同时并用。

2. 打底层灰

用大铁抹子在经过处理的墙面上抹一层以找平为主的大麻刀灰。如果抹完打底灰后仍不能具备抹罩面灰的条件时,如凹凸不平、严重开裂、灰缝收缩明显,应再抹一层打底灰。打底灰应在干至七成左右时再抹罩面灰,否则会影响外观质量。

内檐抹灰多用煮浆灰(灰膏),外檐抹灰应使用泼灰或泼浆灰。外檐抹灰如使用灰膏,抹出的灰皮的密实度比用泼灰抹出的灰皮的密实度差得多,这样的墙面很容易渗入水汽(即吸水率高),因此抗冻融的能力就很低,容易造成灰皮的损坏。

3. 抹罩面灰

用大铁抹子或木抹子在打底灰之上再抹一层大麻刀灰,这层灰要尽量抹平。有刷浆要求的可在抹完后马上刷一遍浆,然后用木抹子搓平,随后用大铁抹子赶轧。这次赶轧时,应尽量把抹子放平。如果面积较大,不能一次抹完时,可分段随抹随刷随轧。刷浆和轧活的时间要根据灰的软硬程度决定。灰硬应马上刷,马上轧;灰软可待其稍干时再刷浆和轧活,否则会造成凹凸不平。分段抹灰时应注意,接槎部分不要刷浆和赶轧,应留"白槎"和"毛槎"。

打底和罩面灰的总厚度一般不超过1.5cm,宫殿建筑(压麻作法)的抹灰厚度至少应在2cm以上。

4. 赶轧、刷浆

待罩面灰全部抹完后,要用小轧子反复赶轧。抹子花的长度不超过350mm,每行抹子花应直顺整齐。室内抹"白活"的,轧活次数应根据外观效果决定。室外抹灰的,赶轧应"三浆三轧",实际上轧活的次数可不限于三次。次数越多,灰的密实度就越高,使用的寿命也就越长。青灰墙面每赶轧一次,事先就应刷一次浆,最后应以赶轧出亮交活。如果最后刷1～2次浆但不再赶轧,叫做刷"蒙头浆"。红灰和黄灰墙面大多采用蒙头浆做法。青灰墙面的刷浆材料为青浆,用青灰调制而成。红灰墙面的刷浆材料为红土浆,传统的红土浆用红土粉调制。近年来多用氧化铁红代替,缺点是浆色呈紫红色,颜色较暗。黄灰墙面的刷浆材料为土黄浆,用土黄粉调制。土黄粉又叫包金土,故土黄色又称包金土色。黄色墙面还可通过下述方法刷成:先刷2～3遍白灰浆,干后再刷1～2遍绿矾水,墙面即呈红黄色。

二、泥底灰施工

泥底灰是以泥作为底层,灰作为面层。泥内如不掺入白灰,叫素泥,掺入白灰的叫掺灰泥。为增强拉结力,泥内可掺入麦余等骨料。面层所用的白灰内一般应掺入麻刀。有特殊要求者,也可掺入棉花等其他纤维材料。

三、壁画抹灰

壁画抹灰的底层做法与上述几种做法的底层做法相同，面层做法不同，如蒲棒灰、棉花灰、麻刀灰、棉花泥等。这几种做法均需赶轧出亮但一般不再刷浆，如为抹泥作法，表面可涂刷白矾水，以防止绘画时色彩的反底变色。

关键细节2　常见古建筑其他墙体抹灰方法

常见其他墙体抹灰方法见表6-2。

表6-2　　常见古建筑其他墙体抹灰方法

序号	类别	适用及特点
1	纸筋灰	纸筋灰适用于室内抹白灰的面层，厚度一般不超过2mm，底层应平整
2	三合灰	三合灰由白灰、青灰和水泥三合而成。具有短时间内硬结并达到较高强度的特点
3	毛灰	适用于外檐抹灰的面层，主要特点是在灰中掺入人的毛发或动物的鬃毛。整体性较好，不易开裂和脱落
4	焦渣灰	煤料炉渣内掺入白灰制成。焦渣灰墙面较坚固，但表面较粗糙。多用于普通民房的室外抹灰，也可作为各种麻刀灰墙面的底层灰
5	煤球灰	煤球是一种传统燃料，是用煤粉掺入黄土制成的小圆球。煤球灰是用煤球的燃后废料炉灰过筛后，与白灰掺和再加水调匀制成的。用于作法简单的民宅，煤球灰作法与砂子灰相同。用于室外，表面多轧成光面
6	砂子灰	现代所称的白灰砂浆，但作法与现代抹灰方法不尽相同。抹砂子灰一般不需经找直、冲筋等工序，表面只要求平顺。砂子灰一般分2次抹，破损较多或明显不平的墙面，以及要求轧光交活的墙可抹3次。抹前应将墙用水浇湿，破损处应补抹平整。用铁抹子抹底层砂子灰，并可用平尺板将墙刮一遍。底子灰抹好后马上用木抹子抹一遍罩面灰。如果面层为白灰或月白灰等作法的，要用平尺板把墙面刮平，然后用木抹子将墙面搓平，平尺板未刮到的地方要及时补抹平整。如果表面不再抹白灰或青灰等，应直接将墙面抹平顺，不要用平尺板刮墙面。以砂子灰作为面层交活的，有麻面砂子灰和光面砂子灰之分。麻面交活的要用木抹子将表面抹平抹顺，无接槎搭痕，无粗糙搓痕，抹痕应有规律，表面细致美观。光面交活的在抹完面层后要适时地将表面用铁抹子揉轧出浆，并将表面轧出亮光。表面轧光的砂子灰，干透后可在表面涂刷石灰水或其他颜色的浆
7	锯末灰	底层一般为砂子灰、焦渣灰。底层灰稍干后即可抹锯末灰，面层厚度一般为0.3～0.4cm。抹好后可用木抹了把墙面搓平顺，并用铁轧子把墙面赶轧光亮
8	擦抹素	这种作法一般在砂子灰表面进行。砂子灰要求抹得很平整、光顺。素灰膏应较稀，必要时可适当掺水稀释。擦抹灰膏必须在砂子灰表面比较湿润的时候就开始进行。用铁抹子或铁轧子将灰膏抹得越薄越好，一般不超过1mm厚。抹完后立即用小轧子反复揉轧，以能把灰膏轧进砂子灰但不完全露出砂子为好。最后轧光交活
9	滑秸灰	以白色滑秸灰较常见。其作法与靠骨灰或泥底灰抹法相同

第三节 堆塑施工

一、纸筋灰堆塑施工

纸筋灰堆塑的施工工序：扎骨架→刮草坯→堆塑细坯→磨光。

(1)扎骨架。按图样设计要求用钢丝或镀锌铅丝配合细麻扎成人物或动物造型的轮廓，用钢筋和预埋件绑扎于屋脊上。

(2)刮草坯。用纸筋灰一层层堆塑出人物或动物模型。

(3)堆塑细坯。用细纸筋灰按图样或实样进行堆塑。堆塑时要一层一层地进行。不得太厚，每层厚度约为 0.5～1cm 左右，以免干缩开裂。纸筋灰的收缩性大，堆塑时要参照图样或实样按 2%比例放大。

(4)磨光。磨光是从刮草坯到堆塑过程中，用铁皮或杨木加工的板形及条形溜子。将塑造的装饰品自上而下压、刮、磨三至四遍，直到压实、磨光为止。

二、水泥砂浆堆塑施工

1. 翻制小品

翻制小品首先要经过石膏套模的制作。

(1)把块模分段拼好缚紧，放入骨架，用 1∶2 水泥细砂浆抹在凹模的第一层。

(2)用粗砂水泥砂浆抹第二层，把骨架包裹好。

(3)再用水泥及瓜子石摆在第三层上沿模四周，用砂浆压实。

(4)最后用湿砂隔纸盖在砂浆面上养护，养护 7～10d 后开模取出。

2. 堆塑浮雕

在堆塑浮雕前，按设计要求，在堆塑部位放出实样图。对大型堆塑，要求在糙坯墙面上照实样安销子，绑扎钢筋或骨架。在堆塑糙坯大体成形后，应仔细堆塑，要求在糙坯墙面上照实样，直到完全符合要求。成品后，应用棕刷或排笔轻刷一遍，使其表面干净光滑。最后做好养护工作，以保证粘接牢固，无空鼓、裂缝。

三、水泥石子浆堆塑施工

水泥石子浆堆塑是由水泥、石子和砂按一定配合比加水拌合而成，实际上也是上个钢筋混凝土结构。

水泥石子浆堆塑一般采用剁斧石的表面加工方法。对于一些大型堆塑(如假山、群雕)，也可采用砌石配以合理的钢筋堆塑而成。操作时应根据设计图样或照片样本以放大倍数，边砌边量，逐层堆好毛坯，然后在表面覆盖一层水泥石子浆，再进行斩假石或水磨石处理。

第四节 砖雕施工

一、砖雕的概念

砖雕是古建筑装饰中最精细别致的一种花饰，它具有刻画细腻，造型逼真，技艺深邃，布局匀称，构造紧凑，贴切自然的特点。砖雕可以在一块砖上进行，也可以由几块砖组合起来进行，一般是预先雕刻好，再进行现场拼装。

关键细节3 雕刻手法种类

雕刻的手法有平雕、浮雕、透雕三种。

(1)平雕是雕刻图案在一个平面上，用线条给人以想象立体感。

(2)浮雕、透雕的雕刻图案显现立体或通透感，给人一个空间的立体美感。

二、砖雕施工

雕刻工具砖雕所用工具有：刨刀、板凿、条凿、花凿、铲刀、剐刀、刮刀、小铲、油铲、披灰竹、板刀等。

砖雕施工砖雕的施工工艺：选砖→刨平草坯→凿边、兜方→翻样雕刻→过浆装贴。

(1)选砖。选砖是砖雕的关键，要挑选质地均匀的砖，不能有裂缝、砂眼、掉边缺角等，可采用钢凿敲打挑选，以声音清脆为佳。

(2)刨平草坯。首先要确定统一规格尺寸，选薄的一边为标准刨平面，将砖四边刨平。

(3)凿边与兜边。首先要直尺画线，刨平刨光，用方尺套方，最后用尺检查砖的对角线的长度。

(4)翻样。按设计图样计算好用砖块数并铺平，将砖缝对齐，四周固定挤紧，然后铺上复写纸，盖上图样，用圆珠笔照图样画出来。

(5)雕刻。雕刻前，检查砖的干湿程度，潮湿的砖必须晒干后，方可进行雕刻。雕刻的要点是：先凿后刻，先直后斜，再铲、剐、刮平。雕刻操作是细活，切忌操之过急，凿时要轻，用力要均匀，应一层层、一皮皮、从浅到深逐步进行。遇到砂眼、缺角、掉边情况时，可以用砖粉拌以油灰(1∶4桐油石灰)胶牢修补，待干后用砂子磨，磨到看不出修补处为止。

(6)过浆装贴。砖雕在装贴前应浸水到无气泡为止，捞出来晒干。在墙基层上弹线，用油灰(配合比为细石灰∶桐油∶水＝10∶2.5∶1)自上而下、从左到右进行装贴。对于双层砖用元宝榫连接。

第七章　抹灰工程工料计算

第一节　抹灰工程清单工程量计算

一、楼地面工程

楼地面工程包括整体面层，块料面层，橡塑面层，其他材料面层，踢脚线，楼梯装饰，扶手、栏杆、栏板装饰，台阶装饰，零星装饰等。

(1)整体面层。整体面层包括水泥砂浆楼地面、现浇水磨石楼地面、细石混凝土楼地面和菱苦土楼地面，整体面层的计算应按设计图示尺寸以面积计算，扣除凸出地面构筑物、设备基础、室内铁道、地沟等所占的面积，不扣除间壁墙和 0.3m^2 以内的柱、垛、附墙烟囱及孔洞所占的面积，门洞、空圈、暖气包槽、壁龛的开口部分不增加面积。

(2)块料面层。块料面层包括石材楼地面、块料楼地面。块料面层的计算应按设计图示尺寸以面积计算，扣除凸出地面构筑物、设备基础、室内铁道、地沟等所占的面积，不扣除间壁墙和 0.3m^2 的柱、垛、附墙烟囱及孔洞所占的面积，门洞、空圈、暖气包槽、壁龛的开口部分不增加面积。

(3)橡塑面层。橡塑面层包括橡胶板楼地面、橡胶卷材楼地面、塑料板楼地面和塑料卷材楼地面，橡塑面层的计算应按设计图示尺寸以面积计算，门洞、空圈、暖气包槽、壁龛的开口部分并入相应的工程量内。

(4)其他材料面层。其他材料面层按设计图示尺寸以面积计算，门洞、空圈、暖气包槽、壁龛的开口部分并入相应的工程量内。

(5)踢脚线。各种踢脚线应按设计图示长度乘以高度以面积计算。

(6)楼梯装饰。楼梯装饰包括石材楼梯面层、块料楼梯面层、水泥砂浆楼梯面、现浇水磨石楼梯面、地毯楼梯面、木板楼梯面，楼梯装饰应按设计图示尺寸以楼梯(包括踏步、休息平台及 500mm 以内的楼梯井)水平投影面积计算。楼梯与楼地面相连时，算至楼梯口梁内侧边沿，无梯口梁者，算至上一层踏步边沿加 300mm。

(7)扶手、栏杆、栏板装饰。扶手、栏杆、栏板装饰按设计图示尺寸以扶手中心长度(包括弯头长度)计算。

(8)台阶装饰。台阶按设计图示尺寸以台阶(包括最上层踏步边沿加 300mm)水平投影面积计算。

(9)零星装饰。零星装饰按设计图示尺寸以面积计算。

二、墙、柱面工程

墙、柱面工程所含内容有墙面抹灰、柱面抹灰、零星抹灰、墙面镶贴块料、柱面镶贴块料、零星镶贴块料、墙饰面、柱(梁)饰面、隔断和幕墙。

(1)墙面抹灰。墙面抹灰应按设计图示尺寸以面积计算。扣除墙裙、门窗洞口及单个 0.3m^2 以外的孔洞面积,不扣除踢脚线、挂镜线和墙与构件交接处的面积。门窗洞口和孔洞的侧壁及顶面不增加面积。附墙柱、梁、垛、烟囱侧壁并入相应的墙面面积内。

1)外墙抹灰面积按外墙垂直投影面积计算。

2)外墙裙抹灰面积按其长度乘以高度计算。

3)内墙抹灰面积按主墙间的净长乘以高度计算。高度的确定:

①无墙裙的,高度按室内楼地面至天棚底面计算。

②有墙裙的,高度按墙裙顶至天棚底面计算。

4)内墙裙抹灰面按内墙净长乘以高度计算。

(2)柱面抹灰。柱面抹灰应按设计图示柱断面周长乘以高度以面积计算。

(3)零星抹灰。零星抹灰应按设计图示尺寸以面积计算。

(4)墙面镶贴块料。

1)石材墙面、碎拼石材墙面和块料墙面应按设计图示尺寸以镶贴表面积计算。

2)干挂石材钢骨架应按设计图示尺寸以质量计算。

(5)柱面镶贴块料。柱面镶贴块料按设计图示尺寸以镶贴表面积计算。

(6)零星镶贴块料。零星镶贴块料按设计图示尺寸以镶贴表面积计算。

(7)墙饰面。墙饰面应按设计图示墙净长乘以净高以面积计算,扣除门窗洞口及单个 0.3m^2 以上的孔洞面积。

(8)柱(梁)饰面。柱梁饰面按设计图示饰面外围尺寸以面积计算,柱帽、柱墩并入相应柱饰面工程量内。

(9)隔断。隔断按设计图示框外围尺寸以面积计算。扣除单个 0.3m^2 以上的孔洞面积;浴厕门的材质与隔断相同时,门的面积并入隔断面积内。

(10)幕墙。带骨架幕墙按设计图示框外围尺寸以面积计算。与幕墙同种材质的窗所占面积不扣除。

全玻璃幕墙按设计图示尺寸以面积计算。带肋全玻幕墙按展开面积计算。

三、天棚工程

天棚工程含有天棚抹灰、天棚吊顶、天棚其他装饰。

(1)天棚抹灰。天棚抹灰应按设计图示尺寸以水平投影面积计算。不扣除间壁墙、垛、柱、附墙烟囱、检查口和管道所占的面积,带梁天棚、梁两侧抹灰面积并入天棚面积内,板式楼梯底面抹灰按斜面积计算,锯齿形楼梯底板抹灰按展开面积计算。

(2)天棚吊顶。天棚吊顶按设计图示尺寸以水平投影面积计算。天棚面中的灯槽及跌级、锯齿形、吊挂式、藻井式天棚面积不展开计算。不扣除间壁墙、检查口、附墙烟囱、柱垛和管道所占面积,扣除单个 0.3m^2 以外的孔洞、独立柱及与天棚相连的窗帘盒所占的面积。

(3)天棚其他装饰。天棚其他装饰按设计图示尺寸以水平投影面积计算。

关键细节1　工程量计算要求

(1)工程量计算规则要一致,避免算错。

(2)计算口径要一致,以避免重复计算。

(3)计算尺寸的取定要准确无误。

(4)整个计算过程单位要保持一致,以免混淆。

(5)工程量计算准确度要统一。

第二节　抹灰工程定额* 工程量计算

一、楼地面工程

1. 定额一般规定

(1)同一铺贴面上有不同种类、材质的材料,应分别按楼地面工程相应子目执行。

(2)扶手、栏杆、栏板适用于楼梯、走廊、回廊及其他装饰性栏杆、栏板。

(3)零星项目面层适用于楼梯侧面、台阶的牵边,小便池、蹲台、池槽以及面积在 $1m^2$ 以内且定额未列项目的工程。

(4)木地板填充材料,按照《全国统一建筑工程基础定额》相应子目执行。

(5)大理石、花岗石楼地面拼花按成品考虑。

(6)镶拼面积小于 $0.015m^2$ 的石材执行点缀定额。

2. 工程量计算规则

(1)楼地面装饰面积按饰面的净面积计算,不扣除 $0.1m^2$ 以内的孔洞所占面积。拼花部分按实贴面积计算。

(2)楼梯面积(包括踏步、休息平台以及小于50mm宽的楼梯井)按水平投影面积计算。

(3)台阶面层(包括踏步及最上一层踏步沿300mm)按水平投影面积计算。

(4)踢脚线按实贴长乘高以平方米计算,成品踢脚线按实贴延长米计算。楼梯踢脚线按相应定额乘以1.15系数。

(5)点缀按个计算,计算主体铺贴地面面积时,不扣除点缀所占面积。

(6)零星项目按实铺面积计算。

(7)栏杆、栏板、扶手均按其中心线长度以延长米计算,计算扶手时不扣除弯头所占长度。

(8)弯头按个计算。

(9)石材底面刷养护液按底面面积加4个侧面面积,以 m^2 计算。

3. 工料消耗参考指标

(1)硬木拼花地板工料消耗参考指标见表7-1。

(2)硬木地板砖工料消耗参考指标见表7-2。

(3)防静电活动地板工料消耗指标见表7-3。

* 本书所指定额,如无特殊说明,均指《全国统一建筑装饰装修工程消耗量定额》(GYD－901－2002)。

(4)踢脚线工料消耗指标见表7-4。

表7-1　　硬木拼花地板工料消耗参考指标　　(1m²)

名称		单位	铺在水泥地面上		铺在木愣上(单层)		铺在毛地板上(双层)	
			平口	企口	平口	企口	平口	企口
人工	综合人工	工日	0.5110	0.6120	0.6730	0.7760	0.7550	0.8580
材料	硬木拼花地板(平口)成品	m²	1.0500	—	1.0500	—	1.0500	—
	硬木拼花地板(企口)成品	m²	—	1.0500	—	1.0500	—	1.0500
	铁钉(圆钉)	kg	—	—	0.1587	0.1587	0.2678	0.2678
	镀锌铁丝10号	kg	—	—	0.3013	0.3013	0.3013	0.3013
	预埋铁件	kg	—	—	0.5001	0.5001	0.5001	0.5001
	棉纱头	kg	0.0100	0.0100	0.0100	0.0100	0.0100	0.0100
	水	m³	0.0520	0.0520	—	—	—	—
	杉木锯材	m³	—	—	0.0158	0.0158	0.0158	0.0158
	松木锯材	m³	—	—	—	—	0.0263	0.0263
	油毡(油纸)	m²	—	—	—	—	1.0800	1.0800
	煤油	kg	—	—	0.0316	0.0316	0.0562	0.0562
	氟化钠	kg	—	—	—	—	0.2450	0.2450
	臭油水	kg	—	—	0.2842	0.2842	0.2842	0.2842
	水胶粉	kg	0.1600	0.1600	—	—	—	—
	XY401胶	kg	0.7000	0.7000	—	—	—	—

表7-2　　硬木地板砖工料消耗参考指标　　(1m²)

名称		单位	铺在水泥地面上		铺在毛地板上(双层)	
			平口	企口	平口	企口
人工	综合人工	工日	0.3520	0.4220	0.4380	0.5750
材料	复合地板(成品)	m²	—	—	—	—
	硬木地板砖(企口)成品	m²	—	1.0500	—	1.0500
	硬木地板砖(平口)成品	m²	1.0500	—	1.0500	—
	铁钉(圆钉)	kg	—	—	0.2678	0.2678
	镀锌铁丝10号	kg	—	—	0.3013	0.3013
	预埋铁件	kg	—	—	0.5001	0.5001
	棉纱头	kg	0.0100	0.0100	0.0100	0.0100
	水	m³	0.0520	0.0520	—	—
	杉木锯材	m³	—	—	—	—
	松木锯材	m³	—	—	0.0256	0.0256
	油毡(油纸)	m²	—	—	1.0800	1.0800
	煤油	kg	—	—	0.0562	0.0562
	氟化钠	kg	—	—	0.2450	0.2450
	臭油水	kg	—	—	0.2842	0.2842
	水胶粉	kg	0.0800	0.0800	—	—
	XY401胶	kg	0.1500	0.3500	—	—

表 7-3　　防静电活动地板工料消耗指标　　（$1m^2$）

名称		单位	防静电活动地板安装		防静电地毯	踢脚线		
			铝质	木质		金属板	复合板	防静电
人工	综合人工	工日	0.7300	0.7300	0.6470	0.4190	0.4190	0.4190
材料	铝质防静电地板 500mm×500mm	m^2	1.0200	—	—	—	—	—
	木质活动地板 600mm×600mm×25mm	m^2	—	1.0200	—	—	—	—
	防静电踢脚线	m^2	—	—	—	—	—	1.0200
	复合板踢脚线（成品）	m^2	—	—	—	—	1.0200	—
	防静电地毯	m^2	—	—	1.0300	—	—	—
	地毯胶垫	m^2	—	—	1.1000	—	—	—
	地毯烫带	m	—	—	0.6562	—	—	—
	金属踢脚线	m^2	—	—	—	1.0200	—	—
	木螺丝	个	—	—	0.200	—	—	—
	钢钉	kg	—	—	0.0110	—	—	—
	泡沫塑料密封条	m	0.9300	0.9300	—	—	—	—
	棉纱头	kg	0.0100	0.0100	—	—	—	—
	木卡条	m	—	—	1.0940	—	—	—
	铸铁支架	套	4.8480	3.6360	—	—	—	—
	镀锌钢板横梁	根	8.0800	6.0600	—	—	—	—
	铝收口条压条	m	—	—	0.0980	—	—	—
	塑料粘结剂	kg	—	—	0.0730	—	—	—
	903 胶	kg	—	—	—	0.4000	0.4000	0.4000

表 7-4　　踢脚线工料消耗指标　　（$1m^2$）

名称		单位	直线形榉木实木踢脚线	弧线形木踢脚线		成品木踢脚线
				榉木夹板	橡木夹板	m
人工	综合人工	工日	0.3590	0.3910	0.3910	0.0358
材料	榉木实木踢脚线（直形）	m^2	1.0500	—	—	—
	木踢脚线（成品）	m	—	—	—	1.0500
	铁钉（圆钉）	kg	0.0854	0.0854	0.0854	0.0854
	棉纱头	kg	0.0200	0.0200	0.0200	—
	杉木锯材	m^2	0.0208	0.0208	0.0208	0.0208
	榉木夹板 3mm	m^2	—	1.0500	—	—
	橡木夹板 3mm	m^2	—	—	1.0500	—
	胶合板 9mm	m^2	—	1.0500	1.0500	0.1560
	煤油	kg	0.0260	0.0260	0.0260	—
	臭油水	kg	0.2450	0.2450	0.2450	—
	粘结剂	kg	—	0.1700	0.1700	0.1700

(5)不锈钢扶手工料消耗指标见表7-5。

表7-5　　不锈钢扶手工料消耗指标　　(1m)

名称		单位	直线		弧线	
			ϕ60	ϕ75	ϕ60	ϕ75
人工	综合人工	工日	0.1040	0.1090	0.1550	0.1630
材料	不锈钢扶手(弧线)ϕ60	m	—	—	0.9390	—
	不锈钢扶手(弧线)ϕ75	m	—	—	—	0.9390
	不锈钢扶手(直线)ϕ60	m	0.9390	—	—	—
	不锈钢扶手(直线)ϕ75	m	—	0.9390	—	—
	铝拉铆钉	个	—	—	—	—
	不锈钢焊线	kg	0.0200	0.0200	0.0200	0.0200
	钨焊	kg	0.0100	0.0100	0.0100	0.0100
	铝合金扁管100×44×1.8	m	—	—	—	—
	铝合金U型80×13×1.2	m	—	—	—	—
	氟气	m^3	0.0200	0.0200	0.0200	0.0200

(6)硬木扶手工料消耗指标见表7-6。

表7-6　　硬木扶手工料消耗指标　　(1m)

名称		单位	直线			弧线		
			100×60	150×60	60×60	100×60	150×60	60×60
人工	综合人工	工日	0.1800	0.1890	0.1710	0.2200	0.2700	0.2090
材料	木螺丝	个	1.1000	1.1000	1.1000	1.1000	1.1000	1.1000
	硬木扶手(直形)100×60	m	0.9390	—	—	—	—	—
	硬木扶手(直形)150×60	m	—	0.9390	—	—	—	—
	硬木扶手(直形)60×60	m	—	—	0.9390	—	—	—
	硬木扶手(弧形)100×60	m	—	—	—	—	0.9390	—
	硬木扶手(弧形)150×60	m	—	—	—	—	—	0.9390
	硬木扶手(弧形)60×60	m	—	—	—	—	—	—

关键细节2　水泥砂浆材料用量计算

单位体积水泥砂浆中各材料用量分别由下列各式确定：

$$\text{砂子用量}\quad q_c=\frac{c}{\sum f-c\times C_p}\qquad (m^3)$$

$$\text{水泥用量}\quad q_a=\frac{a\times\gamma_a}{c}\times q_c\qquad (kg)$$

式中　a、b 分别为水泥、砂之比，即 $a:b$＝水泥：砂；

$\sum f$——配合比之和；

C_p——砂空隙率(%)，$C_p=\left(1-\frac{\gamma_0}{\gamma_c}\right)\times 100\%$；

γ_a——水泥容重(kg/m^3)，可按 $1200kg/m^3$ 计；

γ_0——砂比重按 $2650kg/m^3$ 计；

γ_c——砂容重按 $1550kg/m^3$ 计。

则 $C_p=\left(1-\frac{1550}{2650}\right)\times 100\%=41\%$

当砂用量超过 $1m^3$ 时，因其空隙容积已大于灰浆数量，均按 $1m^3$ 计算。

二、墙柱面工程

1. 定额一般规定

(1)墙、柱面工程定额凡注明砂浆种类、配合比、饰面材料及型材的型号规格与设计不同时，可按设计规定调整，但人工、机械消耗量不变。

(2)抹灰砂浆厚度，如设计与定额取定不同时，除定额有注明厚度的项目可以换算外，其一律不做调整(表 7-7)。

(3)圆弧形、锯齿形等不规则墙面抹灰、镶贴块料按相应项目人工乘以系数 1.5，材料乘以系数 1.05。

(4)离缝镶贴面砖定额子目，面砖消耗量分别按缝宽 5mm、10mm 和 20mm 考虑，如灰缝不同或灰缝超过 20mm 以上者，其块料及灰缝材料(水泥砂浆 1：1)用量允许调整，其他不变。

(5)镶贴块料和装饰抹灰的“零星项目”适用于挑檐、天沟、腰线、窗台线、门窗套、压顶、扶手、雨篷周边等。

(6)木龙骨基层是按双向计算的，如设计为单向时，材料、人工用量乘以系数 0.55。

(7)定额木材种类除注明者外，均以一、二类木种为准，如采用三、四类木种时，人工及机械乘以系数 1.3。

(8)面层、隔墙、隔断(护壁)定额内，除注明者外均未包括压条、收边、装饰线(板)，如设计要求时，应按其他工程中相应子目执行。

(9)面层、木基层均未包括刷防火涂料，如设计要求时，应按油漆、涂料、裱糊工程中相应子目执行。

(10)玻璃幕墙设计有平开、推拉窗者，仍执行幕墙定额，窗型材、窗五金相应增加，其他不变。

(11)玻璃幕墙中的玻璃按成品玻璃考虑，幕墙中的避雷装置、防火隔离层定额已综合，但幕墙的封边、封顶的费用另行计算。

(12)隔墙(间壁)、隔断(护壁)、幕墙等定额中龙骨间距、规格如与设计不同时，定额用量允许调整。

表7-7　灰砂浆定额厚度取定表

定额编号	项　目		砂　浆	厚度(mm)
2—001	水刷豆石	砖、混凝土墙面	水泥砂浆1∶3	12
			水泥豆石浆1∶1.25	12
2—002		毛石墙面	水泥砂浆1∶3	18
			水泥豆石浆1∶1.25	12
2—005	水刷白石子	砖、混凝土墙面	水泥砂浆1∶3	12
			水泥豆石浆1∶1.5	10
2—006		毛石墙面	水泥砂浆1∶3	20
			水泥豆石浆1∶1.5	10
2—009	水刷玻璃碴	砖、混凝土墙面	水泥砂浆1∶3	12
			水泥玻璃碴浆1∶1.25	12
2—010		毛石墙面	水泥砂浆1∶3	18
			水泥玻璃碴浆1∶1.25	12
2—013	干粘白石子	砖、混凝土墙面	水泥砂浆1∶3	18
2—014		毛石墙面	水泥砂浆1∶3	30
2—017	干粘玻璃碴	砖、混凝土墙面	水泥砂浆1∶3	18
2—018		毛石墙面	水泥砂浆1∶3	30
2—021	斩假石	砖、混凝土墙面	水泥砂浆1∶3	12
			水泥白石子浆1∶1.5	10
2—022		毛石墙面	水泥砂浆1∶3	18
			水泥白石子浆1∶1.5	10
2—025	墙、柱面拉条	砖墙面	混合砂浆1∶0.5∶2	14
			混合砂浆1∶0.5∶1	10
2—026		混凝土墙面	水泥砂浆1∶3	14
			混合砂浆1∶0.5∶1	10
2—027	墙、柱面拉条	砖墙面	混合砂浆1∶1∶6	12
			混合砂浆1∶1∶4	6
2—028		混凝土墙面	水泥砂浆1∶3	10
			水泥砂浆1∶2.5	6

2. 工程量计算规则

(1)外墙面装饰抹灰面积，按垂直投影面积计算，扣除门窗洞口和0.3 m² 以上的孔洞所占的面积，门窗洞口及孔洞侧壁面积亦不增加。附墙柱侧面抹灰面积并入外墙抹灰面积工程量内。

(2)柱抹灰按结构断面周长乘高计算。

(3)女儿墙(包括泛水、挑砖)、阳台栏板(不扣除花格所占孔洞面积)内侧抹灰按垂直投影面积乘以系数1.10,带压顶者乘系数1.30按墙面定额执行。

(4)“零星项目”按设计图示尺寸以展开面积计算。

(5)墙面贴块料面层,按实贴面积计算。

(6)墙面贴块料、饰面高度在300mm以内者,按踢脚板定额执行。

(7)柱饰面面积按外围饰面尺寸乘以高度计算。

(8)挂贴大理石、花岗岩中其他零星项目的花岗岩、大理石是按成品考虑的,花岗岩、大理石柱墩、柱帽按最大外径周长计算。

(9)除定额已列有柱帽、柱墩的项目外,其他项目的柱帽、柱墩工程量按设计图示尺寸以展开面积计算,并入相应柱面积内,每个柱帽或柱墩另增人工:抹灰0.25工日,块料0.38工日,饰面0.5工日。

(10)隔断按墙的净长乘净高计算,扣除门窗洞口及0.3m^2以上的孔洞所占面积。

(11)全玻隔断的不锈钢边框工程量按边框展开面积计算。

(12)全玻隔断、全玻幕墙如有加强肋者,工程量按其展开面积计算;玻璃幕墙、铝板幕墙以框外围面积计算。

(13)装饰抹灰分格、嵌缝按装饰抹灰面面积计算。

3. 常用配合比设计

(1)一般抹灰砂浆配合比,见表7-8。

表7-8　一般抹灰砂浆配合比

抹灰砂浆组成材料	配合比(体积比)	应用范围
石灰∶砂	1∶2～1∶3	用于砖石墙面层(潮湿部分除外)
水泥∶石灰∶砂	1∶0.3∶3～1∶1∶6	墙面混合砂浆打底
	1∶0.5∶1～1∶1∶4	混凝土天墙抹灰混合砂浆打底
	1∶0.5∶4～1∶3∶9	板条天墙抹灰
石灰∶水泥∶砂	1∶0.5∶4.5～1∶1∶6	用于槽口、勒脚、女儿墙外脚以及比较潮湿处
水泥∶砂	1∶2.5～1∶3	用于浴室、潮湿车间等墙裙、勒脚或地面基层
	1∶1.5～1∶2	用于地面天棚或墙面面层
	1∶0.5～1∶1	用于混凝土地面随时压光
水泥∶石膏∶砂∶锯末	1∶1∶3∶5	用于吸声粉刷
白灰∶麻刀筋	100∶2.5(质量比)	用于木板天棚面
白膏灰∶麻刀筋	100∶1.3(质量比)	
白膏灰∶纸筋	100∶1.8(质量比)	
纸筋∶白膏灰	3.6kg∶1m^3(质量比)	

(2)常用水泥砂浆配合比,见表7-9。

表 7-9　　　　**常用水泥砂浆配合比**

项　目			水泥砂浆					
			1∶1	1∶2	1∶2.5	1∶3	1∶3.5	1∶4
合　价			327.74	251.02	222.24	204.11	185.88	179.30
名　称	单位	单价(元)	数　量					
水泥(综合)	kg	0.366	792.000	544.000	458.000	401.000	350.000	322.000
砂子	kg	0.036	1052.000	1442.000	1517.000	1593.000	1605.000	1707.000

项　目			白水泥砂浆	
			1∶3	1∶2.5
合　价			277.90	306.51
名　称	单位	单价(元)	数　量	
白水泥	kg	0.550	401.000	458.000
砂子	kg	0.036	1593.000	1517.000

(3)常用石灰砂浆配合比,见表7-10。

表 7-10　　　　**常用石灰砂浆配合比**

项　目			石灰砂浆				
			1∶1	1∶2	1∶2.5	1∶3	1∶3.5
合　价			79.30	79.66	79.06	79.14	79.16
名　称	单位	单价(元)	数　量				
砂子	kg	0.036	1020.000	1399.000	1501.000	1584.000	1652.000
白炭	kg	0.097	439.000	302.000	258.000	228.000	203.000

(4)常用混合砂浆配合比,见表7-11。

表 7-11　　　　**常用混合砂浆配合比**

项　目			混合砂浆						
			1∶1∶1	1∶1∶2	1∶1∶4	1∶1∶6	1∶2∶1	1∶3∶9	1∶0.1∶2.5
合　价			234.88	206.74	160.88	144.31	192.71	117.47	210.93
名　称	单位	单价(元)	数　量						
水泥(综合)	kg	0.366	501.000	400.000	263.000	204.000	168.000	122.000	430.000
砂子	kg	0.036	663.000	1059.000	1391.000	1622.000	488.000	1457.000	1420.000
白灰	kg	0.097	285.000	229.000	150.000	116.000	417.000	210.000	25.000

项　目	混合砂浆						
	1∶0.2∶3	1∶0.3∶3	1∶0.5∶3	1∶0.5∶3	1∶0.5∶3	1∶0.5∶4	1∶0.5∶0.5
合　价	242.12	192.38	291.50	193.74	165.91	153.01	364.48

（续）

项目			混合砂浆						
			1∶0.2∶3	1∶0.3∶3	1∶0.5∶3	1∶0.5∶3	1∶0.5∶3	1∶0.5∶4	1∶0.5∶0.5
名称	单位	单价(元)	数量						
水泥(综合)	kg	0.366	512.000	366.000	661.000	361.000	284.000	242.000	873.000
砂子	kg	0.036	1364.000	1453.000	876.000	1434.000	1503.000	1604.000	578.000
白灰	kg	0.097	58.000	63.000	186.000	106.000	81.000	69.000	249.000

(5)喷涂抹灰砂浆配合比，见表7-12。

表7-12　喷涂抹灰砂浆配合比

砂浆配合比		稠度(cm)
第一层	水泥∶石灰膏∶砂＝1∶1∶6	10～12
第二层	水泥∶石灰膏∶砂＝1∶0.5∶4	8～10

(6)常用其他灰浆参考配合比，见表7-13。

表7-13　常用其他灰浆参考配合比

项目			纸筋混合砂浆	麻刀混合砂浆	石灰麻刀砂浆	麻刀灰	纸筋灰
			1∶1∶2	1∶2∶4	1∶3		
合价			216.53	180.65	86.16	80.18	86.59
名称	单位	单价(元)	数量				
水泥(综合)	kg	0.366	400.000	242.000	—	—	—
砂子	kg	0.036	1059.000	1281.000	1584.000	—	—
白灰	kg	0.097	229.000	277.000	228.000	682.000	664.000
麻刀	kg	1.150	—	16.600	6.100	12.200	—
纸筋	kg	0.590	16.600	—	—	—	37.600

项目			水泥石英砂混合砂浆	界面剂砂浆	防水砂浆
			1∶0.2∶1.5	1∶2.5∶5	
合价			366.98	245.97	301.71
名称	单位	单价(元)	数量		
水泥(综合)	kg	0.366	601.000	458.000	401.000
砂子	kg	0.036	835.000	1517.000	1593.000
白灰	kg	0.097	69.000	—	—
石英砂	kg	0.308	358.000	—	—
界面剂	kg	1.800	—	13.740	—
防水粉	kg	6.100	—	—	16.000

项目	水泥石膏砂浆		粉刷石膏砂浆	石膏砂浆
	1∶0.2∶2.5	1∶0.2∶2	1∶2	1∶3
合价	260.00	256.80	529.63	728.22

（续）

项　目			水泥石膏砂浆		粉刷石膏砂浆	石膏砂浆
			1∶0.2∶2.5	1∶0.2∶2	1∶2	1∶3
名　称	单位	单价(元)	数　量			
水泥(综合)	kg	0.366	512.000	512.000	—	473.000
砂子	kg	0.036	1453.000	1364.000	1373.000	—
石膏粉	kg	0.350	58.000	58.000	—	1586.000
粉刷石膏	kg	0.700	—	—	686.000	—

项　目			水泥珍珠岩浆			菱苦土砂浆	
			1∶8	1∶10	1∶12	1∶4	1∶1.4∶0.6
合　价			119.49	113.84	110.75	130.34	184.55
名　称	单位	单价(元)	数　量				
水泥(综合)	kg	0.366	168.000	143.000	125.000	—	—
砂子	kg	0.036	—	—	—	—	494.710
珍珠岩	m^3	50.000	1.160	1.230	1.300	—	—
菱苦土	kg	0.283	—	—	—	411.120	565.290
木屑	m^3	9.270	—	—	—	1.510	0.730

(7)彩色砂浆配色颜料参考配合比，见表7-14。

表7-14　　彩色砂浆配色颜料参考配合比

色　调		红　色			黄　色			青　色			绿　色			棕　色			紫　色			褐　色		
用料质量比		浅红	中红	暗红	浅黄	中黄	暗黄	浅青	中青	暗青	浅绿	中绿	暗绿	浅棕	中棕	深棕	浅紫	中紫	暗紫	浅褐	咖啡	暗褐
用料名称	42.5级硅盐酸水泥	93	86	79	95	90	85	93	86	79	95	90	85	95	90	85	93	86	79	94	88	82
	红色系颜料	7	14	21	—	—	—	—	—	—	—	—	—	—	—	—	—	—	—	—	—	—
	黄色系颜料	—	—	—	5	10	15	—	—	—	—	—	—	—	—	—	—	—	—	—	—	—
	蓝色系颜料	—	—	—	—	—	—	3	7	12	—	—	—	—	—	—	—	—	—	—	—	—
	绿色系颜料	—	—	—	—	—	—	—	—	—	5	10	15	—	—	—	—	—	—	—	—	—
	棕色系颜料	—	—	—	—	—	—	—	—	—	—	—	—	5	10	15	—	—	—	—	—	—
	紫色系颜料	—	—	—	—	—	—	—	—	—	—	—	—	—	—	—	7	14	21	—	—	—
	黑色系颜料	—	—	—	—	—	—	—	—	—	—	—	—	—	—	—	—	—	—	2	5	9
	白色系颜料	—	—	—	—	—	—	4	7	9	—	—	—	—	—	—	—	—	—	—	—	—

注：1. 各系颜料可用单一颜料，也可用两种或数种颜料配制。
2. 如用混合砂浆或石灰砂浆，或白水泥砂浆时，表列颜料用量酌减60%～70%，但青色砂浆不需另加白色颜料。
3. 如用颜色水泥时，则不需加任何颜料，直接按(体积比)彩色水泥∶砂＝1∶(2.5～3)配制即可。

(8)抹灰水泥砂浆掺粉煤灰配合比，见表7-15。

表 7-15　抹灰水泥砂浆掺粉煤灰配合比

抹灰项目	原配比(体积比)		现配比(体积比)		节约效果	
	水泥	砂子	水泥	粉煤灰	砂子	水泥(kg/m³)
内墙抹底层	1 (395)	3 (1450)	1 (200)	1 (100)	6 (1450)	195
内墙抹面层	1 (452)	2.5 (1450)	1 (240)	1 (120)	5 (1450)	212
外墙抹底层	1 (395)	3 (1450)	1 (200)	1 (100)	6 (1450)	195

注:括号内为每 1m³ 砂浆水泥、砂子、粉煤灰用量(kg/m³),水泥强度等级为 32.5 级。

(9)水泥石碴浆参考配合比,见表 7-16。

表 7-16　水泥石碴浆参考配合比　(m³)

项目			青水泥石碴浆		白水泥石碴浆
			水磨石		水磨石
			1∶1.25	1∶2.5	1∶2.5
合价			481.97	448.22	627.15
名称	单位	单价(元)	数量		
水泥(综合)	kg	0.366	868.000	723.000	—
白水泥	kg	0.550	—	—	723.000
石碴	kg	0.120	1369.000	1530.000	—
美术石碴	kg	0.150	—	—	1530.000

项目			青水泥石碴浆	白水泥石碴浆	青水泥石碴浆	白水泥石碴浆
			剁斧石		水刷石	
			1∶1.25(掺 30%石屑)		1∶1.25	
合价			444.59	633.06	481.97	682.75
名称	单位	单价(元)	数量			
水泥(综合)	kg	0.366	868.000	—	868.000	—
白水泥	kg	0.550	—	868.000	—	868.000
石碴	kg	0.120	958.300	—	1369.000	—
美术石碴	kg	0.150	—	958.300	—	1369.000
石屑	kg	0.029	410.700	410.700	—	—

项目	水泥豆石浆	素水泥浆
	水刷石	
	1∶2	
合价	297.41	541.31

（续）

项　目			水泥豆石浆 水刷石 1∶2	素水泥浆
名　称	单位	单价(元)	数　量	
水泥(综合)	kg	0.366	661.000	1479.000
豆石	kg	0.034	1632.000	—

关键细节3　墙、柱工程量常用计算公式

(1)外墙面装饰工程量计算：

外墙面装饰工程量＝外墙面周长×(墙高－外墙裙高)－门窗洞口及大于0.3mm^{2}孔洞面积＋附墙柱侧面面积

(2)独立柱饰面工程量计算：

独立柱饰面工程量＝柱结构断面周长×柱高或＝柱装饰材料面周长×柱高

(3)墙面贴块料面层工程量计算：

墙面贴块料面层工程量＝墙长×(墙高－墙裙高)－门窗洞口面积＋门窗洞口侧壁面积＋附墙柱侧面面积

(4)零星项目装饰工程量计算：

零星项目装饰工程量＝按图示尺寸展开面积计算或＝栏板、栏杆立面垂直投影面积×2.20

(5)隔墙、墙裙、护壁板工程量计算：

木隔墙、墙裙、护壁板工程量＝净长×净高－门窗面积

玻璃隔墙工程量＝玻璃隔墙高(含上下横档宽)×玻璃隔墙宽(含左右立挺宽)

关键细节4　墙面抹灰工程量的确定

(1)内墙抹灰工程量确定。

1)内墙抹灰高度计算规定：

①无墙裙的，其高度按室内地面或楼面至天棚底面之间距离计算，如图7-1(a)所示；

②有墙裙的，其高度按墙裙顶至天棚底面之间的距离计算，如图7-1(b)所示；

③钉板条天棚的内墙抹灰，其高度按室内地面或楼面至天棚底面另加100mm计算，如图7-1(c)所示。

2)应扣除、不扣除及不增加面积。内墙抹灰应扣除门窗洞口和空圈所占面积。不扣除踢脚板、挂镜线、0.3m^{2}以内的孔洞和墙与构件交接处的面积；洞口侧壁和顶面面积亦不增加。

3)应并入面积。附墙垛和附墙烟囱侧壁面积应与内墙抹灰工程量合并计算。

(2)外墙抹灰工程量确定：

1)外墙面高度均由室外地坪起，其止点算至：

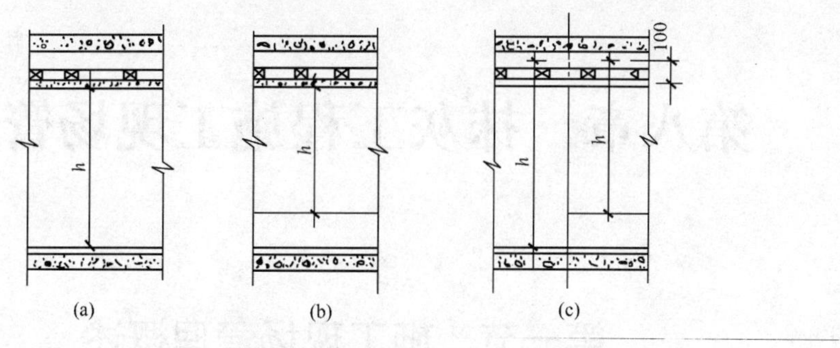

图 7-1　内墙抹灰高度

①平屋顶有挑檐(天沟)的,算至挑檐(天沟)底面,如图 7-2(a)所示。

②平屋顶无挑檐天沟,带女儿墙,算至女儿墙压顶底面,如图 7-2 (b)所示。

③坡屋顶带檐口天棚的,算至檐口天棚底面,如图 7-2 (c)所示。

④坡屋顶带挑檐无檐口天棚的,算至屋面板底,如图 7-2 (d)所示。

⑤砖出檐者,算至挑檐上表面,如图 7-2 (e)所示。

2)应扣除、不增加面积。应扣除门窗洞口、外墙裙和大于 0.3m^2 孔洞所占面积;洞口侧壁面积不另增加。

3)并入面积和另算面积:

①附墙垛、梁、柱侧面抹灰面积并入外墙抹灰工程量内计算。

②栏板、栏杆、窗台线、门窗套、扶手、压顶、挑檐、遮阳板、突出墙外的腰线等,另列项目,按相应规定计算。

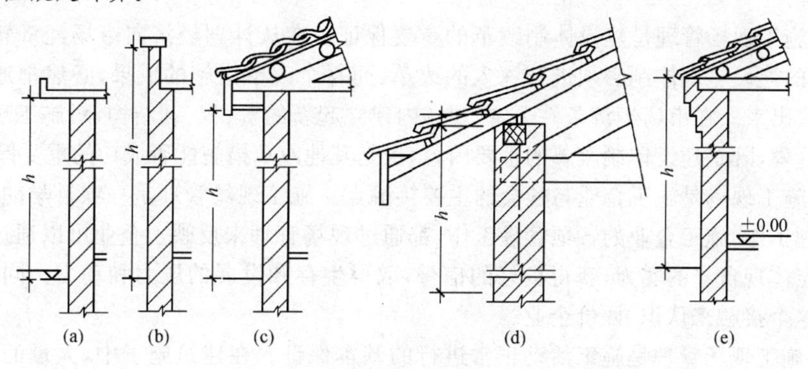

图 7-2　外墙抹灰高度

第八章　抹灰工程施工现场管理

第一节　施工现场管理概述

一、施工现场管理的概念及意义

施工现场管理就是运用科学的管理思想、管理组织、管理方法和管理手段，对施工现场的各种生产要素，如人（操作者，管理者）、机（设备）、料（原材料）、法（工艺、检测）、环境、资金、能源、信息等，进行合理地配置和优化组合，通过计划、组织、控制、协调、激励等管理职能，保证现场能按预定的目标，实现优质、高效、低耗、按期、安全、文明地生产。施工现场管理的意义主要表现在以下几个方面：

(1)施工现场管理是贯彻执行有关法规的集中体现。施工现场管理不仅是一个工程管理问题，也是一个严肃的社会问题。它涉及许多城市建设管理法规，诸如：城市绿化、消防安全、交通运输、工业生产保障、文物保护、居民安全、人防建设、居民生活保障、精神文明建设等。

(2)施工现场管理是建设体制改革的重要保证。在从计划经济向市场经济转换过程中，原来的建设管理体制必须进行深入的改革，而每个改革措施的成果，必然都通过施工现场反映出来。在市场经济条件下，在现场内建立起新的责、权、利结构，对施工现场进行有效的管理，既是建设体制改革的重要内容，也是其他改革措施能否成功的重要保证。

(3)施工现场是施工企业与社会的主要接触点。施工现场管理是一项科学的、综合的系统管理工作，施工企业的各项管理工作，都通过现场管理来反映。企业可以通过现场这个接触点体现自身的实力，获得良好的信誉，取得生存和发展的压力和动力。同时，社会也通过这个接触来认识、评价企业。

(4)施工现场管理是施工活动正常进行的基本保证。在建筑施工中，大量的人流、物流、财流和信息流汇于施工现场。这些流是否畅通，涉及施工生产活动是否顺利进行，而现场管理是人流、物流、财流和信息畅通的基本保证。

(5)施工现场是各专业管理联系的纽带。在施工现场，各项专业管理工作即按合理分工分头进行，而又密切协作，相互影响，相互制约。施工现场管理的好坏，直接关系到各项专业管理的热核经济效果。

关键细节1　施工现场管理的任务

(1)全面完成生产计划规定的任务（含产量、产值、质量、工期、资金、成本、利润和安全等）。

(2)按施工规律组织生产,优化生产要素的配置,实现高效率和高效益。

(3)搞好劳动组织和班组建设,不断提高施工现场人员的思想和技术素质。

(4)加强定额管理,降低物料和能源的消耗,减少生产储备和资金占用,不断降低生产成本。

(5)优化专业管理,建立完善管理体系,有效地控制施工现场的投入和产出。

(6)加强施工现场的标准化管理,使人流、物流高效有序。

(7)治理施工现场环境,改变"脏、乱、差"的状况,注意保护施工环境,做到施工不扰民。

二、施工现场管理的内容

施工现场管理包括施工现场的平面布置与管理、材料管理、合同管理、质量管理、安全管理与文明施工。

1. 平面布置与管理

施工现场的布置,是要解决建筑施工所需的各项设施和永久性建筑(拟建和已有的建筑)之间的合理布置,按照施工部署、施工方案和施工进度的要求,对施工用临时房屋建筑、临时加工预制场、材料仓库、堆场、临时水、电、动力管线和交通运道路等做出周密规划和布置。施工现场平面管理就是在施工过程中对施工场地的布置进行合理的调节,也是对施工总平面图全面落实的过程。

2. 材料管理

全部材料和零部件的供应已列入施工规划,现场管理的主要内容是:确定供料和用料目标;确定供料、用料方式及措施;组织材料及制品的采购、加工和储备,作好施工现场的进料安排;组织材料进场、保管及合理使用;完工后及时退料及办理结算等。

3. 合同管理

现场合同管理是指施工全过程中的合同管理工作,它包括两个方面:一是承包商与业主之间的合同管理工作;二是承包商与分包之间的合同管理工作。现场合同管理人员应及时填写并保存有关方面签证的文件。

4. 质量管理

现场质量管理是施工现场管理的重要内容。

关键细节 2　施工现场质量管理工作的内容

(1)按照工程设计要求和国家有关技术规定,如施工质量验收规范、技术操作规程等,对整个施工过程的各个工序环节进行有组织的工程质量检验工作,不合格的建筑材料不能进入施工现场,不合格的分部分项工程不能转入下道工序施工。

(2)采用全面质量管理的方法,进行施工质量分析,找出产生各种施工质量缺陷的原因,随时采取预防措施,减少或尽量避免工程质量事故的发生,把质量管理工作贯穿到工程施工全过程,形成一个完整的质量保证体系。

5. 安全管理与文明施工

安全生产管理贯穿于施工的全过程，交融于各项专业技术管理，关系着现场全体人员的生产安全和施工环境安全。现场安全管理的主要内容包括：安全教育；建立安全管理制度；安全技术管理；安全检查与安全分析等。文明施工是指在施工现场管理中，按照现代化施工的客观要求，使施工现场保持良好的施工环境和施工秩序。文明施工是施工现场管理中一项综合性基础管理工作。

第二节　施工现场平面布置与管理

一、施工总平面图设计

1. 施工总平面图设计的基本内容

(1)施工用地范围。

(2)一切地上和地下的已有和拟建的建筑物、构筑物及其他设施的平面位置与尺寸。

(3)永久性与非永久性坐标位置，必要时标出建筑场地的等高线。

(4)场内取土和弃土的区域位置。

(5)为施工服务的各种临时设施的位置。这些设施包括：

1)各种运输业务用的建筑物和运输道路；

2)各种加工厂、半成品制备站及机械化装置等；

3)各种建筑材料、半成品及零件的仓库和堆置场；

4)行政管理及文化生活福利用的临时建筑物；

5)临时给水排水管线、供电线路、管道等；

6)保安及防火设施。

2. 设计依据

(1)设计资料。

(2)调查收集到的地区资料。

(3)施工部署和主要工程施工方案。

(4)施工总进度计划。

(5)资源需要量表。

(6)建筑工程量计算参考资料。

关键细节3　施工总平面图设计的步骤

施工总平面图的设计步骤应是：引入场外交通道路→布置仓库→布置加工厂和混凝土搅拌站→布置内部运输道路→布置临时房屋→布置临时水电管线网和其他动力设施→绘制正式的施工总平面图。

3. 施工总平面图的设计原则

施工总平面图是建设项目或群体工程的施工布置图，由于栋号多、工期长、施工场地

紧张及分批交工的特点,使施工平面图设计难度大,应当坚持以下原则:

(1)在满足施工要求的前提下布置紧凑,少占地,不挤占交通道路。

(2)最大限度地缩短场内运输距离,尽可能避免二次搬运。物料应分批进场,大件置于起重机下。

(3)在满足施工需要的前提下,临时工程的工程量应该最小,以降低临时工程费,故应利用已有房屋和管线,永久工程前期完工的为后期工程使用。

(4)临时设施布置应利于生产和生活,减少工人往返时间。

(5)充分考虑劳动保护、环境保护、技术安全、防火要求等。

关键细节4　施工总平面图设计的要点

(1)外部、道路的布置。

1)一般大型工业企业都有永久性铁路建筑,可提前修建为工程服务,但应恰当确定起点和进场位置,考虑转弯半径和坡度限制,有利于施工场地的利用。

2)当采用公路运输时,公路应与加工厂、仓库的位置结合布置,与场外道路连接,符合标准要求。

3)当采用水路运输时,卸货码头不应少于2个,宽度不应小于2.5m,江河距工地较近时,可在码头附近布置主要加工厂和仓库。

(2)仓库的布置。一般应接近使用地点,其纵向宜与交通线路平行,装卸时间长的仓库应远离路边。

(3)加工厂的布置。总的指导思想是应使材料和构件的运输量小,有关联的加工厂适当集中。

(4)内部道路的布置。

1)提前修建永久性道路的路基和简单路面为施工服务;临时道路要把仓库、加工厂、堆场和施工点贯穿起来。

2)按货运量大小设计双行环行干道或单行支线,道路末端要设置回车场。路面一般为土路、砂石路或礁碴路。

3)尽量避免临时道路与铁路、塔轨交叉,若必须交叉,其交叉角宜为直角,至少应大于30°。

(5)临时厂房的布置。

1)尽可能利用已建的永久性房屋为施工服务,不足时再修建临时房屋。临时房屋应尽量利用活动房屋。

2)全工地行政管理用房宜设在全工地入口处。工人用的生活福利设施,如商店、俱乐部等,宜设在工人较集中的地方,或设在工人出入必经之处。

3)工人宿舍一般宜设在场外,并避免设在低洼潮湿地及有烟尘不利于健康的地方。

4)食堂宜布置在生活区,也可视条件设在工地与生活区之间。

(6)临时水电设施的布置。

1)尽量利用已有的和提前修建的永久线路。

2)临时总变电站应设在高压线进入工地处,避免高压线穿过工地。

3)临时水池、水塔应设在用水中心和地势较高处。管网一般沿道路布置,供电线路应避免与其他管道设在同一侧。主要供水、供电管线采用环状,孤立点可设枝状。

4)管线穿过道路处均要套以铁管,一般电线用 $\phi51 \sim \phi76$ 管,电缆用 $\phi102$ 管,并埋入地下 0.6m 处。

5)过冬的临时水管须埋在冰冻线以下或采取保温措施。

6)排水沟沿道路布置,纵坡不小于 0.2%,通过道路处须设涵管,在山地建设时应有防洪设施。

7)消火栓间距不大于 120m,距拟建房屋不小于 5m,不大于 25m,距路边不大于 2m。

8)各种管道间距应符合规定要求。

二、单位工程施工平面图的设计

单位工程施工平面图设计不同于施工总平面图。其要求布置紧凑,占地要省,不占或少占农田;短运输,少搬运;临时工程要在满足需要的前提下,少用资金;利于生产、生活、安全、消防、环保、市容、卫生、劳动保护等,符合国家有关规定和法规。

单位工程施工平面图的设计步骤:确定起重机的位置→确定搅拌站、仓库、材料和构件堆场、加工厂的位置→布置运输道路→布置行政管理、文化、生活、福利用临时设施→布置水电管线→计算技术经济指标。

关键细节 5　单位工程施工平面图设计的要点

(1)起重机械布置。井架、门架等固定式垂直运输设备的布置,要结合建筑物的平面形状、高度、材料、构件的重量,考虑机械的负荷能力和服务范围,做到便于运送,便于组织分层分段流水施工,便于楼层和地面的运输,运距要短。塔式起重机的布置要结合建筑物的形状及四周的场地情况布置。起重高度、幅度及起重量要满足要求,使材料和构件可达到建筑物的任何使用地点。路基按规定进行设计和建造。

履带吊和轮胎吊等自行式起重机的行驶路线要考虑吊装顺序、构件重量、建筑物的平面形状、高度、堆放场位置以及吊装方法,避免机械能力的浪费。

(2)道路的布置。应按材料和构件运输的需要,沿着仓库和堆场进行布置,使之畅行无阻。宽度要符合规定,单行道不小于 3～3.5m,双车道不小于 5.5～6m。木材场两侧应有 6m 宽通道,端头处应有 12m×12m 回车场。消防车道不小于 3.5m。

(3)临时供水、电的布置。临时供水首先要经过计算、设计,然后进行设置,其中包括水源选择、取水设施、贮水设施、用水量计算(生产用水、机械用水、生活用水、消防用水)、配水布置、管径的计算等。单位工程施工组织设计的供水计算和设计可以简化或根据经验进行安排。一般 5000～10000m^2 的建筑物施工用水主管径为 50mm,支管径为 40mm 或 25mm。消防用水一般利用城市或建设单位的永久消防设施。

临时供电设计,包括用电量计算、电源选择、电力系统选择和配置。用电量包括电动机用电量、电焊机用电量、室内和室外照明容量。

第三节　材料管理

一、材料管理基本概念

施工现场是建筑工程企业从事施工生产活动，最终形成建筑产品的场所，占建筑工程造价60%左右的材料费，都要通过施工现场投入消费。施工现场的材料与工具管理，属于生产领域里材料耗用过程的管理，与企业其他技术经济管理有密切的关系，是建筑工程材料管理的关键环节。

现场材料管理是在现场施工过程中，根据工程类型、场地环境、材料保管和消耗特点，采取科学的管理办法，从材料投入到成品产出全过程进行计划、组织、协调和控制，力求保证生产需要和材料的合理使用，最大限度地降低材料消耗。

现场材料管理的好坏是衡量建筑企业经营管理水平和实现文明施工的重要标志，也是保证工程进度和工程质量，提高劳动效率，降低工程成本的重要环节。对企业的社会声誉和投标承揽任务都有极大影响。加强现场材料管理，是提高材料管理水平、克服施工现场混乱和浪费现象、提高经济效益的重要途径之一。

关键细节6　现场材料管理的原则

(1)全面规划。在开工前作出现场材料管理规划，参与施工组织设计的编制，规划材料存放场地、道路，做好材料预算，制定现场材料管理目标。全面规划是使现场材料管理全过程有序进行的前提和保证。

(2)计划进场。按施工进度计划，组织材料分期分批有秩序地入场。一方面保证施工生产需要；另一方面要防止形成大批剩余材料。计划进场是现场材料管理的重要环节和基础。

(3)严格验收。按照各种材料的品种、规格、质量、数量要求，严格对进场材料进行检查，办理收料。验收是保证进场材料品种、规格对路、质量完好、数量准确的第一道关口，是保证工程质量，降低成本的重要保证。

(4)合理存放。按照现场平面布置要求，做到合理存放，在方便施工、保证道路畅通、安全可靠的原则下，尽量减少二次搬运。合理存放是妥善保管的前提，是生产顺利进行的保证，是降低成本的有效措施。

(5)妥善保管。按照各项材料的自然属性，依据物资保管技术要求和现场客观条件，采取各种有效措施进行维护、保养，保证各项材料不降低使用价值。妥善保管是物尽其用，实现成本降低的保证条件。

(6)控制领发。按照操作者所承担的任务，依据定额及有关资料进行严格的数量控制。控制领发是控制工程消耗的重要关口，是实现节约的重要手段。

(7)监督使用。按照施工规范要求和用料要求，对已转移到操作者手中的材料，在使用过程中进行检查，督促班组合理使用，节约材料。监督使用是实现节约，防止超耗的主要手段。

(8)准确核算。用实物量形式,通过对消耗活动进行记录、计算、控制、分析、考核和比较,反映消耗水平。准确核算既是对本期管理结果的反映,又为下期提供改进的依据。

二、现场材料管理的内容

现场材料管理一般可分为施工准备阶段和施工阶段两阶段工作。

(1)施工准备阶段的工作。现场材料管理属于材料使用过程的管理,施工准备阶段的现场材料管理工作见表8-1。

表8-1　施工准备阶段的材料管理工作

序号	项　目	内 容 及 要 求
1	了解工程概况,调查现场条件	(1)查设计资料,了解工程基本情况和对材料供应工作的要求。 (2)查工程合同,了解工期、材料供应方式,付款方式,供应分工。 (3)查自然条件,了解地形、气候、运输、资源状况。 (4)查施工组织设计,了解施工方案、施工进度、施工平面、材料需求量。 (5)查货源情况,了解供应条件。 (6)查现场管理制度,了解对材料管理工作的要求
2	计算材料用量,编制材料计划	(1)按施工图纸计算材料用量或者查预算资料摘录材料用量。根据需用量、现场条件、货源情况确定申请量、采购量、运输量等。 材料需要量包括现场所需各种原材料、结构件、周转材料、工具用具等的数量。 (2)按施工组织设计确定材料使用时间。 (3)按需用量、施工进度、储备要求计算储备量及占地面积。 (4)编制现场材料的各类计划。包括需用计划、供应计划、采购计划,申请计划、运输计划等
3	设计平面规划,布置材料堆放	材料平面布置,是施工平面布置的组成部分。材料管理部门应配合施工管理部门积极做好布置工作,满足施工的需要。材料平面布置包括库房和料场面积计算,以及选择位置两项内容。选择平面位置应遵循以下原则: (1)靠近使用场地,尽量使材料一次就位,避免二次或多次搬运。如无法避免二次搬运,也要尽量缩短搬运距离。 (2)库房(堆场)附近道路畅通,便于进料和出料。 (3)库房(堆场)的地点有足够的面积,能满足储备面积的需要。 (4)库房(堆场)附近有良好的排水系统,能保证材料的安全与完好。 (5)按施工进度分阶段布置,先用先进,后用后进。 (6)在满足上述原则的前提下,尽量节约用地

(2)施工阶段的工作。进入现场的材料,不可能直接用于工程中,必须经过验收、保管、发料等环节才能被施工生产所消耗。现场材料的验收、保管、发料工作和仓库管理的业务类似。但施工现场的材料杂,堆放地点多为临时仓库或料场,保管条件差,给材料管理工作带来许多困难。

施工阶段的现场材料管理工作，见表8-2。

表8-2　施工阶段的现场材料管理工作

序　号	项　　目	内 容 及 要 求
1	进场材料的验收	现场材料管理人员应全面检查、验收入场的材料。除了仓库管理中入库验收的一般要求外，应特别注意下面几点： (1)材料的代用。现场材料都是将要被工程所消耗的材料，其品种、规格、型号、质量、数量必须和现场材料需用计划相吻合，不允许有差错。少量的材料因规格不符而要求代用，必须办理技术和经济签证手续，分清责任。 (2)材料的计量。现场材料中有许多地方材料，计量中容易出现差错，应事先做好计量准备、约定好计量的方法，保证进场材料的数量。比如砂石计量，就应事先约好是车上验方还是堆场验方，如果是堆场验方则还应确定堆方的方法等。 (3)材料的质量。入场材料的质量，必须严格检查，确认合格后才能验收。因此，要求现场材料管理人员熟悉各种材料质量的检验方法。对于有的材料，必须附质量合格证明才能验收；有的材料虽有质量合格证明，但材料过了期也不能验收
2	现场材料的保管	现场材料的堆放，由于受场地限制一般较仓库零乱一些，再加上进出料频繁，使保管工作更加困难。应重点抓住以下几个问题： (1)材料的规格型号。对于易混淆规格的材料，要分别堆放，严格管理。比如水泥，除了规格外，还应分清生产地、进场时间等。 (2)材料的质量。对于受自然界影响易变质的材料，应特别注意保管，防止变质损坏。如木材应注意支垫、通风等。 (3)材料的散失。由于现场保管条件差，多数材料都是露天堆放，容易散失，要采取相应的防范措施。比如砂石堆放，应平整好场地，否则因场地不平会损失掉一些材料。 (4)材料堆放的安全。现场材料中有许多结构件，它们体大量重，不好装卸，容易发生安全事故。因此要选择恰当的搬运和装卸方法，防止事故发生
3	现场材料的发放	现场材料发放工作的重点，是要抓住限额问题。现场材料需方多是施工班组或承包队，限额发料的具体方法视承包组织的形式而定。主要有以下几种： (1)计件班组的限额领料。材料管理人员根据班组完成的实物工程量和材料需用计划确定班组施工所需材料用量，限额发放。班组领料时应填写限额领料单。 (2)按承包合同发料。实行内部承包经济责任制，按定包合同核定的预算包干材料用量发料。承包形式可分为栋号承包、专业工程承包、分项工程承包等

关键细节7　仓库管理的内容

(1)项目部在施工现场设置仓库管理人员，负责仓库作业活动和仓库管理工作。

(2)设备材料正式入库前，应根据采购合同要求组织专门的开箱检验组进行开箱检验。开箱检验应有规定的有关责任方代表在场，填写检验记录，并经有关参检人员签字。进口设备材料的开箱检验必须严格执行国家有关法律、法规及其采购合同的约定。

(3)经开箱检验合格的设备材料，在资料、证明文件、检验记录齐全，具备规定的入库条件时，应提出入库申请。经仓库管理人员验收后，办理入库手续。

(4)仓库管理工作应包括物资保管，技术档案、单据、账目管理和仓库安全管理等。仓库管理应建立"物资动态明细台账"，所有物资应注明货位、档案编号、标识码以便查找。仓库管理员要及时登账，经常核对，保证账物相符。

(5)采购组应制定并执行物资发放制度，根据批准的领料申请单发放设备材料，办理物资出库交接手续，准确、及时地发放合格的物资。

第四节　合同管理

一、合同分析

合同分析是将合同目标和合同规定落实到具体问题和事件上，用以指导具体工作，使合同符合现场日常工程项目管理工作的需要，承包合同分析主要包括合同总体分析和合同详细分析两个方面。

1. 合同总体分析

合同总体分析的主要对象是合同协议书和合同条件等。通过合同总体分析，将合同条款和合同规定落实到一些带全局性的具体事件上。

关键细节8　合同总体分析的内容

(1)合同的法律基础。即分析合同签订和实施的法律背景。

(2)词语含义。合同词语可以分成两大类，一类主要是要求在协议条款中明确作出定性定量的约定；另一类主要是要求明确词语的定义和包括的范围，统一双方对这些词语的理解，使双方的签订和履行合同中使用这些词语时有所规范。这是正确理解合同的基础。

(3)双方权利和义务。不但要详细分析双方的权利义务的具体内容，还要分析义务履行的标准和双方职责权限的制约，责任的承担、费用的承担和损失的赔偿等。

(4)合同价格。主要分析合同价格所包括的范围、价格的调整条件、价格调整方法和工程款结算方法等。

(5)合同工期。重点分析合同规定的开竣工日期，主要工程活动的工期，工期的影响因素，工期的奖惩条件，获得工期补偿的条件和可能性等。

(6)质量保证。重点分析质量要求，工程检查和验收，已完工程的保护和保修，质量资料的提供，材料设备的供应，分包及分包工程的控制等。

(7)合同实施保证。主要分析暂停施工的条件和违约责任的追究，合同纠纷的解决。这既是保证合同得到全面履行的条件，也是承包商制定索赔策略的依据。

2. 合同详细分析

合同的实施过程由许多具体的工程活动和合同双方的其他经济活动构成。这些活动都是为了履行合同责任，受到合同的制约，所以被称为合同事件。合同事件之间存在着一定的技术经济的、时间上的和空间上的逻辑关系。为了使这些活动有计划、有秩序、按合同实施，必须将合同目标、要求和合同双方的责权利关系落实到具体活动上，这个过程就是合同详细分析。它主要是通过合同事件表、网络图、横道图和工程活动的工期表等定义工程活动。因此，合理详细分析应该在工程项目结构分析，施工组织计划、施工方案和工程成本计划的基础上进行。

二、建立合同实施保证体系

建立合同实施的保证体系，是为了保证合同实施过程中的日常事务性工作有序地进行，使工程项目的全部合同事件处于受控状态，以保证合同目标的实现。

1. 作合同交底，分解合同责任，实行目标管理

在总承包合同签订后，具体的执行者是项目部人员。项目部从项目经理、项目班子成员、项目中层到项目各部门管理人员，都应该认真学习合同各条款，对合同进行分析、分解。项目经理、主管经理要向项目各部门负责人进行“合同交底”，对合同的主要内容及存在的风险作出解释和说明。项目各部门负责人要向本部门管理人员进行较详细的“合同交底”，实行目标管理。

(1)对项目管理人员和各工程小组负责人进行“合同交底”，组织大家学习合同和合同总体分析结果，对合同的主要内容作出解释和说明，使大家熟悉合同中的主要内容、各种规定、管理程序，了解承包商的合同责任和工程范围，各种行为的法律后果等。

(2)将各种合同事件的责任分解落实到各工程小组或分包商，使他们对合同事件表(任务单、分包合同)、施工图纸、设备安装图纸、详细的施工说明等有十分详细的了解。并对工程实施的技术的和法律的问题进行解释和说明，如工程的质量、技术要求和实施中的注意点、工期要求、消耗标准、相关事件之间的搭接关系、各工程小组(分包商)责任界限的划分、完不成责任的影响和法律后果等。

(3)在合同实施前与其他相关的各方面(如业主、监理工程师、承包商)沟通，召开协调会议，落实各种安排。

(4)在合同实施过程中还必须进行经常性的检查、监督，对合同作解释。

(5)合同责任的完成必须通过其他经济手段来保证。

2. 建立合同管理的工作程序

在工程实施过程中，合同管理的日常事务性工作很多，要协调好各方面关系，使总承包合同的实施工作程序化、规范化，按质量保证体系进行工作。具体来说，应订立如下工作程序：

(1)制订定期或不定期的协商会办制度。在工程过程中，业主、工程师和各承包商之间，承包商和分包商之间以及承包商的项目管理职能人员和各工程小组负责人之间都应有定期的协商会办。通过会办可以解决以下问题：

1)检查合同实施进度和各种计划落实情况。

2)协调各方面的工作,对后期工作作安排。

3)讨论和解决目前已经发生的和以后可能发生的各种问题,并作出相应的决议。

4)讨论合同变更问题,作出合同变更决议,落实变更措施,决定合同变更的工期和费用补偿数量等。对工程中出现的特殊问题可不定期地召开特别会议讨论解决方法,保证合同实施一直得到很好的协调和控制。

(2)建立特殊工作程序。对于一些经常性工作应订立工作程序,使大家有章可循,合同管理人员也不必进行经常性的解释和指导,如图纸批准程序,工程变更程序,分包商的索赔程序,分包商的账单审查程序,材料、设备、隐蔽工程、已完工程的检查验收程序,工程进度付款账单的审查批准程序,工程问题的请示报告程序等。

3. 建立文档系统

项目上要设专职或兼职的合同管理人员。合同管理人员负责各种合同资料和相关的工程资料的收集、整理和保存。这些工作非常繁琐,需要花费大量的时间和精力。工程的原始资料都是在合同实施的过程中产生的,是由业主、分包商及项目的管理人员提供的。建立文档系统的具体工作应包括以下几个方面:

(1)各种数据、资料的标准化,如各种文件、报表、单据等应有规定的格式和规定的数据结构要求。

(2)将原始资料收集整理的责任落实到人,由他对资料负责。资料的收集工作必须落实到工程现场,必须对工程小组负责人和分包商提出具体要求。

(3)各种资料的提供时间。

(4)准确性要求。

(5)建立工程资料的文档系统等。

4. 建立报告和行文制度

总承包商和业主、监理工程师、分包商之间的沟通都应该以书面形式进行,或以书面形式为最终依据。这既是合同的要求,也是经济法律的要求,更是工程管理的需要。这些内容包括:

(1)定期的工程实施情况报告,如日报、周报、旬报、月报等。应规定报告内容、格式、报告方式、时间以及负责人。

(2)工程过程中发生的特殊情况及其处理的书面文件(如特殊的气候条件、工程环境的变化等)应有书面记录,并由监理工程师签署。

(3)工程中所有涉及双方的工程活动,如材料、设备、各种工程的检查验收,场地、图纸的交接,各种文件(如会议纪要、索赔和反索赔报告,账单)的交接,都应有相应的手续,应有签收证据。对在工程中合同双方的任何协商、意见、请示、指示都应落实在纸上,这样双方的各种工程活动才有根有据。

三、合同实施的控制

合同实施控制的主要任务有两个方面:一是把合同实施的情况与合同实施计划进行比较,找出差异,对比较的结果进行分析,排除产生差异的原因,使总体目标得以实现。这个过程可归纳为“出现偏差—纠偏—再偏—再纠偏……”，称为被动控制；二是预先找出合同实施计划的干扰因素，预先控制中间结果对计划目标的偏离，以保证合同目标的实现，称为主动控制。

关键细节9　合同实施被动控制的内容

(1)合同实施监督。即从合同实施的各个活动中收集信息，准确掌握合同实施活动状况。

(2)比较。把收集的信息加以处理，并与合同目标联系起来，按合同实施计划进行对比评价。

(3)调整。根据评价结果，决定对合同实施目标，合同实施计划或合同实施活动进行调整。

关键细节10　合同实施主动控制的内容

预先对特定条件下的合同实施干扰因素进行分析，并事先主动地采取决策措施，以尽可能地减少、甚至避免计划值与实际值的偏离。这种控制是主动的、积极的，因此称为主动控制。合同实施的干扰因素一般包括以下几方面：

(1)内部干扰。施工组织错误，机械效率低，操作人员不熟悉新技术，经济责任不落实等。

(2)外部干扰。图纸出错，设计修改频繁，气候条件，场地狭窄，施工条件(如水、电、道路等)受到影响。

(3)不可预见的事件发生。政治事件、工人罢工、自然灾害等。在合同实施之前和实施过程中应加强对干扰因素的分析，并做出预先性的决策，以实现对合同控制的主动控制。

第五节　质量管理

一、质量控制内容及依据

1. 项目质量计划

(1)项目质量计划的内容：

1)编制依据；

2)项目概述；

3)质量目标；

4)组织机构；

5)质量控制及管理组织协调的系统描述；

6)必要的质量控制手段，施工过程、服务、检验和试验程序及与其相关的支持性文件；

7)确定关键过程和特殊过程及作业指导书；

8)与施工阶段相适应的检验、试验、测量、验证要求；

9)更改和完善质量计划的程序。

(2)项目质量计划编制的依据：

1)工程承包合同、设计文件；

2)《施工企业的质量手册》及相应的程序文件；

3)施工操作规程及作业指导书；

4)各专业工程施工质量验收规范；

5)《建筑法》、《建设工程质量管理条例》、环境保护条例及法规；

6)安全施工管理条例等。

关键细节11　质量控制的要素

质量控制主要从人员、机械、材料、方法和环境等几方面来进行控制，详见表8-3。

表8-3　质量控制要素及其内容

序号	要素	主要内容
1	人员控制	(1)以项目经理的管理目标和职责为中心，合理组建项目管理机构，配备合适的管理人员。 (2)严格实行分包单位的资质审查，控制分包单位的整体素质，严禁分包工程或作业的转包。 (3)坚持作业人员持证上岗，特别是重要技术工种、特殊工种、高空作业等，做到有资质者上岗。 (4)加强对现场管理和作业人员的质量意识教育及技术培训。开展作业质量保证的研讨交流活动等。 (5)严格现场管理制度和生产纪律，规范人的作业技术和管理活动的行为。 (6)加强激励和沟通活动，调动人的积极性
2	机械控制	(1)按照技术先进、经济合理、生产适用、性能可靠、使用安全的原则选择施工机械设备，使其具有特定工程的适用性和可靠性。 (2)从施工需要和保证质量的要求出发，正确确定相应类型的性能参数。 (3)在施工过程中，应按期对施工机械设备进行校正，必须选择与机械设备相配套的操作工人操作
3	材料控制	(1)材料采购：采购材料应根据施工进度提前安排，项目经理部或企业应建立常用材料的供应商信息库并及时追踪市场。必要时，应让材料供应商呈送材料样品或对其实地考察，应注意材料采购合同中质量条款的严格说明。 (2)材料检验：材料的检验方法有书面检验、外观检验、理化检验和无损检验四种，根据材料信息的保证资料的具体情况，其质量检验程序分免检、抽检和全部检查三种。抽样理化检验是建筑材料常见的质量检验方式，应按照国家有关规定的取样方法及试验项目进行检验，并对其质量做出评定。 (3)材料的仓储和使用：运至现场或在现场生产加工的材料经过检验后应重视对其仓储和使用管理，避免因材料变质或误用造成质量问题，如水泥的受潮结块、钢筋的锈蚀、不同直径钢筋的混用等。为此，一方面，承包商应合理调度，避免现场材料大量积压，另一方面坚持对材料应按不同类别排放、挂牌标志，并在使用材料时现场检查督导

（续）

序号	要素	主要内容
4	施工方法的控制	对施工方法的控制，应着重抓好以下几个关键： (1)施工方案应随工程进展而不断细化和深化。 (2)选择施工方案时，对主要项目要拟定几个可行的方案，突出主要矛盾，摆出其主要优劣点，以便反复讨论与比较，选出最佳方案。 (3)对主要项目、关键部位和难度较大的项目，如新结构、新材料、新工艺、大跨度、大悬臂、高大的结构部位等，制订方案时要充分估计到可能发生的施工质量问题和处理方法。
5	环境的控制	(1)自然环境的控制：主要是掌握施工现场水文、地质和气象资料信息，以便在制订施工方案、施工计划和措施时，能够从自然环境的特点和规律出发，建立地基和基础施工对策，防止地下水、地面水对施工的影响，保证周围建筑物及地下管线的安全；从实际条件出发做好冬雨期施工项目的安排和防范措施；加强环境保护和建设公害的治理。 (2)管理环境控制：主要是根据承发包的合同结构，理顺各参建施工单位之间的管理关系，建立现场施工组织系统和质量管理的综合运行机制。确保施工程序的安排以及施工质量形成过程能够起到相互促进、相互制约、协调运转的作用。此外，在管理环境的创设方面，还应注意与现场近邻的单位、居民及有关方面的协调、沟通，做好公共关系，以取得他们对施工造成的干扰和不便给予必要的谅解和支持配合。 (3)劳动作业环境：控制首先是做好施工平面图的合理规划和管理，规范施工现场的机械设备、材料构件、道路管线和各种设施的布置。其次是落实现场安全的各种防护措施，做好明显标识，注意确保施工道路畅通，安排好特殊环境下施工作业的通风照明措施。第三，加强施工作业场所的清理工作，每天下班前应留出 5min 进行场所清理收拾

二、质量控制方法

质量控制的基本方法是 PDCA，即由计划(Plan)、实施(Do)、检查(Cheek)和处理(Action)四个阶段的工作循环组成，该循环是不断进行的，每循环一次，就实现一定的质量目标，解决一定的问题，使质量水平有所提高。如是不断循环，周而复始，使质量水平也不断提高。

1. 计划

质量控制的计划阶段包含以下四个步骤：

(1)找出问题。分析工程质量通病，针对工程中的一些质量要求高、技术复杂、难度大的项目，以及新工艺、新技术、新结构、新材料等项目，要依据大量的数据和情报资料，让数据说话，用数理统计方法来分析反映问题。

(2)分析问题。依据大量的数据，应用数理统计方法进行分析，并召开有关技术人员就有关问题的分析会议，以图表的形式将产生质量问题的原因和影响因素表示出来。

(3)找出原因。找出影响工程质量的关键因素一般有两种方法：一是利用数理统计方法和图表；二是当数据不容易取得或者受时间限制来不及取得时，可根据有关问题分析会的意见来确定。

(4)改正，并重新制订计划。在此阶段不仅要考虑为什么要采取这些措施？为什么要这样改进？即要回答采取措施的原因，改进后能达到什么目的？有什么效果？还要考虑在何处改进、什么时间执行与完成、谁来执行、采用什么方法来执行等。

2. 实施

在实施阶段，首先，要做好计划的交底和落实。落实包括组织落实、技术落实和物资材料落实。有关人员还要经过训练、实习并经考核合格再执行。其次，计划的执行，要依靠质量管理体系。

3. 检查

检查主要是对已施工的工程按计划执行情况进行检查和评定。

4. 处理

经检查后，把确有效果的措施在实施中取得的好经验，通过修订相应的工艺文件、工艺规程、作业标准和各种质量管理的规章制度加以总结，把成绩巩固下来。

通过检查，把效果还不显著或还不符合要求的那些措施，作为遗留问题，反映到下一循环中。

关键细节12　施工工序质量控制工作要点

(1)确定工序质量控制工作计划。一方面要求对不同的工序活动制定专门的保证质量的技术措施，做出物料投入及活动顺序的专门规定；另一方面须规定质量控制工作流程、质量检验制度等。

(2)主动控制工序活动条件的质量。工序活动条件主要指影响质量的五大因素，即人员、机械、材料、方法、环境。

(3)及时检验工序活动效果的质量。主要是实行班组自检、互检、上下道工序交接检，特别是对隐蔽工程和分项(部)工程的质量检验。

(4)设置工序质量控制点，实行重点控制。工序质量控制点是针对影响质量的关键部位或薄弱环节而确定的重点控制对象。正确设置控制点并严格实施是进行工序质量控制的重点。

关键细节13　工序质量控制点的设置

(1)重要的和关键性的施工环节和部位。

(2)质量不稳定、施工质量没有把握的施工工序和环节。

(3)施工技术难度大的、施工条件困难的部位或环节。

(4)质量标准或质量精度要求高的施工内容和项目。

(5)对后续施工或后续工序质量或安全有重要影响的施工工序或部位。

(6)采用新技术、新工艺、新材料施工的部位或环节。

第六节　安全管理

一、抹灰机械安全使用

抹灰机械的种类及其安全使用规则，见表8-4。

表 8-4　抹灰机械的种类及安全使用规则

序号	机械种类	安全使用规则
1	灰浆搅拌机	(1)固定式搅拌机应有牢靠的基础,移动式搅拌机应采用方木或撑架固定,并保持水平。 (2)作业前应检查并确认传动机构、工作装置、防护装置等牢固可靠,三角胶带松紧度适当,搅拌叶片和筒壁间隙在3～5mm之间,搅拌轴两端密封良好。 (3)启动后,应先空运转,检查搅拌叶旋转方向正确,方可加料加水,进行搅拌作业。加入的砂子应过筛。 (4)运转中,严禁用手或木棒等伸进搅拌筒内,或在筒口清理灰浆。 (5)作业中,当发生故障不能继续搅拌时,应立即切断电源,将筒内灰浆倒出,排除故障后方可使用。 (6)固定式搅拌机的上料斗应能在轨道上移动。料斗提升时,严禁斗下有人。 (7)作业后,应清除机械内外砂浆和积料,用水清洗干净
2	空气压缩机	(1)固定式空气压缩机必须安装平稳牢固。移动式空气压缩机放置后,应保持水平,轮胎应楔紧。 (2)空气压缩机作业环境要保持清洁和干燥。贮气罐需放在通风良好的地方,半径15m以内严禁进行焊接或热加工作业。 (3)贮气罐和轮气管每三年应作水压试验一次,试验压力为额定工作压力的150%。压力表和安全阀每年至少应校验一次。 (4)移动式空气压缩机施运行前应检查行走装置的紧固、润滑等情况。拖行速度不超过20km/h。 (5)空气压缩机曲轴箱内的润滑油量应在标尺规定范围内,加添润滑油的品种、标号必须符合规定。各联结部位应紧固,各运动部位及各部阀门开闭应灵活,并处于启动前的位置。冷却水必须用清洁的软水,并保持畅通。 (6)启动空气压缩机必须在无载荷状态下进行,待运转正常后,再逐步进入载荷运转。 (7)开启送气阀前,应将输气管道连接好,输气管道应保持畅通,不得扭曲。在出气口前不准有人工作或站立。 (8)空气压缩机运转正常后,各种仪表指示值应符合原厂说明书的要求:贮气罐内最大压力不得超过铭牌规定,安全阀应灵敏有效;进气阀、排气阀、轴承及各部件应无异响或过热现象。 (9)每工作2h需将油水分离器、中间冷却器、后冷却器内的油水排放一次。贮气罐内的油水每班必须排放一至二次。 (10)发现下列情况之一时,应立即停机仔细检查、排除故障后再使用。 1)漏水、漏气、漏电或冷却水突然中断。 2)压力表、温度表、电流表的指示值超过规定。 3)排气压力突然升高,排气阀、安全阀失效。 4)机械有异响或电动机电刷发生强烈火花。 (11)空气压缩机运转中,如因缺水致气缸过热而停机时,不得立即添加冷水,必须等气缸体自然降温至60℃以下方可加水。 (12)电动空气压缩机运输中如遇停电,应立即切断电源,待来电后再重新启动。 (13)停机时,应先卸去载荷,然后分离主离合器,再停止内燃机或电动机的运转。 (14)停机后,关闭冷却水阀门,打开放气阀,放出各级冷却器和贮气罐内的油水和存气。当气温低于5℃时,应将各部存水放尽,方可离去。 (15)不得用汽油或煤油清洗空气压缩机的滤清器及气缸和管道的零件,或用燃烧方法清除管道的油污。 (16)使用压缩空气吹洗零件时,严禁将风口对准人体或其他设备

（续一）

序号	机械种类	安全使用规则
3	喷浆机	(1)石灰浆的密度应为1.06～1.10g/cm³。 (2)喷涂前，应对石灰浆采用60目筛网过滤两遍。 (3)喷嘴孔径宜为2.0～2.8mm；当孔径大于2.8mm时，应及时更换。 (4)泵体内不得无液体干转。在检查电动机旋转方向时，应先打开料桶开关，让石灰浆流入泵体内部后，再开动电动机带泵旋转。 (5)作业后，应往料斗注入清水，开泵清洗直到水清为止，再倒出泵内积水，清洗疏通喷头座及滤网，并将喷枪擦洗干净。 (6)长期存放前，应清除前、后轴承座内的石灰浆积料，堵塞进浆口，从出浆口注入机油约50mL，再堵塞出浆口，开机运转约30s，使泵体内润滑防锈
4	水磨石机	(1)水磨石机宜在混凝土达到设计强度70%～80%时进行磨削作业。 (2)作业前，应检查并确认各连接件紧固，当用木槌轻击磨石发出无裂纹的清脆声音时，方可作业。 (3)电缆线应离地架设，不得放在地面上拖动。电缆线应无破损，保护接地良好。 (4)在接通电源、水源后，应手压扶把使磨盘离开地面，再启动电动机。并应检查确认磨盘旋转方向与箭头所示方向一致，待运转正常后，再缓慢放下磨盘，进行作业。 (5)作业中，使用的冷却水不得间断，用水量宜调至工作面不发干。 (6)作业中，当发现磨盘跳动或异响，应立即停机检修。停机时，应先提升磨盘后关机。 (7)更换新磨石后，应先在废水磨石地坪上或废水泥制品表面磨1～2h，待金刚石切削刃磨出后，再投入工作面作业。 (8)作业后，应切断电源，清洗各部位的泥浆，放置在干燥处，用防雨布遮盖
5	灰浆泵	(1)柱塞式、隔膜式灰浆泵。 1)灰浆泵应安装平稳。输送管路的布置宜短直、少弯头；全部输送管道接头应紧密连接，不得渗漏；垂直管道应固定牢固；管道上不得加压或悬挂重物。 2)作业前应检查并确认球阀完好，泵内无干硬灰浆等物，各连接件紧固牢靠，安全阀已调整到预定的安全压力。 3)泵送前，应先用水进行泵送试验，检查并确认各部位无渗漏。当有渗漏时，应先排除。 4)被输送的灰浆应搅拌均匀，不得有干砂和硬块；不得混入石子或其他杂物；灰浆稠度应为80～120mm。 5)泵送时，应先开机后加料；应先用泵压送适量石灰膏润滑输送管道，然后再加入稀灰浆，最后调整到所需稠度。 6)泵送过程应随时观察压力表的泵送压力，当泵送压力超过预调的1.5MPa时，应反向泵送，使管道内部分灰浆返回料斗，再缓慢泵送；当无效时，应停机卸压检查，不得强行泵送。 7)泵送过程不宜停机。当短时间内不需泵送时，可打开回浆阀使灰浆在泵体内循环运行。当停泵时间较长时，应每隔3～5min泵送一次，泵送时间宜为0.5min，应防灰浆凝固。 8)故障停机时，应打开泄浆阀使压力下降，然后排除故障。灰浆泵压力未达到零时，不得拆卸空气室、安全阀和管道。 9)作业后，应采用石灰膏或浓石灰水把输送管道里的灰浆全部泵出，再用清水将泵和输送管道清洗干净。 (2)挤压式灰浆泵。 1)使用前，应先接好输送管道，往料斗加注清水，启动灰浆泵后，当输送胶管出水时，应折起胶管，待升到额定压力时停泵，观察各部位应无渗漏现象。 2)作业前，应先用水、再用白灰膏润滑输送管道后，方可加入灰浆，开始泵送。 3)料斗加满灰浆后，应停止振动，待灰浆从料斗泵送完时，再加新灰浆振动筛料。 4)泵送过程应注意观察压力表。当压力迅速上升，有堵管现象时，应反转泵送2～3转，使灰浆返回料斗，经搅拌后再泵送。当多次正反泵仍不能畅通时，应停机检查，排除堵塞。 5)工作间歇时，应先停止送灰，后停止送气，并应防气嘴被灰堵塞。 6)作业后，应对泵机和管路系统全部清洗干净

（续二）

序号	机械种类	安全使用规则
6	高压无气喷涂机	(1)启动前，调压阀、卸压阀应处于开启状态，吸入软管、回路软管接头和压力表、高压软管及喷枪等均应连接牢固。 (2)喷涂燃点在21℃以下的易燃涂料时，必须接好地线，地线的一端接电动机零线位置，另一端应接涂料桶或被喷的金属物体。喷涂机不得和被喷物放在同一房间里，周围严禁有明火。 (3)作业前，应先空载运转，然后用水或溶剂进行运转检查。确认运转正常后，方可作业。 (4)喷涂中，当喷枪堵塞时，应先将枪关闭，使喷嘴手柄旋转180°，再打开喷枪用压力涂料排除堵塞物，当堵塞严重时，应停机卸压后，拆下喷嘴，排除堵塞。 (5)不得用手指试高压射流，射流严禁正对其他人员。喷涂间隙时，应随手关闭喷枪安全装置。 (6)高压软管的弯曲半径不得小于250mm，亦不得在尖锐的物体上用脚踩高压软管。 (7)作业中，当停歇时间较长时，应停机卸压，将喷枪的喷嘴部位放入溶剂内。 (8)作业后，应彻底清洗喷枪。清洗时不得将溶剂喷回小口径的溶剂桶内。应防止产生静电火花引起着火
7	混凝土切割机	(1)使用前，应检查并确认电动机、电缆线均正常，保护接地良好，防护装置安全有效，锯片选用符合要求，安装正确。 (2)启动后，应空载运转，检查并确认锯片运转方向正确，升降机构灵活，运转中无异常、异响，一切正常后，方可作业。 (3)操作人员应双手按紧工件，均匀送料，在推进切割机时，不得用力过猛。操作时不得戴手套。 (4)切割厚度应按机械出厂铭牌规定进行，不得超厚切割。 (5)加工件送到与锯片相距300mm处或切割小块料时，应使用专用工具送料，不得直接用手推料。 (6)作业中，当工件发生冲击、跳动及异常音响时，应立即停机检查，排除故障后，方可继续作业。 (7)严禁在运转中检查、维修各部件。锯台上和构件锯缝中的碎屑应采用专用工具及时清除，不得用手拣拾或抹拭。 (8)作业后，应清洗机身，擦干锯片，排放水箱余水，收回电缆线，并存放在干燥、通风处
8	手持电动工具	(1)手持电动工具作业前必须检查，达到以下要求： 1)外壳、手柄应无裂缝、破损。 2)保护接地(接零)连接正确、牢固可靠，电缆软线及插头等应完好无损，开关动作应正常，并注意开关的操作方法。 3)电气保护装置良好、可靠，机械防护装置齐全。 (2)手持电动工具启动后应空载动转，并检查工具联动应灵活无阻。 (3)手持砂轮机、角向磨光机，必须装置防护罩。操作时，加力要平稳，不得用力过猛。 (4)作业中，严禁用手触摸刃具、砂轮等，如发现有磨钝、破损情况时应立即停机修整或更换后再行作业。工具在运转时不得撒手。 (5)严禁超载荷使用，注意声响、温升，如果发现异常现象应立即停机检查。作业时间过长，温度升高时，应停机待自然冷却后再行作业。 (6)冲击钻作业时的注意事项： 1)钻头应顶在工件上再打钻，不得空打和顶死； 2)钻孔时应避开混凝土中的钢筋； 3)必须垂直地顶在工件上，不得在钻孔过程中晃动； 4)使用直径在25mm以上的冲击电钻时，作业场地周围应设护栏。在地面上操作应有稳固的平台。 (7)使用角向磨光机应注意砂轮的安全线速度为80m/min；作磨削时应使砂轮与工作面保持15°～30°的倾斜位置作切割时不得倾斜

二、混凝土机械安全使用

混凝土机械的安全使用规则，见表8-5。

表8-5　混凝土机械安全使用规则

序号	类型	安全使用
1	混凝土搅拌站	(1)混凝土搅拌站的安装，应由专业人员按出厂说明书规定进行，并应在技术人员主持下，组织调试，在各项技术性能指标全部符合规定并经验收合格后，方可投产使用。 (2)作业前检查项目应符合下列要求： 1)搅拌筒内和各配套机构的传动、运动部位及仓门、斗门、轨道等均无异物卡住。 2)各润滑油箱的油面高度符合规定。 3)打开阀门排放气路系统中气水分离器的过多积水，打开贮气筒排污螺塞放出油水混合物。 4)提升斗或拉铲的钢丝绳安装、卷筒缠绕均正确，钢丝绳及滑轮符合规定，提升料斗及拉铲的制动器灵敏有效。 5)各部螺栓已紧固，各进、排料阀门无超限磨损，各输送带的张紧度适当，不跑偏。 6)称量装置的所有控制和显示部分工作正常，其精度符合规定。 7)各电气装置能有效控制机械动作，各接触点和动、静触头无明显损伤。 (3)应按搅拌站的技术性能准备合格的砂、石骨料，粒径超出许可范围的不得使用。 (4)机组各部分应逐步启动。启动后，各部件运转情况和各仪表指示情况应正常，油、气、水的压力应符合要求，方可开始作业。 (5)作业过程中，在贮料区内和提升斗下，严禁人员进入。 (6)搅拌筒启动前应盖好仓盖。机械运转中，严禁将手、脚伸入料斗或搅拌筒探摸。 (7)当拉铲被障碍物卡死时，不得强行起拉，不得用拉铲起吊重物，在拉料过程中，不得进行回转操作。 (8)搅拌机满载搅拌时不得停机，当发生故障或停电时，应立即切断电源，锁好开关箱，将搅拌筒内的混凝土清除干净，然后排除故障或等待电源恢复。 (9)搅拌站各机械不得超载作业；应检查电动机的运转情况，当发现运转声音异常或温升过高时，应立即停机检查；电压过低时不得强制运行。 (10)搅拌机停机前，应先卸载，然后按顺序关闭各部开关和管路。应将螺旋管内的水泥全部输送出来，管内不得残留任何物料。 (11)作业后，应清理搅拌筒、出料门及出料斗，并用水冲洗，同时冲洗附加剂及其供给系统。称量系统的刀座、刀口应清洗干净，并应确保称量精度。 (12)冰冻季节，应放尽水泵、附加剂泵、水箱及附加剂箱内的存水，并应启动水泵和附加剂泵运转1～2min。 (13)当搅拌站转移或停用时，应将水箱、附加剂箱、水泥、砂、石贮存料斗及称量斗内的物料排净，并清洗干净。转移中，应将杆杠秤表头平衡砣秤杆固定，传感器应卸载

（续一）

序号	类型	安全使用
2	混凝土泵	(1)混凝土泵应安放在平整、坚实的地面上，周围不得有障碍物，在放下支腿并调整后应使机身保持水平和稳定，轮胎应楔紧。 (2)泵送管道的敷设应符合下列要求： 1)水平泵送管道宜直线敷设。 2)垂直泵送管道不得直接装接在泵的输出口上，应在垂直管前端加装长度不小于20m的水平管，并在水平管近泵处加装逆止阀。 3)敷设向下倾斜的管道时，应在输出口上加装一段水平管，其长度不应小于倾斜管高低差的5倍。当倾斜度较大时，应在坡度上端装设排气活阀。 4)泵送管道应有支承固定，在管道和固定物之间应设置木垫作缓冲，不得直接与钢筋或模板相连，管道与管道间应连接牢靠；管道接头和卡箍应扣牢密封，不得漏浆；不得将已磨损管道装在后端高压区。 5)泵送管道敷设后，应进行耐压试验。 (3)砂石粒径、水泥强度等级及配合比应按出厂规定，满足泵机可泵性的要求。 (4)作业前应检查并确认泵机各部螺栓紧固，防护装置齐全可靠，各部位操纵开关、调整手柄、手轮、控制杆、旋塞等均在正确位置，液压系统正常无泄漏，液压油符合规定，搅拌斗内无杂物，上方的保护格网完好无损并盖严。 (5)输送管道的管壁厚度应与泵送压力匹配，近泵处应选用优质管子。管道接头、密封圈及弯头等应完好无损。高温烈日下应采用湿麻袋或湿草袋遮盖管路，并应及时浇水降温，寒冷季节应采取保温措施。 (6)应配备清洗管、清洗用品、接球器及有关装置。开泵前，无关人员应离开管道周围。 (7)启动后，应空载运转，观察各仪表的指示值，检查泵和搅拌装置的运转情况，确认一切正常后，方可作业。泵送前应向料斗加入10L清水和0.3m³的水泥砂浆润滑泵及管道。 (8)泵送作业中，料斗中的混凝土平面应保持在搅拌轴轴线以上。料斗格网上不得堆满混凝土，应控制供料流量，及时清除超粒径的骨料及异物，不得随意移动格网。 (9)当进入料斗的混凝土有离析现象时应停泵，待搅拌均匀后再泵送。当骨料分离严重，料斗内灰浆明显不足时，应剔除部分骨料，另加砂浆重新搅拌。 (10)泵送混凝土应连续作业；当因供料中断被迫暂停时，停机时间不得超过30min。暂停时间内应每隔5～10min(冬期3～5min)做2～3个冲程反泵—正泵运动，再次投料泵送前应先将料搅拌。当停泵时间超限时，应排空管道。 (11)垂直向上泵送中断后再次泵送时，应先进行反向推送，使分配阀内混凝土吸回料斗，经搅拌后再正向泵送。 (12)泵机运转时，严禁将手或铁锹伸入料斗或用手抓握分配阀。当需在料斗或分配阀上工作时，应先关闭电动机和消除蓄能器压力。 (13)不得随意调整液压系统压力。当油温超过70℃时，应停止泵送，但仍应使搅拌叶片和风机运转，待降温后再继续运行。 (14)水箱内应贮满清水，当水质混浊并有较多砂粒时，应及时检查处理。 (15)泵送时，不得开启任何输送管道和液压管道；不得调整、修理正在运转的部件。

（续二）

序号	类型	安全使用
2	混凝土泵	(16)作业中,应对泵送设备和管路进行观察,发现隐患应及时处理。对磨损超过规定的管子、卡箍、密封圈等应及时更换 (17)应防止管道堵塞。泵送混凝土应搅拌均匀,控制好坍落度;在泵送过程中,不得中途停泵。 (18)当出现输送管堵塞时,应进行反泵运转,使混凝土返回料斗;当反泵几次仍不能消除堵塞,应在泵机卸载情况下,拆管排除堵塞。 (19)作业后,应将料斗内和管道内的混凝土全部输出,然后对泵机、料斗、管道等进行冲洗。当用压缩空气冲洗管道时,进气阀不应立即开大,只有当混凝土顺利排出时,方可将进气阀开至最大。在管道出口端前方10m内严禁站人,并应用金属网篮等收集冲出的清洗球和砂石粒。对凝固的混凝土,应采用刮刀清除。 (20)作业后,应将两侧活塞转到清洗室位置,并涂上润滑油。各部位操纵开关、调整手柄、手轮、控制杆、旋塞等均应复位。液压系统应卸载
3	混凝土搅拌机	(1)固定式搅拌机应安装在牢固的台座上。当长期固定时,应埋置地脚螺栓;在短期使用时,应在机座上铺设木枕并找平放稳。 (2)固定式搅拌机的操纵台,应使操作人员能看到各部工作情况。电动搅拌机的操纵台,应垫上橡胶板或干燥木板。 (3)移动式搅拌机的停放位置应选择平整坚实的场地,周围应有良好的排水沟渠。就位后,应放下支腿将机架顶起达到水平位置,使轮胎离地。当使用期较长时,应将轮胎卸下妥善保管,轮轴端部用油布包扎好,并用枕木将机架垫起支牢。 (4)对需设置上料斗地坑的搅拌机,其坑口周围应垫高夯实,应防止地面水流入坑内。上料轨道架的底端支承面应夯实或铺砖,轨道架的后面应采用木料加以支承,应防止作业时轨道变形。 (5)料斗放到最低位置时,在料斗与地面之间,应加一层缓冲垫木。 (6)作业前重点检查项目应符合下列要求: 1)电源电压升降幅度不超过额定值的5%。 2)电动机和电器元件的接线牢固,保护接零或接地电阻符合规定。 3)各传动机构、工作装置、制动器等均紧固可靠,开式齿轮、皮带轮等均有防护罩。 4)齿轮箱的油质、油量符合规定。 (7)作业前,应先启动搅拌机空载运转。应确认搅拌筒或叶片旋转方向与筒体上箭头所示方向一致。对反转出料的搅拌机,应使搅拌筒正、反转运转数分钟,并应无冲击抖动现象和异常噪声。 (8)作业前,应进行料斗提升试验,应观察并确认离合器、制动器灵活可靠。 (9)应检查并校正供水系统的指示水量与实际水量的一致性;当误差超过2%时,应检查管路的漏水点,或应校正节流阀。 (10)应检查骨料规格并应与搅拌机性能相符,超出许可范围的不得使用。 (11)搅拌机启动后,应使搅拌筒达到正常转速后进行上料。上料时应及时加水。每次加入的拌合料不得超过搅拌机的额定容量并应减少物料粘罐现象,加料的次序应为石子→水泥→砂子或砂子→水泥→石子。 (12)进料时,严禁将头或手伸入料斗与机架之间。运转中,严禁用手或工具伸入搅拌筒内扒料、出料。

（续三）

序号	类型	安全使用
3	混凝土搅拌机	(13)搅拌机作业中，当料斗升起时，严禁任何人在料斗下停留或通过；当需要在料斗下检修或清理料坑时，应将料斗提升后用铁链或插入销锁住。 (14)向搅拌筒内加料应在运转中进行，添加新料应先将搅拌筒内原有的混凝土全部卸出后方可进行 (15)作业中，应观察机械运转情况，当有异常或轴承温升过高等现象时，应停机检查；当需检修时，应将搅拌筒内的混凝土清除干净，然后再进行检修。 (16)加入强制式搅拌机的骨料最大粒径不得超过允许值，并应防止卡料。每次搅拌时，加入搅拌筒的物料不应超过规定的进料容量。 (17)强制式搅拌机的搅拌叶片与搅拌筒底及侧壁的间隙，应经常检查并确认符合规定，当间隙超过标准时，应及时调整。当搅拌叶片磨损超过标准时，应及时修补或更换。 (18)作业后，应对搅拌机进行全面清理；当操作人员需进入筒内时，必须切断电源或卸下熔断器，锁好开关箱，挂上“禁止合闸”标牌，并应有专人在外监护。 (19)作业后，应将料斗降落到坑底，当需升起时，应用链条或插销扣牢。 (20)冬期作业后，应将水泵、放水开关、量水器中的积水排尽。 (21)搅拌机在场内移动或远距离运输时，应将进料斗提升到上止点，用保险铁链或插销锁住
4	混凝土 搅拌输送车	(1)混凝土搅拌输送车的燃油、润滑油、液压油、制动液、冷却水等应添加充足，质量应符合要求。 (2)搅拌筒和滑槽的外观应无裂痕或损伤；滑槽止动器应无松弛和损坏；搅拌筒机架缓冲件应无裂痕或损伤；搅拌叶片磨损应正常。 (3)应检查动力取出装置并确认无螺栓松动及轴承漏油等现象。 (4)启动内燃机应进行预热运转，各仪表指示值正常，制动气压达到规定值，并应低速旋转搅拌筒3～5min。确认一切正常后，方可装料。 (5)搅拌运输时，混凝土的装载量不得超过额定容量。 (6)搅拌输送车装料前，应先将搅拌筒反转，使筒内的积水和杂物排尽。 (7)装料时，应将操纵杆放在“装料”位置，并调节搅拌筒转速，使进料顺利。 (8)运输前，排料槽应锁止在“行驶”位置，不得自由摆动。 (9)运输中，搅拌筒应低速旋转，但不得停转。运送混凝土的时间不得超过规定的时间。 (10)搅拌筒由正转变为反转时，应先将操纵手柄放在中间位置，待搅拌筒停转后，再将操纵杆手柄放至反转位置。 (11)行驶在不平路面或转弯处应降低车速至15km/h及以下，并暂停搅拌筒旋转。通过桥、洞、门等设施时，不得超过其限制高度及宽度。 (12)搅拌装置连续运转时间不宜超过8h。 (13)水箱的水位应保持正常。冬期停车时，应将水箱和供水系统的积水放净。 (14)用于搅拌混凝土时，应在搅拌筒内先加入总需水量2/3的水，然后再加入骨料和水泥按出厂说明书规定的转速和时间进行搅拌。 (15)作业后，应先将内燃机熄火，然后对料槽、搅拌筒入口和托轮等处进行冲洗及清除混凝土结块。当需进入搅拌筒清除结块时，必须先取下内燃机电门钥匙，在筒外应设监护人员

（续四）

序号	类型	安全使用
5	附着式、平板式振动器	(1)附着式、平板式振动器轴承不应承受轴向力，在使用时，电动机轴应保持水平状态。 (2)在一个模板上同时使用多台附着式振动器时，各振动器的频率应保持一致，相对面的振动器应错开安装。 (3)作业前，应对附着式振动器进行检查和试振。试振不得在干硬土或硬质物体上进行。安装在搅拌站料仓上的振动器，应安置橡胶垫。 (4)安装时，振动器底板安装螺孔的位置应正确，应防止底脚螺栓安装扭斜而使机壳受损。底脚螺栓应紧固，各螺栓的紧固程度应一致。 (5)使用时，引出电缆线不得拉得过紧，更不得断裂。作业时，应随时观察电气设备的漏电保护器和接地或接零装置并确认合格。 (6)附着式振动器安装在混凝土模板上时，每次振动时间不应超过1min，当混凝土在模内泛浆流动或成水平状即可停振，不得在混凝土初凝状态时再振。 (7)装置振动器的构件模板应坚固牢靠，其面积应与振动器额定振动面积相适应。 (8)平板式振动器作业时，应使平板与混凝土保持接触，使振波有效地振实混凝土，待表面出浆，不再下沉后，即可缓慢向前移动，移动速度应能保证混凝土振实出浆。在振的振动器，不得搁置在已凝或初凝的混凝土上
6	插入式振动器	(1)插入式振动器的电动机电源上，应安装漏电保护装置，接地或接零应安全可靠。 (2)操作人员应经过用电教育，作业时应穿戴绝缘胶鞋和绝缘手套。 (3)电缆线应满足操作所需的长度。电缆线上不得堆压物品或让车辆挤压，严禁用电缆线拖拉或吊挂振动器。 (4)使用前，应检查各部并确认连接牢固，旋转方向正确。 (5)振动器不得在初凝的混凝土、地板、脚手架和干硬的地面上进行试振。在检修或作业间断时，应断开电源。 (6)作业时，振动棒软管的弯曲半径不得小于500mm，并不得多于两个弯，操作时应将振动棒垂直地沉入混凝土，不得用力硬插、斜推或让钢筋夹住棒头，也不得全部插入混凝土中，插入深度不应超过棒长的3/4，不宜触及钢筋、芯管及预埋件。 (7)振动棒软管不得出现断裂，当软管使用过久使长度增长时，应及时修复或更换。 (8)作业停止需移动振动器时，应先关闭电动机，再切断电源。不得用软管拖拉电动机。 (9)作业完毕，应将电动机、软管、振动棒清理干净，并应按规定要求进行保养作业。振动器存放时，不得堆压软管，应平直放好，并应对电动机采取防潮措施
7	液压滑升设备	(1)应根据施工要求和滑模总载荷，合理选用千斤顶型号和配备台数，并应按千斤顶型号选用相应的爬杆和滑升机件。 (2)千斤顶应经12MPa以上的耐压试验。同一批组装的千斤顶在相同载荷作用下，其行程应一致，用行程调整帽调整后，行程允许误差为2mm。 (3)自动控制台应置于不受雨淋、曝晒和强烈振动的地方，应根据当地的气温，调节作业时的油温。

（续五）

序号	类型	安全使用
7	液压滑升设备	(4)千斤顶与操作平台固定时，应使油管接头与软管连接成直线。液压软管不得扭曲，应有较大的弧度。 (5)作业前，应检查并确认各油管接头连接牢固、无渗漏，油箱油位适当，电器部分不漏电，接地或接零可靠。 (6)所有千斤顶安装完毕未插入爬杆前，应逐个进行抗压试验和行程调整及排气等工作。 (7)应按出厂规定的操作程序操纵控制台，对自动控制器的时间继电器应进行延时调整。用手动控制器操作时，应与作业人员密切配合，听从统一指挥。 (8)在滑升过程中，应保证操作平台与模板的水平上升，不得倾斜，操作平台的载荷应均匀分布，并应及时调整各千斤顶的升高值，使之保持一致。 (9)在寒冷季节使用时，液压油温度不得低于10℃；在炎热季节使用时，液压油温度不得超过60℃。 (10)应经常保持千斤顶的清洁；混凝土沿爬杆流入千斤顶内时，应及时清理。 (11)作业后，应切断总电源，清除千斤顶上的附着物。

三、脚手架安全搭设

(1)墙面抹灰的高度超过1.5m时，要搭设脚手架或操作平台，大面积墙面抹灰时，要搭设脚手架。

(2)搭设抹灰用高大架子必须有设计和施工方案，参加搭架子的人员，必须经培训合格，持证上岗。

(3)高大架子必须经相关安全检验合格后方可开始使用。

(4)施工操作人员严禁在架子上打闹、嬉戏，使用的工具灰铲、刮木工等不要乱丢乱扔。

(5)高空作业衣着要轻便，禁止穿硬底鞋和带钉易滑鞋上班，并且要求系挂安全带。

(6)遇有恶劣气候(如风力在六级以上)，影响安全施工时，禁止高空作业。

(7)提拉灰斗的绳索，要结实牢固，防止绳索断裂灰斗坠落伤人。

(8)施工作业中尽可能避免交叉作业，抹灰人员不要在同一垂直面上工作。

(9)施工现场的脚手架、防护设施、安全标志和警告牌，不得擅自拆动，需拆动应经施工负责人同意，并同专业人员加固后拆动。

(10)乘人的外用电梯、吊笼应有可靠的安全装置，禁止人员随同运料吊篮、吊盘上下。

(11)对安全帽、安全网、安全带要定期检查，不符合要求的严禁使用。

(12)采用井字架、龙门架、外用电梯垂直运送材料时，预先检查卸料平台通道的两侧边安全防护是否齐全、牢固，吊盘(笼)内小推车必须加挡车掩，不得向井内探头张望。

(13)外装饰为多工种立体交叉作业，必须设置可靠的安全防护隔离层。贴面使用的预制件、大理石、瓷砖等，应堆放整齐、平稳，边用边运。安装时要稳拿稳放，待灌浆凝固稳定后，方可拆除临时支撑。废料、边角料严禁随意抛掷。

(14)脚手板不得搭设在门窗、散热器、洗脸池等非承重的物器上。阳台通廊部位抹灰，外侧必须挂设安全网。严禁踩踏脚手架的护身栏杆和阳台栏板进行操作。

(15)室内抹灰采用高凳上铺脚手板时，宽度不得少于两块(50cm)脚手板，间距不得大于2m，移动高凳时上面不得站人，作业人员最多不得超过两人。高度超过2m时，应由架子工搭设脚手架。

(16)室内推小车要稳，拐弯时不得猛拐。

(17)在高大门、窗旁作业时，必须将门窗扇关好，并插上插销。

(18)夜间或阴暗处作业，应用36V以下安全电压照明。

(19)瓷砖墙面作业时，瓷砖碎片不得向窗外抛扔。剔凿瓷砖应戴防护镜。

(20)使用电钻、砂轮等手持电动机具，必须装有漏电保护器，作业前应试机检查，作业时应戴绝缘手套。

(21)施工现场，在洞、坑、沟、升降井、漏斗、楼梯等未安装栏杆之前危险处，要设置盖板、围栏、安全网等，严防坠落跌伤。

(22)淋灰池的四周应设置护身栏，夜间设置照明灯。

(23)清除建筑物内渣土、垃圾时，应搭设垃圾道，或集中在指定地点，集中清运。不得从门窗口往外乱扔杂物，以免伤人。如果从门窗口往下吊东西时，下方必须设置围栏，且要有监护人。

(24)抹灰之前，将操作周围环境清理干净，便于操作，保证安全；抹灰后，及时清理落地灰，过筛再用。要做到活完场地清。

关键细节14 脚手架安全使用要求

(1)操作前，按有关操作规程检查脚手架是否架设牢固，有无腐朽和探头板。凡不符合安全之处，应及时修理，经检查合格后方能进入岗位操作。

(2)脚手架使用前应检查脚手板是否有空隙、探头板、护身栏、挡脚板，确认合格，方可使用。吊篮架子升降由架子工负责，非架子工不得擅自拆改或升降。

(3)距地3m以上的作业面外侧，必须绑两道牢固的防护栏，并设18cm高的挡脚板或绑扎防护网，用排出脚手架时，必须设1m高的防护栏杆。

(4)层高在3.6m以上的抹灰，脚手架必须由架子工搭设。

(5)在多层脚手架上，尽量避免在同一垂直线上工作；如需立体交叉同时作业时，应有防护措施。

(6)在进行墙面抹灰时，立杆两侧脚手板铺设宽度均不得少于两块(40cm以上)。

(7)如果采用梯子，梯子不得垫高使用。梯子档间距以30cm为宜，不得缺档。单面梯子与地面夹角以60°～70°为宜。

(8)从事无法搭设安全防护措施作业时，在3m高以上部位，施工人员应戴安全帽并拴好安全带，安全带必须拴在牢固的部位。

(9)脚手板严禁搭设在门窗、散热器、水暖器材等管道上。在高凳上搭脚手板时，高凳要放稳，高凳间间距不大于2m。脚手板不少于两块，不得留探头板。移动高凳时，上面不得站人。一块脚手板上不得有两人同时作业，防止超载，发生事故。

(10)无论进行任何作业，一律禁止搭设飞跳板。

(11)作业过程中遇有脚手架与建筑物之间拉接，未经领导同意，严禁拆除。必要时由架子工负责采取加固措施后，方可拆除。

(12)脚手架上的工具、材料要分散放稳，不得超过允许荷载。

四、安全检查与文明施工

1. 安全检查

《建筑施工安全检查标准》(JGJ 59—2011)规定了安全管理方面的检查内容及评分标准，见表8-6。

表8-6　　安全管理检查评分表

<table>
<tr><th>序号</th><th colspan="2">检查项目</th><th>扣分标准</th><th>应得分数</th><th>扣减分数</th><th>实得分数</th></tr>
<tr><td>1</td><td rowspan="5">保证项目</td><td>安全生产责任制</td><td>未建立安全责任制，扣10分；
安全生产责任制未经责任人签字确认，扣3分；
未备有各工种安全技术操作规程，扣2～10分；
未按规定配备专职安全员，扣2～10分；
工程项目部承包合同中未明确安全生产考核指标，扣5分；
未制定安全生产资金保障制度，扣5分；
未编制安全资金使用计划或未按计划实施，扣2～5分；
未制定伤亡控制、安全达标、文明施工等管理目标，扣5分；
未进行安全责任目标分解，扣5分；
未建立对安全生产责任制和责任目标的考核制度，扣5分；
未按考核制度对管理人员定期考核，扣2～5分</td><td>10</td><td></td><td></td></tr>
<tr><td>2</td><td>施工组织设计及专项施工方案</td><td>施工组织设计中未制定安全技术措施，扣10分；
危险性较大的分部分项工程未编制安全专项施工方案，扣10分；
未按规定对超过一定规模危险性较大的分部分项工程专项施工方案进行专家论证，扣10分；
施工组织设计、专项施工方案未经审批，扣10分；
安全技术措施、专项施工方案无针对性或缺少设计计算，扣2～8分；
未按施工组织设计、专项施工方案组织实施，扣2～10分</td><td>10</td><td></td><td></td></tr>
<tr><td>3</td><td>安全技术交底</td><td>未进行书面安全技术交底，扣10分；
未按分部分项进行交底，扣5分；
交底内容不全面或针对性不强，扣2～5分；
交底未履行签字手续，扣4分</td><td>10</td><td></td><td></td></tr>
<tr><td>4</td><td>安全检查</td><td>未建立安全检查制度，扣10分；
未有安全检查记录，扣5分；
事故隐患的整改未做到定人、定时间、定措施，扣2～6分；
对重大事故隐患整改通知书所列项目未按期整改和复查，扣5～10分</td><td>10</td><td></td><td></td></tr>
<tr><td></td><td>小计</td><td></td><td>40</td><td></td><td></td></tr>
</table>

（续）

序号	检查项目		扣分标准	应得分数	扣减分数	实得分数
5	保证项目	安全教育	未建立安全教育培训制度，扣10分； 施工人员入场未进行三级安全教育培训和考核，扣5分； 未明确具体安全教育培训内容，扣2～8分； 变换工种或采用新技术、新工艺、新设备、新材料施工时未进行安全教育，扣5分； 施工管理人员、专职安全员未按规定进行年度教育培训和考核，每人扣2分	10		
6		应急救援	未制定安全生产应急救援预案，扣10分； 未建立应急救援组织或未按规定配备救援人员，扣2～6分； 未定期进行应急救援演练，扣5分； 未配置应急救援器材和设备，扣5分	10		
7	一般项目	分包单位安全管理	分包单位资质、资格、分包手续不全或失效，扣10分； 未签订安全生产协议书，扣5分； 分包合同、安全生产协议书，签字盖章手续不全，扣2～6分； 分包单位未按规定建立安全机构或未配备专职安全员，扣2～6分	10		
8		持证上岗	未经培训从事施工、安全管理和特种作业，每人扣5分； 项目经理、专职安全员和特种作业人员未持证上岗，每人扣2分	10		
9		生产安全事故处理	生产安全事故未按规定报告，扣10分； 生产安全事故未按规定进行调查分析、制定防范措施，扣10分； 未依法为施工作业人员办理保险，扣5分	10		
10		安全标志	主要施工区域、危险部位未按规定悬挂安全标志，扣2～6分； 未绘制现场安全标志布置图，扣3分； 未按部位和现场设施的变化高速安全标志设置，扣2～6分； 未设置重大危险源公示牌，扣5分	10		
		小计		60		
检查项目合计				100		

(1)安全生产责任制。

1)工程项目部应建立以项目经理为第一责任人的各级管理人员安全生产责任制；

2)安全生产责任制应经责任人签字确认；

3)工程项目部应有各工种安全技术操作规程；

4)工程项目部应按规定配备专职安全员；

5)对实行经济承包的工程项目,承包合同中应有安全生产考核指标；

6)工程项目部应制定安全生产资金保障制度；

7)按安全生产资金保障制度,应编制安全资金使用计划,并应按计划实施；

8)工程项目部应制定以伤亡事故控制、现场安全达标、文明施工为主要内容的安全生产管理目标；

9)按安全生产管理目标和项目管理人员的安全生产责任制,应进行安全生产责任目标分解；

10)应建立对安全生产责任制和责任目标的考核制度；

11)按考核制度,应对项目管理人员定期进行考核。

(2)施工组织设计及专项施工方案。

1)工程项目部在施工前应编制施工组织设计,施工组织设计应针对工程特点、施工工艺制定安全技术措施；

2)危险性较大的分部分项工程应按规定编制安全专项施工方案,专项施工方案应有针对性,并按有关规定进行设计计算；

3)超过一定规模危险性较大的分部分项工程,施工单位应组织专家对专项施工方案进行论证；

4)施工组织设计、专项施工方案,应由有关部门审核,施工单位技术负责人、监理单位项目总监批准；

5)工程项目部应按施工组织设计、专项施工方案组织实施。

(3)安全技术交底。

1)施工负责人在分派生产任务时,应对相关管理人员、施工作业人员进行书面安全技术交底；

2)安全技术交底应按施工工序、施工部位、施工栋号分部分项进行；

3)安全技术交底应结合施工作业场所状况、特点、工序,对危险因素、施工方案、规范标准、操作规程和应急措施进行交底；

4)安全技术交底应由交底人、被交底人、专职安全员进行签字确认。

(4)安全检查。

1)工程项目部应建立安全检查制度；

2)安全检查应由项目负责人组织,专职安全员及相关专业人员参加,定期进行并填写检查记录；

3)对检查中发现的事故隐患应下达隐患整改通知单,定人、定时间、定措施进行整改。重大事故隐患整改后,应由相关部门组织复查。

(5)安全教育。

1)工程项目部应建立安全教育培训制度；

2)当施工人员入场时，工程项目部应组织进行以国家安全法律法规、企业安全制度、施工现场安全管理规定及各工种安全技术操作规程为主要内容的三级安全教育培训和考核；

3)当施工人员变换工种或采用新技术、新工艺、新设备、新材料施工时，应进行安全教育培训；

4)施工管理人员、专职安全员每年度应进行安全教育培训和考核。

(6)应急救援。

1)工程项目部应针对工程特点，进行重大危险源的辨识；应制定防触电、防坍塌、防高处坠落、防起重及机械伤害、防火灾、防物体打击等主要内容的专项应急救援预案，并对施工现场易发生重大安全事故的部位、环节进行监控；

2)施工现场应建立应急救援组织，培训、配备应急救援人员，定期组织员工进行应急救援演练；

3)按应急救援预案要求，应配备应急救援器材和设备。

(7)分包单位安全管理。

1)总包单位应对承揽分包工程的分包单位进行资质、安全生产许可证和相关人员安全生产资格的审查；

2)当总包单位与分包单位签订分包合同时，应签订安全生产协议书，明确双方的安全责任；

3)分包单位应按规定建立安全机构，配备专职安全员。

(8)持证上岗。

1)从事建筑施工的项目经理、专职安全员和特种作业人员，必须经行业主管部门培训考核合格，取得相应资格证书，方可上岗作业；

2)项目经理、专职安全员和特种作业人员应持证上岗。

(9)生产安全事故管理。

1)当施工现场发生生产安全事故时，施工单位应按规定及时报告；

2)施工单位应按规定对生产安全事故进行调查分析，制定防范措施；

3)应依法为施工作业人员办理保险。

(10)安全标志。

1)施工现场入口处及主要施工区域、危险部位应设置相应的安全警示标志牌；

2)施工现场应绘制安全标志布置图；

3)应根据工程部位和现场设施的变化，调整安全标志牌设置；

4)施工现场应设置重大危险源公示牌。

2. 文明施工措施

《建筑施工安全检查标准》(JGJ 59—2011)中规定了文明施工检查项目及其规定，是对我们建设文明工地和文明班组的要求，各项规定在主管部门检查中均有其扣分标准，见表8-7。

表 8-7　文明施工检查评分表

序号	检查项目		扣分标准	应得分数	扣减	实得分数
1	保证项目	现场围挡	市区主要路段的工地未设置封闭围挡或围挡高度小于 2.5m，扣 5～10 分； 一般路段的工地未设置封闭围挡或围挡高度小于 1.8m，扣 5～10 分； 围挡未达到坚固、稳定、整洁、美观，扣 5～10 分	10		
2		封闭管理	施工现场进出口未设置大门，扣 10 分； 未设置门卫室，扣 5 分； 未建立门卫值守管理制度或未配备门卫值守人员，扣 2～6 分； 施工人员进入施工现场未佩戴工作卡，扣 2 分； 施工现场出入口未标有企业名称或标识，扣 2 分； 未设置车辆冲洗设施，扣 3 分	10		
3		施工场地	施工现场主要道路及材料加工区地面未进行硬化处理，扣 5 分； 施工现场道路不畅通、路面不平整坚实，扣 5 分； 施工现场未采取防尘措施，扣 5 分； 施工现场未设置排水设施或排水不通畅、有积水，扣 5 分； 未采取防止泥浆、污水、废水污染环境措施，扣 2～10 分； 未设置吸烟处、随意吸烟，扣 5 分； 温暖季节未进行绿化布置，扣分 3 分	10		
4		材料管理	建筑材料、构件、料具未按总平面布局码放，扣 4 分； 材料码放不整齐，未标明名称、规格，扣 2 分； 施工现场材料存放未采取防火、防锈蚀、防雨措施，扣 3～10 分； 建筑物内施工垃圾的清运未使用器具或管道运输，扣 5 分； 易燃易爆物品未分类储藏在专用库房、未采取防火措施，扣 5～10 分	10		
5		现场办公与住宿	施工作业区、材料存放区与办公、生活区未采取隔离措施扣 6 分； 宿舍、办公用房防火等级不符合有关消防安全技术规范要求，扣 10 分； 在施工程、伙房、库房兼作住宿，扣 10 分； 宿舍未设置可开启式窗户，扣 4 分 宿舍未设置床铺、床铺超过 2 层或通道宽度小于 0.9m，扣 2～6 分； 宿舍人均面积或人员数量不符合规范要求，扣 5 分； 夏季宿舍内未采取防暑降温和防蚊蝇措施，扣 5 分； 生活用品摆放混乱、环境卫生不符合要求，扣 3 分	10		
6		现场防火	施工现场未制定消防安全管理制度、消防措施，扣 10 分； 施工现场的临时用房和作业场所的防火设计不符合规范要求，扣 10 分； 施工现场消防通道、消防水源的设置不符合规范要求，扣 5～10 分； 施工现场灭火器材布局、配置不合理或灭火器材失效，扣 5 分； 未办理动火审批手续或未指定动火监护人员，扣5～10 分	10		
		小计		60		

（续）

序号	检查项目		扣分标准	应得分数	扣减	实得分数
7	一般项目	综合治理	生活区未设置供作业人员学习和娱乐场所，扣2分； 施工现场未建立治安保卫制度或责任未分到人，扣3～5分； 施工现场未制定治安防范措施，扣5分	10		
8		公示标牌	大门口处设置的公示标牌内容不齐全，扣2～8分； 标牌不规范、不整齐，扣3分； 未设置安全标语，扣3分； 未设置宣传栏、读报栏、黑板报，扣2～4分	10		
9		生活设施	未建立卫生责任制度，扣5分； 食堂与厕所、垃圾站、有毒有害场所的距离不符合规范要求，扣2～6分； 食堂未办理卫生许可证或未办理炊事人员健康证，扣5分； 食堂使用的燃气罐未单独设置存放间或存放间通风条件不良，扣2～4分； 食堂未配备排风、冷藏、消毒、防鼠、防蚊蝇等设施，扣4分； 厕所内的设施数量和布局不符合规范要求，扣2～6分； 厕所卫生未达到规定要求，扣4分； 不能保证现场人员卫生饮水，扣5分； 未设置淋浴室或淋浴室不能满足现场人员需求，扣4分； 生活垃圾未装容器或未及时清理，扣3～5分	10		
10		社区服务	夜间未经许可施工，扣8分； 施工现场焚烧各类废弃物，扣8分； 施工现场未制定防粉尘、防噪声、防光污染等措施，扣5分； 未制定施工不扰民措施，扣5分	10		
		小计		40		
检查项目合计				100		

(1)现场围挡。

1)市区主要路段的工地应设置高度不小于2.5m的封闭围挡；

2)一般路段的工地应设置高度不小于1.8m的封闭围挡；

3)围挡应坚固、稳定、整洁、美观。

(2)封闭管理。

1)施工现场进出口应设置大门，并应设置门卫值班室；

2)应建立门卫值守管理制度，并应配备门卫值守人员；

3)施工人员进入施工现场应佩戴工作卡；

4)施工现场出入口应标有企业名称或标识，并应设置车辆冲洗设施。

(3)施工场地。

1)施工现场主要道路及材料加工区地面应进行硬化处理；

2)施工道路应畅通，路面应平整坚实；

3)现场现场应防止扬尘措施；

4)施工现场应设置排水设施，且排水通畅无积水；

5)施工现场应有防止泥浆、污水、废水污染环境的措施；

6)施工现场应设置专门的吸烟处，严禁随意吸烟；

7)温暖季节应有绿化布置。

(4)材料管理。

1)建筑材料、构件、料具应按总平面布局进行码放；

2)材料应码放整齐，并应标明名称、规格等；

3)施工现场材料码放应采取防火、防锈蚀、防雨等措施；

4)建筑物内施工垃圾的清运，应采用器具或管道运输，严禁随意抛掷；

5)易燃易爆物品应分类储藏在专用仓库内并应制定防火措施。

(5)现场办公与住宿。

1)施工作业、材料存放区与办公、生活区应划分清晰，并应采取相应的隔离措施；

2)在施工程、伙房、库房不得兼做宿舍；

3)宿舍、办公用房的防火等级应符合规范要求；

4)宿舍应设置可开启式窗户，床铺不得超过2层，通道宽度不应小于0.9m；

5)宿舍内住宿人员人均面积不应小于2.5m^2，且不得超过16人；

6)冬季宿舍内应有采暖和防一氧化碳中毒措施；

7)夏季宿舍内应有防暑降温和防蚊蝇措施；

8)生活用品应摆放整齐，环境卫生应良好。

(6)现场防火。

1)施工现场应建立消防安全管理制度，制定消防措施；

2)施工现场临时用房和作业场所的防火设计应符合规范要求；

3)施工现场应设置消防通道、消防水源，并应符合规范要求；

4)施工现场灭火器材应保证可靠有效，布局配置应符合规范要求；

5)明火作业应履行动火审批手续，配备动火监护人员。

(7)综合治理。

1)生活区内应设置供作业人员学习和娱乐的场所；

2)施工现场应建立治安保卫制度、责任分解落实到人；

3)施工现场应制定治安防范措施。

(8)公示标牌。

1)大门口处应设置公示标牌，主要内容应包括：工程概况牌、消防保卫牌、文明施工牌、管理人员名单及监督电话牌、施工现场总平面图；

2)标牌应规范、整齐、统一；

3)施工现场应有安全标语；

4)应有宣传栏、读报栏、黑板报。

(9)生活设施。

1)应建立卫生责任制度并落实到人；

2)食堂与厕所、垃圾站、有毒有害场所等污染源的距离应符合规范要求；

3)食堂必须有卫生许可证,炊事人员必须持身体健康证上岗；

4)食堂使用的燃气罐应单独设置存放间,存放间应通风良好,并严禁存放其他物品；

5)食堂的卫生环境应良好,且应配备必要的排风、冷藏、消毒、防鼠、防蚊蝇等设施；

6)厕所内的设施数量和布局应符合规范要求；

7)厕所必须符合卫生要求。

8)必须保证现场人员卫生饮水；

9)应设置淋浴室,且能满足现场人员需求；

10)生活垃圾应装入密闭式容器内,并应及时清理。

(10)社区服务。

1)夜间施工前,必须经批准后方可进行施工；

2)施工现场严禁焚烧各类废弃物；

3)施工现场应制定防粉尘、防噪声、防光污染等措施；

4)应制定施工不扰民措施。

五、冬、雨期施工

1. 冬期施工安全

冬期施工,主要制定防火、防滑、防冻、防煤气中毒、防亚硝酸钠中毒、防风安全措施。

(1)防火。

1)加强冬期防火安全教育,提高全体人员的防火意识。普遍教育与特殊防火工种的教育相结合,根据冬期施工防火工作的特点,入冬前对电气焊工、司炉工、木工、油漆工、电工、炉火安装和管理人员、警卫巡逻人员进行有针对性的教育和考试。

2)冬期施工中,国家级重点工程、地区级重点工程、高层建筑工程及起火后不易扑救的工程,禁止使用可燃材料作为保温材料,应采用不燃或难燃材料进行保温。

3)一般工程可采用可燃材料进行保温,但必须严格进行管理。使用可燃材料进行保温的工程,必须设专人进行监护、巡逻检查。人员的数量应根据使用可燃材料量的数量、保温的面积而定。

4)冬期施工中,保温材料定位以后,禁止一切用火、用电作业,且照明线路、照明灯具应远离可燃的保温材料。

5)冬期施工中,保温材料使用完以后,要随时进行清理,集中进行存放保管。

6)冬期现场供暖锅炉房宜建造在施工现场的下风方向,远离在建工程、易燃、可燃建筑、露天可燃材料堆场、料库等;锅炉房应不低于二级耐火等级。

7)烧蒸汽锅炉的人员必须要经过专门培训取得司炉证后才能独立作业。烧热水锅炉的也要经过培训合格后方能上岗。

8)冬期施工的加热采暖方法,应尽量使用暖气,如果用火炉,必须事先提出方案和防火措施,经消防保卫部门同意后方能开火。但在油漆、喷漆、油漆调料间、木工房、料库、使用高分子装修材料的装修阶段，禁止用火炉采暖。

9)各种金属与砖砌火炉，必须完整良好，不得有裂缝，各种金属火炉与模板支柱、斜撑、拉杆等可燃物和易燃保温材料的距离不得小于1m，已做保护层的火炉距可燃物的距离不得小于70cm。各种砖砌火炉壁厚不得小于30cm。在没有烟囱的火炉上方不得有拉杆、斜撑等可燃物，必要时须架设铁板等非燃材料隔热，其隔热板应比炉顶外围的每一边都多出15cm以上。

10)在木地板上安装火炉，必须设置炉盘，有脚的火炉炉盘厚度不得小于12cm，无脚的火炉炉盘厚度不得小于18cm。炉盘应伸出炉门前50cm，伸出炉后左右各15cm。

11)各种火炉应根据需要设置高出炉身的火档。各种火炉的炉身、烟囱和烟囱出口等部分与电源线和电气设备应保持50cm以上的距离。

12)炉火必须由受过安全消防常识教育的专人看守，每人看管火炉的数量不应过多。

13)火炉看火人严格执行检查值班制度和操作程序。火炉着火后，不准离开工作岗位，值班时间不允许睡觉或做无关的事情。

14)移动各种加热火炉时，必须先将火熄灭后方准移动。掏出的炉灰必须随时用水浇灭后倒在指定地点。禁止用易燃、可燃液体点火。填的煤不应过多，以不超出炉口上沿为宜，防止热煤掉出引起可燃物起火。不准在火炉上熬炼油料、烘烤易燃物品。

15)工程的每层都应配备灭火器材。

16)用热电法施工，要加强检查和维修，防止触电和火灾。

(2)防滑要求。

1)冬期施工中，在施工作业前，对斜道、通行道、爬梯等作业面上的霜冻、冰块、积雪要及时清除。

2)冬期施工中，现场脚手架搭设接高前必须将钢管上的积雪清除，等到霜冻、冰块融化后再施工。

3)冬期施工中，若通道防滑条有损坏要及时补修。

(3)防冻要求。

1)入冬前，按照冬期施工方案材料要求提前备好保温材料，对施工现场怕受冻材料和施工作业面(如现浇混凝土)按技术要求采用保温措施。

2)冬期施工工地(指北方的)，应尽量安装地下消火栓，在入冬前应进行一次试水，加少量润滑油。

3)消火栓用草帘、锯末等覆盖，做好保温工作，以防冻结。

4)冬天下雪时，应及时扫除消火栓上的积雪，以免雪化后将消火栓井盖冻住。

5)高层临时消防竖管应进行保温或将水放空，消防水泵内应考虑采暖措施，以免冻结。

6)入冬前，应做好消防水池的保温工作，随时进行检查，发现冻结时应进行破冻处理。一般方法是在水池上盖上木板，木板上再盖上不小于40～50cm厚的稻草、锯末等。

7)入冬前应将泡沫灭火器、清水灭火器等放入有采暖的地方，并套上保温套。

(4)防中毒要求。

1)冬期取暖炉的防煤气中毒设施必须齐全、有效，建立验收合格证制度，经验收合格发证后，方准使用。

2)冬期施工现场加热采暖和宿舍取暖用火炉时，要注意经常通风换气。

3)对亚硝酸钠要加强管理，严格发放制度，要按定量改革小包装并加上水泥、细砂、粉煤灰等，将其改变颜色，以防止误食中毒。

关键细节15　冬期施工要点

(1)在进行室内抹灰前，应将门口和窗口封好，门口和窗口的边缘及外墙脚手眼或孔洞等亦应堵好，施工洞口、运料口及楼梯间等处应封闭保温；北面房间距地面以上50cm处最低温度不应低于5℃。冬期室内抹灰前必须先行搞好门窗阳台、楼梯口、进料口等处的封闭保温，以控制室内温度达5℃以上，保证适当的硬化速度和工期要求。

(2)冬季抹灰的砂浆应在搅拌棚中集中搅拌，并应在运输中保温，要随用随拌，防止砂浆冻结。砂浆室内抹灰的环境温度不应低于5℃。为合理地利用热源，节省煤炭的消耗，砂浆应采取集中搅拌的办法并注意运输时的保温，保证上墙温度。

(3)在室内抹灰工程结束后7d以内，应保持室内温度不低于5℃，抹灰层层可采取加温措施加速干燥。当采用热空气加温时，应注意通风，排除湿气。必须强调抹灰后应在正温下对灰层进行养护应不少于7d，主要考虑在这7d内砂浆强度已有一定的增长，不至于灰层受冻影响粘结质量及灰层强度。

(4)室外抹灰采用冷作法施工时，使用水泥砂浆或水泥混合砂浆；砂浆内可掺入防冻剂。进行冷作法外墙抹灰时，为保证砂浆的和易性可选用同体积粉煤灰代替白灰膏使用。同时应根据施工条件不同合理地选择防冻外加剂。

(5)抹灰基层表面当有冰、霜、雪时，可采用与抹灰砂浆同浓度的防冻剂溶液冲刷，并应清除表面的尘土。冬期抹灰前应对基层表面的尘土进行清扫，并可用与抹灰砂浆使用的相同浓度的防冻剂溶液刷洗表面的冰露，然后再施抹，只有这样才能保证抹灰与基层的粘结质量。

(6)当施工要求分层抹灰时，底层灰不得受冻。抹灰砂浆在硬化初期应采取防止受冻的保温措施。

2. 雨期安全施工

雨期施工，主要制定防触电、防坍塌、防雷、防火、防台风等安全措施。

(1)防触电要求。

1)雨期施工到来之前，应对现场每个配电箱、用电设备、外敷电线、电缆进行一次彻底的检查，采取相应的防雨、防潮保护。

2)配电箱必须防雨、防水，电器布置符合规定，电器元件不应破损，严禁带电明露。机电设备的金属外壳，必须采取可靠的接地或接零保护。

3)外敷电线、电缆不得有破损，电源线不得使用裸导线和塑料线，也不得沿地面敷设，防止因短路造成起火事故。

4)雨期到来前，应检查手持电动工具漏电保护装置是否灵敏。工地临时照明灯、标志灯，其电压不超过36V。特别潮湿的场所以及金属管道和容器内的照明灯不超过12V。

5)阴雨天气，电气作业人员应尽量避免露天作业。

(2)防坍塌要求。

1)暴雨、台风前后，应检查工地临时设施，脚手架，机电设施有无倾斜，基土有无变形、下沉等现象，发现问题及时修理加固，有严重危险的，应立即排除。

2)雨期中，应尽量避免挖土方、管沟等作业，已挖好的基坑和沟边应采取挡水措施和排水措施。

3)雨后施工前，应检查沟槽边有无积水，坑槽有无裂纹或土质松动现象，防止积水渗漏，造成塌方。

(3)防雷要求。

1)雨期到来前，塔机、外用电梯、钢管脚手架、井字架、龙门架等高大设施，以及在施工的高层建筑工程等应安装可靠的避雷设施。

2)塔式起重机的轨道，一般应设两组接地装置；对较长的轨道应每隔20m补做一组接地装置。

3)高度在20m及以上的井字架，门式架等垂直运输的机具金属构架上，应将一侧的中间立杆接高，高出顶端2m作为接闪器，在该立杆的下部设置接地线与接地极相连，同时应将卷扬机的金属外壳可靠接地。

4)在施高大建筑工程的脚手架，沿建筑物四角及四边利用钢脚手本身加高2～3m做接闪器，下端与接地极相连，接闪器间距不应超过24m。如施工的建筑物中都有突出高点，也应作类似避雷针。随着脚手架的升高，接闪器也应及时加高。防雷引下线不应少于两处引下。

5)雷雨季节拆除烟囱，水塔等高大建(构)筑物脚手架时，应待正式工程防雷装置安装完毕并已接地之后，再拆除脚手架。

6)塔吊等施工机具的接地电阻应不大于4Ω，其他防雷接地电阻一般不大于10Ω。

(4)防火要求。

1)雨期中，生石灰、石灰粉的堆放应远离可燃材料，防止因受潮或雨淋产生高热引起周围可燃材料起火。

2)雨期中，稻草、草帘、草袋等堆垛不宜过大，垛中应留通气孔，顶部应防雨，防止因受潮、遇雨发生自燃。

3)雨期中，电石、乙炔气瓶、氧气瓶、易燃液体等应在库内或棚内存放，禁止露天存放，防止因受雷雨、日晒发生起火事故。

关键细节16　雨期施工要点

雨期施工容易放生粘结不牢和饰面板(砖)浮滑下坠等情况，主要是由于砂浆和饰面板(砖)淋雨后，使砂浆变稀，饰面板(砖)表面形成水膜，在这种情况下进行抹灰和饰面施工作业，就会发生粘结不牢和饰面板(砖)浮滑下坠等质量事故。

雨期施工应注意以下问题：

(1)合理安排施工计划，精心组织抹灰工程的工序搭接，如晴天进行外部抹灰装饰，雨天进行室内施工等。

(2)所有的材料应采取防潮、防雨措施。水泥库房应封严，不能有渗水，漏水，注意随用随进料,运输中注意防水、防潮。砂浆运输注意防水,拌合砂浆时要较晴天的稠度小一些。砂子堆放在地势较高处,以免大雨冲走造成浪费。

(3)饰面板(砖)放在室内或搭棚堆放,麻刀、纸筋等松散材料不可受潮,保持其干燥、膨松状态。

第七节　班组管理

一、班组管理的概念及特点

班组管理指针对某个分项工程施工,为达到工期最优、成本合理、质量优良、安全生产、文明施工等目的所进行的一系列管理活动的总称。施工班组是施工企业生产活动的最小单位。

企业的生产、质量、技术、经济、工期、安全等各项指标都需要由班组最终组织完成。

施工班组在管理上有着自身的特点:

(1)班组管理是企业的最终管理。

(2)班组管理是第一线管理,也是对任务施工方案的最终实施落实的管理。

二、班组管理的内容

1. 生产作业管理

根据项目生产部门给班组下达的任务和要求,组织班组人员做好熟悉图样、生产准备、确定实施方案等方面的工作,确保按期完成任务。

2. 质量管理

建立、建全班组质量管理责任制,针对生产任务的内容组织学习相关的质量标准、规范,提高作业质量。各级开展讨论质量通病的预防工作。定期召开质量例会,做好会议记录。

3. 安全生产管理

加强常规的安全教育,增强班组人员安全生产的意识。针对生产任务的特点和内容,制定有针对性可操作的安全交底与学习。严格执行安全技术操作规程和各项规章制度,定期召开安全例会进行安全总结,作好安全生产记录。

4. 文明施工管理

每一个分部、分项都要求注意施工过程对环境的影响和破坏。针对有可能产生大气污染、水体污染、噪声、固体废弃物的施工过程要按要求进行预防和治理,工完场清,场容场貌整洁,设施、机具规范配置和使用,工序交接明确,做到文明施工,力争现场环境工厂化、花园化。

5. 工料消耗监督管理

对班组生产中的每一项任务,都要进行用工用料分析,不断提高劳动生产率,降低材料和用工消耗，超用工料分析原因，提高经济效益。对大型机械设备，统筹规划，保证正常施工；减少占用时间。小型机具提高使用率，及时维护保证完好率。

6. 提高班组职工的素质

班组管理中应注意职工技术水平的培养和提高，大力提倡敬业爱岗，落实岗位经济责任制，开展劳动竞赛和技术革新，全面提高技术水平。

关键细节 17　班组长的职责

(1)围绕生产任务，组织班组成员进行讨论，编制周、日作业计划，做好人员分工、材料、机具的准备落实。

(2)带领全班认真贯彻执行各项规章制度，遵守劳动纪律，组织好安全生产。加强过程质量管理。抓好进度落实工作。

(3)组织全班努力学习文化，钻研技术，开展“一专多能”的活动，不断提高劳动生产率。

(4)做好文明施工，做到工完场清，做好工作面的交接工作。

(5)积极支持和充分发挥班组内几大员的作用，做好本班组的各项管理工作。

(6)做好思想政治工作，使大家严格按岗位责任制进行考核。

关键细节 18　其他管理人员的职责

(1)学习宣传员的职责是宣传党的路线、方针、政策，积极开展思想政治工作，搞好班组内的团结；及时宣传好人好事，号召和组织大家向先进人物学习；主动热情地帮助后进人物，揭露不良倾向；组织班组内的文化、技术业务学习，并积极带头参加，以身作则。

(2)经济核算员的职责是协助组长进行经济管理工作，核算班组各项技术经济指标完成的情况和各项技术经济效果；组织开展班组经济活动分析。重点做好用工、用料的消耗和核算工作。

(3)质量安全员的职责是经常不断地宣传“质量第一”的重要意义和安全生产的方针；监督检查全班执行技术安全操作规程和质量检验标准的情况，做好每天完成项目的自检、互检、交接检制度；认真填好质量自检记录，及时发现并纠正各种违章作业的施工方法，确保安全生产。

(4)料具管理员的职责是做好班组内所领用的各种材料、工具、设备及劳保用品的领退、使用、发放和保管等工作；督促全体人员节约使用各种原材料及用品，爱护公有财产；同经济核算员互相配合搞好本组的材料、工具、设备等指标的核算与分析。

(5)工资考勤员的职责是做好班组的考勤记工工作，掌握工时利用情况，分析并记录劳动定额的执行情况；负责班组工资和奖金的领取、发放工作，核算本班劳动工率及出勤率，协助班组长搞好劳动力的管理。

关键细节 19　操作工人岗位职责

(1)遵守企业的各项规章制度，树立高度的组织观念，服从分配，争当好职工。

(2)热爱本职工作、钻研技术、安心工作、忠于职守，认真学习各项规范、规程、标准。

(3)坚持按图施工,按施工规范、操作规程、安全规程进行操作,按质量标准进行验收。

(4)爱护机器设备,节约能源、材料。

(5)认真领会技术交底精神并在操作中实施。

(6)尊师、爱徒、团结互助。班组之间、工种之间要互相协作,搞好工序和工种之间的关系;积极参加企业的挖潜、革新、改进操作方法,提高劳动生产率。

三、班组施工质量管理

为保证工程质量,要求班组长、质量员和操作工人都明确质量管理责任制,建立严格管理制度。这样,才能使质量管理的任务、要求、办法具有可靠的组织保证。

1. 班组长质量管理职责

(1)组织班组成员认真学习质量验收标准和施工验收规范,并按要求去进行生产。

(2)督促本班的自检及互检,组织好同其他班组的交接检、指导、检查班组质量员的工作。

(3)做好班内质量动态资料的收集和整理,及时填好质量方面的原始记录,如自检表等。

(4)经常召开班组的质量会,研究分析班组的质量水平,开展批评与自我批评,组织本班向质量过得硬的班组学习。积极参加质量检查及验收活动。

2. 班组质量员职责

(1)组织实施质量管理三检制,即自检、互检和交接检。

(2)做好班组质量参谋,提出好的建议,协助班组长搞好本班组质量管理工作。

(3)严把质量关,对质量不合格的产品,不转给下道工序。

3. 班组组员的质量职责

(1)牢固树立"质量第一"的思想。遵守操作规程和技术规定。对自己的工作要精益求精,做到好中求多、好中求快、好中求省。不能得过且过,不得马虎从事。

(2)听从班组长、质量员的指挥,操作前认真熟悉图样,操作中坚持按图样和工艺标准施工,不偷工,不减料,主动做好自检,填好原始记录。

(3)爱护并节约原材料,合理使用工具量具和设备,精心维护保养。

(4)严格把住"质量关",不合格的材料不使用,不合格的工序不交接,不合格的工艺不采用,不合格的产品不交工。

关键细节20　抹灰工与其他工种的配合

由于房屋建筑工程施工涉及多项工序和工种,如与架子工、管道工、电工、油漆工等多个工种打交道,因而抹灰工与相关工种的配合显得尤为重要。

(1)在抹灰施工中,要求抹灰工严格按照相关规范、规程施工,严格把好施工质量关,不给下道工序和下个工种带来不利影响。

(2)做好自检并完善相关记录,重视好互检和交接检并完善相关记录。

(3)定期召开各工种的调度例会,把有可能在工序交叉、工种之间产生的问题及时提出,并采取措施解决,可以起到很好的预控作用。

参考文献

[1] 建设部人事教育司组织. 抹灰工[M]. 北京:中国建筑工业出版社,2007.
[2] 樊兆鹏. 抹灰工工长手册[M]. 北京:中国建筑工业出版社,2009.
[3] 李国年. 抹灰工长便携手册[M]. 北京:机械工业出版社,2005.
[4] 陈从建. 抹灰工技能[M]. 北京:机械工业出版社,2008.
[5] 周舟. 砌筑与抹灰工程施工技术[M]. 太原:山西科学技术出版社,2009.
[6] 刘召军. 抹灰工[M]. 北京:中国环境科学出版社,2004.
[7] 王春堂. 装饰抹灰工程[M]. 北京:化学工业出版社,2008.
[8] 袁逊斌. 抹灰工基本技能[M]. 北京:中国劳动社会保障出版社,2010.

中国建材工业出版社
China Building Materials Press